危险化学品典型事故案例评析

杨凯　贾铮　刘安琪　孙思衡　著

化学工业出版社
·北京·

内容简介

本书系统梳理了有关事故的概念及分类，危险化学品事故的特征、分类、应急响应程序、善后处置程序等有关内容。书中通过展示危险化学品生产环节、储存环节、运输环节、装卸环节、使用环节等危险化学品全生命周期的生产安全事故案例，以期读者吸取相关事故教训，真正做到“一厂出事故、万厂受教育”。同时，通过节选摘录危险化学品安全有关法律法规，以期与前述事故案例责任追究情况进行对照供读者分析学习，避免在生产经营实践活动中犯下同类错误，发生同类事故，切实提高安全生产质量效益。

本书可供从事危险化学品安全管理、事故处置、应急救援等的相关人员学习，也可供安全工程、应急管理、应急技术等相关专业师生参考。

图书在版编目（CIP）数据

危险化学品典型事故案例评析 / 杨凯等著. -- 北京 ：化学工业出版社，2025. 4. -- ISBN 978-7-122-47349-3

Ⅰ. TQ086.5

中国国家版本馆 CIP 数据核字第 2025WL5289 号

责任编辑：刘丽宏　　文字编辑：袁玉玉　袁　宁
责任校对：宋　玮　　装帧设计：王晓宇

出版发行：化学工业出版社
（北京市东城区青年湖南街 13 号　邮政编码 100011）
印　　装：北京印刷集团有限责任公司
710mm×1000mm　1/16　印张 16¾　字数 298 千字
2025 年 5 月北京第 1 版第 1 次印刷

购书咨询：010-64518888　　售后服务：010-64518899
网　　址：http://www.cip.com.cn
凡购买本书，如有缺损质量问题，本社销售中心负责调换。

定　　价：89.00 元

前言

当前，我国正处于高速发展时期，生产、生活节奏加快，人口密集度高，存在一定的安全生产隐患和风险。

危险化学品在工业生产、科学研究中扮演了重要作用，但同时也存在一定的安全隐患和风险。在日常生产、经营、运输和储存中，一些危险化学品企业存在安全管理问题，如安全管理制度缺失、安全意识不强、安全设施不完善、应急处理不及时、员工培训不足等。这些问题给企业的安全生产带来了极大挑战，一旦发生事故，可能会导致严重的人员伤亡和财产损失。

近年来，一些全国危险化学品生产、经营、运输、储存、使用、废弃等各环节生产安全事故发生，造成群死群伤，并诱发较大的直接和间接经济损失及生态环境危害。按照《生产安全事故报告和调查处理条例》第三十三条规定："事故发生单位应当认真吸取事故教训，落实防范和整改措施，防止事故再次发生。防范和整改措施的落实情况应当接受工会和职工的监督。安全生产监督管理部门和负有安全生产监督管理职责的有关部门应当对事故发生单位落实防范和整改措施的情况进行监督检查"。

基于此，本书着重从"一厂出事故、万厂受教育"的角度，系统阐述事故概念及分类，危险化学品事故的特征、分类、应急响应程序、善后处置程序等基本理论，并着力通过对危险化学品生产、经营、运输、储存、使用、废弃等全流程所发生的典型事故案例进行系统剖析，以期为指导危险化学品相关行业企业切实吸取事故教训，有针对性地开展好自查自纠，切实担当起防范化解安全隐患（风险）的第一责任人提供全面指导。

本书由北京石油化工学院杨凯、北京市交通委员会安全应急事务中心贾铮、北京市安全生产督查事务中心刘安琪、北京科技大学孙思衡共同编写完成。

在本书的编写和出版过程中，北京石油化工学院杨红岩、侯科宇、廉刚宇等人参与了材料收集和整理工作，在此一并向他们表示感谢。

本书适合各级安全生产监督管理部门和负有安全生产监督管理职责的有关部门、危险化学品相关行业企业干部/职工从事安全生产管理、安全生产司法实践和安全生产教育培训用，也可供危险化学品安全相关专业教育、注册安全工程师考试参考。

由于水平所限，书中不足之处在所难免，恳请广大读者批评指正。

著者

目录

第1章 危险化学品事故概述

1.1 事故的概念及分类

1.1.1 事故的概念

事故是发生在人们生产、生活活动中的意外事件。在事故的种种定义中，伯克霍夫（Berckhoff）的定义较著名。

伯克霍夫认为，事故是人（个人或集体）在为实现某种意图而进行的活动过程中，突然发生的、违反人的意志的、迫使活动暂时或永久停止、或迫使之前存续的状态发生暂时或永久性改变的事件。事故的含义包括：

① 事故是一种发生在人类生产、生活活动中的特殊事件，人类的任何生产、生活活动过程中都可能发生事故。

② 事故是一种突然发生的、出乎人们意料的意外事件。由于事故发生的原因非常复杂，往往包括许多偶然因素，因而事故的发生具有随机性质。在一起事故发生之前，人们无法准确地预测什么时候、什么地方、发生什么样的事故。

③ 事故是一种迫使进行着的生产、生活活动暂时或永久停止的事件。事故中断、终止人们正常活动的进行，必然给人们的生产、生活带来某种形式的影响。因此，事故是一种违背人们意志的事件，是人们不希望发生的事件。

事故是一种动态事件，它开始于危险的激化，并以一系列原因事件按一定的逻辑顺序流经系统而造成损失，即事故是指造成人员伤害、死亡、职业病，或设备设施等财产损失，以及其他损失的意外事件。事故有生产事故和企业职工伤亡事故之分。生产事故是指生产经营活动（包括与生产经营有关的活动）过程中，突然发生的伤害人身安全和健康，或者损坏设备、设施，或者造成经济损失，导致原活动暂时中止或永远终止的意外事件；设备事故是指正式投运的设备，在生产过程中设备零件、构件损坏使生产突然中断或造成能源供应中断，造成设备损坏，使生产中断。

1.1.2 事故的分类

(1) 安全事故

《企业职工伤亡事故分类》（GB 6441—1986）将企业工伤事故分为20类，分别为物体打击、车辆伤害、机械伤害、起重伤害、触电、淹溺、灼烫、火灾、高处坠落、坍塌、冒顶片帮、透水、放炮、瓦斯爆炸、火药爆炸、锅炉爆炸、容器爆炸、其他爆炸、中毒和窒息，以及其他伤害等。

(2) 按伤害程度分类

根据《企业职工伤亡事故分类》（GB 6441—1986）规定，按伤害程度分类为：

① 轻伤：指损失1个工作日至105个工作日以下的失能伤害。

② 重伤：指损失工作日等于和超过105个工作日的失能伤害，重伤损失工作日最多不超过6000工作日。

③ 死亡：指损失工作日超过6000工作日。这是根据我国职工的平均退休年龄和平均寿命计算出来的。

(3) 按受伤性质分类

受伤性质是指人体受伤的类型，实质上从医学角度给予创伤的具体名称，常见的有电伤、挫伤、割伤、擦伤、刺伤、撕脱伤、扭伤、倒塌压埋伤、冲击伤等。

(4) 按事故损失分类

事故一般分为以下等级：

① 特别重大事故。是指造成30人以上死亡，或者100人以上重伤（包括急性工业中毒，下同)，或者1亿元以上直接经济损失的事故。

② 重大事故。是指造成10人以上30人以下死亡，或者50人以上100人以下重伤，或者5000万元以上1亿元以下直接经济损失的事故。

③ 较大事故。是指造成3人以上10人以下死亡，或者10人以上50人以下重伤，或者1000万元以上5000万元以下直接经济损失的事故。

④ 一般事故。是指造成3人以下死亡，或者10人以下重伤，或者1000万元以下直接经济损失的事故。

该等级划分所称的“以上”包括本数，所称的“以下”不包括本数。

(5) 分类方法原则

① 安全生产事故分类的一般方法有两种。

a. 经验式的实用主义的上行分类方法：由基本事件归类到事件的方法。

b. 演绎的逻辑下行分类方法：由事件按规则逻辑演绎到基本事件的方法。

② 对安全生产事故分类采用何种方法，要视表述和研究对象的情况而定，一般遵守以下原则：

a. 最大表征事故信息原则。

b. 类别互斥原则。

c. 有序化原则。

d. 表征清晰原则。

1.2 危险化学品事故特征

由于危险化学品具有多种危险特性，如燃烧性、爆炸性、毒性、腐蚀性和放射性，因此危险化学品大量排放或泄漏后，可能引起火灾、爆炸，造成人员伤亡，可污染空气、水、地面和土壤或食物，同时可以经呼吸道、消化道、皮肤或黏膜进入人体，引起群体中毒甚至死亡事故。总之，危险化学品事故系指一种或数种物质释放的意外事件或危险事件。

危险化学品事故具有突发性、复杂性、激变性、群体性、破坏性、频繁性的特点。在发生重大或灾害性事故时常可导致严重事故后果，因此现场急救工作不同于一般的医疗救护工作，有其特定的内涵，再加上危险化学品事故应急救援工作常常涉及多部门和多种救援专业队伍的配合协调，致使危险化学品事故的现场处置工作尤其重要。

1.2.1 突发性

危险化学品事故不受地形、气象和季节影响。无论企业大小、气象条件如何，也无论春夏秋冬，危险化学品事故随时随地都可能发生。危险化学品事故的发生往往出乎人们的预料，常常在意想不到的时间、地点而发生。由于其突发性且扩散迅速，无自身防护能力的群众对有害气体的防范十分困难。因此，研究危险化学品事故的突发性，对挽救受害人员的生命、减少损失是非常重要的。

1.2.2 复杂性

危险化学品种类繁多，所以发生危险化学品事故的后果也大不相同，可引起爆炸和燃烧，或中毒，因而常常危及人们生命和财产的安全，带来不可估量的严重后果。引起中毒的危险化学品有以下种类：气体（如窒息性气体一氧化碳、二氧化碳、硫化氢、氰化物，刺激性气体氮氧化物、氯气、氨气、二氧化硫等）、有机溶剂（苯胺、三硝基甲苯等），以及有机磷农药等。

能引起中毒的危险化学品一定要有基本条件，即毒物易弥散，而散发时有较多的人接触。从实际发生的情况看，危险化学品中毒事故多集中在某几种化学物质上，即氯气、氨气、氮氧化物、二氧化碳、一氧化碳、硫化氢、硫酸二甲酯、光气等，主要由刺激性气体和窒息性气体组成，占全部中毒事故的75%以上。而其中氯气、一氧化碳、氨气三类化合物所致的危险化学品中毒事故占55%左右。这些物质在化工、石油化工、石油等产业中应用和接触十分广泛和密切。另外，有些化学物质腐蚀性很强，常使设备、管线损坏，发生跑、冒、滴、漏现象，外逸的气体极易通过呼吸道进入人体而导致人体中毒。

1.2.3 激变性

危险化学品事故不仅有化学性损害，而且其损害还具有多样性。

① 危险化学品事故除可造成死亡外，也可引起人体各器官系统暂时或永久的功能性或器质性损害。

② 可以是急性中毒也可以是慢性中毒。

③ 不但影响本人也可影响后代。

④ 可以致畸也可以致癌。

窒息性气体可分为两大类。一类为单纯性窒息性气体，如氢气、甲烷、二氧化碳等，这类气体本身毒性很低，但因其在空气中含量高，使氧的相对含量降低，肺内氧分压降低，导致机体缺氧。另一类为化学性窒息性气体，如一氧化碳、氰化物、硫化氰等，其主要危害是对血液或组织产生特殊的化学作用，使血液运送氧的能力和组织利用氧的能力发生障碍，造成全身组织缺氧。

危险化学品事故的发生可能源于毒物，也可源于化学物质爆炸和火灾。

1.2.4 群体性

危险化学品大量意外排放或泄漏造成的事故，导致人员伤亡极其惨重，损失巨大。危险化学品事故由于各种毒物分布广、事故多，因而污染严重，环境被污染后，消除污染极困难。火灾、爆炸等危险化学品事故可直接导致人员死亡，同时，现场的中毒、烧伤、窒息伤员如得不到及时有效的救护，也将死亡。

2005 年 3 月 29 日，京沪高速公路淮安段上行线发生一起交通事故，导致液氯大面积泄漏，中毒死亡者达 28 人，送医院治疗 285 人，疏散村民群众近 1 万人，造成京沪高速公路宿迁至宝应段关闭20个小时。

2005年11月13日，吉林双苯厂一车间发生爆炸，造成当班的6名工人中5人死亡、1人失踪，事故还造成60多人不同程度受伤，爆炸后紧急疏散近1.2万名大学生和3万居民，避免了造成进一步的人员伤亡。

1.2.5　破坏性

危险化学品事故能在短期或较长时间内损害人类健康或危害环境。化学灾害性事故包括可引起疾病、损伤、残废或死亡的有毒物质的泄漏、释放，火灾，爆炸等。危险化学品事故突发性强，有毒有害物质泄漏量大；波及面广，毒害范围宽；伤害形式特殊，对人员危害极大，救援困难。

由于化学品的危险特性，如果管理不善，一旦发生事故，造成的经济损失和人员伤亡都是巨大的，且会影响社会的稳定。如1998年1月6日，某公司Ⅱ期硝酸铵装置发生意外爆炸，造成22人死亡，6人重伤，直接经济损失7000万元。2000年8月4日，某县发生重大烟花爆竹药料爆炸事故，死亡27人，重伤2人。2000年8月21日，国内某钢铁有限责任公司制氧厂发生爆炸，死亡22人，重伤7人。2001年8月3日下午5时，兰州市东岗东路一废旧金属回收公司发生氯气泄漏事件，剧毒气体扩散至四周家属区，具体中毒人数难以确计，其中60余人中毒程度较重，被送进附近医院救治，住院人员中有十余名儿童。

在我国也出现过由化学事故造成的交通中断或大面积人员受灾的现象。1998年7月13日，贵州省湘黔铁路朝阳坝2号隧道因机车颠覆，化学石油气槽车发生火灾爆炸，造成6人死亡，20多人受伤，致使湘黔铁路中断21小时。2003年12月23日，重庆某气矿突然发生井喷事故，富含硫化氢的气体喷射30多米高，大量硫化氢气体喷涌而出，造成大面积灾害，243人死亡，1万多人不同程度中毒，10万群众被紧急疏散。

1.2.6　频繁性

随着石油、化学工业和国民经济的迅速发展，以及科学技术的进步，化工产品产量的提高、品种的增加、应用范围的扩大，大大地改善了人类生活水平，同时化学灾害性事故也随之增加。

在国内外，由于对化学危险品使用不当引发的火灾和爆炸事故逐年增加，同时伤亡人数和经济损失也越来越大。2000年，我国发生在石油化工企业、易燃易爆等场所的特大火灾7起，死43人，伤31人。2002年，仅发生在加油站的火灾就有212起，死20人，伤118人，直接经济损失511.6万元，其中重大火灾5起，死7人，伤1人，直接经济损失168.4万元。2003年1月27日，某小区单元楼发生燃气泄漏爆炸，该爆炸单元1～5层共10户及地下储藏室全部坍塌，导致21人死亡，3人受伤，周围150米范围内8栋楼房受到不同程度的破坏。

1.3 危险化学品事故分类

危险化学品事故分类是根据事故的性质、原因、影响范围和后果等因素进行的。对事故进行正确分类有助于更好地理解事故的本质，制订相应的预防和应对措施，以及提高事故处理和救援的效率。

1.3.1 危险化学品火灾事故

危险化学品火灾事故指燃烧物质主要是危险化学品的火灾事故，具体又分若干小类，包括易燃气体火灾、易燃液体火灾、易燃固体火灾、自燃物品火灾、遇湿易燃物品火灾、其他危险化学品火灾。易燃气体火灾、易燃液体火灾往往又会引起爆炸事故，易造成重大的人员伤亡。由于大多数危险化学品在燃烧时会放出有毒有害气体或烟雾，因此危险化学品火灾事故中，往往会伴随人员中毒和窒息事故。例如，2021年5月31日，沧州市某石化有限公司发生火灾事故，直接经济损失约3872万元，未造成人员伤亡。分析事故的主要原因是，该公司非法储存危险化学品，在油气回收管线未安装阻火器和切断阀的情况下，违规动火作业，引发管内及罐顶部可燃气体闪爆，引燃罐内稀释沥青。

1.3.2 危险化学品爆炸事故

危险化学品爆炸事故指危险化学品发生化学反应的爆炸事故或液化气体和压缩气体的物理爆炸事故。具体包括：

① 爆炸品的爆炸（又可分为烟花爆竹爆炸、民用爆炸器材爆炸、军工爆炸品爆炸等）；

② 易燃固体、自燃物品、遇湿易燃物品的火灾爆炸；

③ 易燃液体的火灾爆炸；

④ 易燃气体爆炸；

⑤ 危险化学品产生的粉尘、气体、挥发物爆炸；

⑥ 液化气体和压缩气体的物理爆炸；

⑦ 其他化学反应爆炸。

例如，2015 年 4 月 6 日，福建省漳州市某公司二甲苯装置发生重大爆炸着火事故，造成 6 人受伤，另有 13 名周边群众留院观察，直接经济损失 9457 万元。

1.3.3　危险化学品中毒和窒息事故

危险化学品中毒和窒息事故主要指人体吸入、食入或接触有毒有害化学品或者化学品反应的产物，而导致的中毒和窒息事故。具体包括：

① 吸入中毒事故（中毒途径为呼吸道）；

② 接触中毒事故（中毒途径为皮肤、眼睛等）；

③ 误食中毒事故（中毒途径为消化道）；

④ 其他中毒和窒息事故。

例如，2015 年 3 月 10 日，马鞍山市某公司发生中毒窒息事故，造成 5 人死亡、1 人受伤。事故的直接原因是公司在进行罐体检修作业时，因防护施救不当先后造成 6 人被困罐内，其中 5 人因硫化氢中毒死亡。

1.3.4　危险化学品灼伤事故

危险化学品灼伤事故主要指腐蚀性危险化学品意外地与人体接触，在短时间内即在人体被接触表面发生化学反应，造成明显损伤的事故。腐蚀品包括酸性腐蚀品、碱性腐蚀品和其他不显酸碱性的腐蚀品。

1.3.5　危险化学品泄漏事故

危险化学品泄漏事故主要是指气体或液体危险化学品发生了一定规模的泄漏，虽然没有发展成为火灾、爆炸或中毒事故，但造成了严重的财产损失或环境污染等后果的危险化学品事故。危险化学品泄漏事故一旦失控，往往造成重大火灾、爆炸或中毒事故。例如，1995 年 7 月 22 日，辽宁某化工厂液氯车间铁路槽车充装货位发生氯气外泄，造成 1 人死亡，11 人氯气急性中毒，45 人受到不同程度的氯气刺激。事故原因是铁路槽车移位导致槽车顶部氯气阀门与货位上氯气阀门之间的连接管线断裂，槽车内的液氯喷出。

1.3.6　其他危险化学品事故

其他危险化学品事故指不能归入上述五类危险化学品事故的其他危险化学品事故，如危险化学品罐体倾倒、车辆倾覆等，但没有发生火灾、爆炸、中毒和窒息、灼伤、泄漏等事故。

1.4 危险化学品事故应急响应程序

大多数化学品具有有毒、有害、易燃、易爆等特点，在生产、储存、运输和使用过程中因意外或人为破坏等发生泄漏、火灾、爆炸等，极易造成人员伤害和环境污染。制订完备的应急预案，了解化学品基本知识，掌握化学品事故现场应急处置程序，可有效降低事故造成的损失和影响。本节主要探讨危险化学品发生泄漏、火灾爆炸、中毒等事故时现场的基本处置程序。

1.4.1 处置程序

(1) 隔离、疏散

① 建立警戒区域　事故发生后，应根据化学品泄漏扩散的情况或火焰热辐射所涉及的范围建立警戒区，并在通往事故现场的主要干道上实行交通管制。建立警戒区域时应注意以下几项：

a. 警戒区域的边界应设警示标志，并有专人警戒；

b. 除消防、应急处理人员以及必须坚守岗位的人员外，其他人员禁止进入警戒区；

c. 泄漏溢出的化学品为易燃品时，区域内应严禁火种。

② 紧急疏散　迅速将警戒区及污染区内与事故应急处理无关的人员撤离，以减少不必要的人员伤亡。紧急疏散时应注意：

a. 如事故物质有毒时，需要佩戴个体防护用品或采用简易有效的防护措施，并有相应的监护措施；

b. 应向上风侧方向转移，明确专人引导和护送疏散人员到安全区，并在疏散或撤离的路线上设立哨位，指明方向；

c. 不要在低洼处滞留；

d. 要查清是否有人留在污染区与着火区。

同时，为使疏散工作顺利进行，事故现场应当保持紧急出口畅通，并有明显标志。

(2) 应急防护

在突发化学事故后，必须在各级应急救援指挥部的统一指挥下实施紧急救援。为避免和减少群众及救援分队的伤亡，提高救援效果，必须及时采取防护措施。

在实施化学应急救援时，既要为中毒伤员脱离事发区域提供个人防护，又要为实施救援的人员提供执行各类任务时合适的防护器材。只有正确使用个人防护器材和采取各种防护措施才能减轻或避免受化学品的伤害。其基本原则是：专业技术防护和群众性防护相结合，制式防护器材与简易防护器材相结合。参加应急救援的人员必须考虑自身防护问题，否则有可能引发中毒甚至危及生命。例如，1998年11月，某地发生环氧乙烷泄漏事故，参加现场监测和救援的人员因穿戴防护器材不当，受到环氧乙烷的毒害，造成数十人中毒。因此，化学事故中的个人防护问题应引起有关部门的高度重视，务必做到预有准备，掌握正确的防护方法，以保证顺利完成应急任务和自身安全。

① 应急防护器材　用于化学事故应急救援的防护器材按用途可分成两大类：一类是用于保护呼吸器官和面部的防护器材，统称呼吸道防护器材；另一类是用于保护身体皮肤和四肢的防护器材，统称皮肤防护器材。这些器材在设计、使用和防护性能方面各不相同。

a. 防护器材的选定原则。

在熟悉和掌握各种防护器材的性能、结构及防护对象的情况下，选用什么样的防护器材在化学事故现场显得十分重要。一般情况下选择防护器材时应考虑以下几方面的因素：

ⅰ. 在事故应急救援中泄漏有毒化学品的性质和数量（尤其要注意其毒性、腐蚀性、挥发性等）；

ⅱ. 可使用的化学防护材料（防毒、防腐蚀、防火性能等）；

ⅲ. 防化服的防毒种类和有效防护时间；

ⅳ. 防化服是否可以重复作用；

ⅴ. 应用的呼吸器种类（过滤式或隔绝式）；

ⅵ. 全套防护器材的质量和大小等；

ⅶ. 隔绝式防护服在使用中是否需冷却降温等。

b. 防护器材等级。

应急救援人员的装备包括隔绝式防化服、呼吸道防护器材及其他应急防护器材，这些器材的合理组合和作用就可实现不同等级的防护。

在化学事故应急救援中，根据事故危害程度、任务要求和环境条件等因素，所确定的使用个人防护器材的等级称为防护等级。选用合适的防护等级，是应急救援人员在使用个人防护器材时保持体力和工作能力，顺利完成应急救援任务的重要保障。

不同类型的化学事故，其危险程度可能有较大的差异，而有毒化学品的种类不同，对人员的危害也各异。有的化学事故可能要求应急人员使用呼吸道防护器材或必须进行全身防护；依据执行任务的不同，又可能仅要求救援人员局部保护身体（如手、脚等）或全身防护。当应急救援人员对化学事故可能产生的危害程度有了明确的估计后，即可确定所需采取的防护等级。

防护等级确定后，并非一直不变。在应急救援初期，可能使用高等级的防护措施，即使用隔绝式防护服、隔绝式空气呼吸器等；当泄漏的有毒化学品已被查明毒性不大或虽有一定毒性，但浓度已降低时，可以降为低一级的防护。

确定防护等级时还应考虑环境及生理等方面的因素。例如中暑虚脱、疲劳、感觉反应迟钝、自身需要等。

② 人员的安全防护

a. 应急人员的安全防护。

根据危险化学品事故的特点、其引发物质的不同以及应急人员的职责，采取不同的防护措施。救援人员安全防护主要措施可以包括：

ⅰ. 有毒有害气体防护：采用呼吸道防护的方法，使用正压式氧气面具（空气呼吸器）、防毒面具、防尘面具、浸水的棉织物等。

ⅱ. 不挥发的有毒液体：采用隔绝服防护。

ⅲ. 易挥发的有毒有害液体：采用全身防护。

ⅳ. 易燃液体、气体的防护：采用阻燃服、呼吸道防护。

应急救援指挥人员、医务人员和其他不进入污染区域的应急人员一般配备过滤式防毒面罩、防护服、防毒手套、防毒靴等；工程抢险、消防和侦检等进入污染区域的应急人员应配备密闭型防毒面罩、防酸碱型防护服和空气呼吸器等；同时做好现场毒物的洗消工作（包括人员、设备、设施和场所等）。

b. 群众的安全防护。

根据不同危险化学品事故特点，组织和指导群众就地取材（如毛巾、湿布、口罩等），采用简易有效的防护措施保护自己。根据实际情况，制订切实可行的疏散程序（包括疏散组织、指挥机构，疏散范围，疏散方式，疏散路线，疏散人员的照顾等）。组织群众撤离危险区域时，应选择安全的撤离路线，避免横穿危险区域。进入安全区域后，应尽快去除受污染的衣物，防止继发性伤害。

c. 增强平时的防护训练和教育。

为保证顺利完成应急救援任务，救援人员在平时应进行防护训练和教育，训练内容应包括：

ⅰ. 明确在化学事故现场可能遇到的危险类型、可能产生的伤害和不采取防护措施可能发生的后果；

ⅱ．研究呼吸道防护器材、皮肤防护器材的类型和选用的依据及方法；

ⅲ．掌握呼吸道防护器材、皮肤防护器材的使用方法；

ⅳ．野外训练和应急救援演练；

ⅴ．定期研讨以往参加应急救援行动的收获和教训等。

所以，化学事故应急救援中的个人防护并非只是简单的穿戴问题，它关系到其自身安全和执行任务的总体效率，务必引起救援人员和有关部门的高度重视。

(3) 询情和侦检

a. 询问遇险人员情况，询问容器储量、泄漏量、泄漏时间、泄漏部位、泄漏形式、泄漏扩散范围，周边单位、居民、地形、电源、火源等情况，询问消防设施、工艺措施、到场人员处置意见。

b. 使用检测仪器测定泄漏物质、浓度、扩散范围。

c. 确认设施、建（构）筑物险情及可能引发爆炸燃烧的各种危险源，确认消防设施运行情况。

(4) 现场急救

在事故现场，化学品对人体可能造成的伤害为中毒、窒息、冻伤、化学灼伤、烧伤等。在进行急救时，不论患者还是救援人员都需要进行适当的防护。

① 注意事项

a. 选择有利地形设置急救点。

b. 做好自身及伤病员的个体防护。

c. 防止发生继发性损害。

d. 应至少 2～3 人为一组集体行动，以便相互照应。

e. 所用的救援器材须具备防爆功能。

② 现场处理

a. 迅速将患者脱离现场，送至空气新鲜处。

b. 呼吸困难时给氧，呼吸停止时立即进行人工呼吸，心搏骤停时立即进行心肺复苏。

c. 皮肤污染时，脱去污染的衣服，用流动清水冲洗，冲洗要及时、彻底、反复多次；头、面部灼伤时，要注意眼、耳、鼻、口腔的清洗。

d. 当人员发生冻伤时，应迅速将其复温，复温的方法是采用 40～42℃恒温热水浸泡，使其温度提高至接近正常，在对冻伤的部位进行轻柔按摩时，应注意不要将伤处的皮肤擦破，以防感染。

e. 当人员发生烧伤时，应迅速将患者衣服脱去，用流动清水冲洗降温，用清洁布覆盖创伤面，避免创面污染，不要任意把水疱弄破。患者口渴时，可适量饮用水或含盐饮料。

③ 医疗救治　使用特效药物治疗，对症治疗，严重者送医院观察治疗。应当注意的是，在急救之前，救援人员应确定受伤者所在环境是安全的。另外，进行人工呼吸及冲洗污染的皮肤或眼睛时，要避免进一步受伤。

(5) 泄漏处理

危险化学品泄漏后，不仅污染环境，对人体造成伤害，如遇可燃物质，还有引发火灾爆炸的可能。因此，对泄漏事故应及时、正确处理，防止事故扩大。泄漏处理一般包括泄漏源控制及泄漏物处理两大部分。

① 泄漏源控制　可行时，通过控制泄漏源来消除化学品的溢出或泄漏。

在调度室的指令下，通过关闭有关阀门、停止作业或通过采取改变工艺流程、物料走副线、局部停车、打循环、减负荷运行等方法进行泄漏源控制。

容器发生泄漏后，采取措施修补和堵塞裂口，制止化学品的进一步泄漏，对整个应急处理是非常关键的。能否成功地进行堵漏取决于几个因素：接近泄漏点的危险程度、泄漏孔的尺寸、泄漏点处实际的或潜在的压力、泄漏物质的特性。

② 泄漏物处理　现场泄漏物要及时进行覆盖、收容、稀释、处理，使泄漏物得到安全可靠的处置，防止二次事故的发生。泄漏物处置主要有 4 种方法。

a. 围堤堵截。如果化学品为液体，泄漏到地面上时会四处蔓延扩散，难以收集处理。为此，需要围堤堵截泄漏液体或者将其引流到安全地点。贮罐区发生液体泄漏时，要及时关闭雨水阀，防止物料沿明沟外流。

b. 稀释与覆盖。为减少大气污染，通常是采用水枪或消防水带向有害物蒸气云喷射雾状水，加速气体向高空扩散，使其在安全地带扩散。在使用这一技术时，将产生大量的被污染水，因此应疏通污水排放系统。对于可燃物，也可以在现场施放大量水蒸气或氮气，破坏燃烧条件。对于液体泄漏，为降低物料向大气中的蒸发速度，可用泡沫或其他覆盖物品覆盖外泄的物料，在其表面形成覆盖层，抑制其蒸发。

c. 收容（集）。对于大型泄漏，可选择用隔膜泵将泄漏出的物料抽入容器内或槽车内；当泄漏量小时，可用沙子、吸附材料、中和材料等吸收中和。

d. 废弃。将收集的泄漏物运至废物处理场所处置。用消防水冲洗剩下的少量物料，冲洗水排入含油污水系统处理。

③ 泄漏处理注意事项

a. 进入现场的人员必须配备必要的个人防护器具。

b. 如果泄漏物是易燃易爆的，应严禁火种。

c. 应急处理时严禁单独行动，要有监护人，必要时用水枪、水炮掩护。

d. 注意：化学品泄漏时，除受过特别训练的人员外，其他任何人不得试图清除泄漏物。

(6) 火灾控制

危险化学品容易发生火灾、爆炸事故，但不同的化学品以及在不同情况下发生火灾时，其扑救方法差异很大，若处置不当，不仅不能有效扑灭火灾，反而会使灾情进一步扩大。此外，由于化学品本身及其燃烧产物大多具有较强的毒害性和腐蚀性，极易造成人员中毒、灼伤。因此，扑救化学危险品火灾是一项极其重要而又非常危险的工作。从事化学品生产、使用、储存、运输的人员和消防救护人员平时应熟悉和掌握化学品的主要危险特性及其相应的灭火措施，并定期进行防火演习，提高紧急事态时的应变能力。

一旦发生火灾，每个职工都应清楚地知道自己的作用和职责，掌握有关消防设施、人员的疏散程序和危险化学品灭火的特殊要求等内容。

① 灭火对策

a. 扑救初期火灾。在火灾尚未扩大到不可控制之前，应使用适当移动式灭火器来控制火灾。迅速关闭火灾部位的上下游阀门，切断进入火灾事故地点的一切物料，然后立即启用现有各种消防设备、器材扑灭初期火灾和控制火源。

b. 对周围设施采取保护措施。为防止火灾危及相邻设施，必须及时采取冷却保护措施，并迅速疏散受火势威胁的物资。有的火灾可能造成易燃液体外流，这时可用沙袋或其他材料筑堤拦截流淌的液体或挖沟导流，将物料导向安全地点。必要时用毛毡、海草帘堵住下水井、阴井口等处，防止火焰蔓延。

c. 火灾扑救。扑救危险化学品火灾决不可盲目行动，应针对每一类化学品，选择正确的灭火剂和灭火方法。必要时采取堵漏或隔离措施，预防次生灾害扩大。当火势被控制以后，仍然要派人监护，清理现场，消灭余火。

② 几种特殊化学品的火灾扑救注意事项

a. 扑救液化气体类火灾时，切忌盲目扑灭火势，在没有采取堵漏措施的情况下，必须保持稳定燃烧。否则，大量可燃气体泄漏出来与空气混合，遇着火源就会发生爆炸，后果将不堪设想。

b. 对于爆炸物品火灾，切忌用沙土盖压，以免增强爆炸物品爆炸时的威力；扑救爆炸物品堆垛火灾时，水流应采用吊射，避免强力水流直接冲击堆垛，以免堆垛倒塌引起再次爆炸。

c. 对于遇湿易燃物品火灾，绝对禁止用水、泡沫、酸碱等湿性灭火剂扑救。

d. 氧化剂和有机过氧化物的灭火比较复杂，应针对具体物质具体分析。

e. 扑救毒害品和腐蚀品的火灾时，应尽量使用低压水流或雾状水，避免腐蚀品、毒害品溅出；遇酸类或碱类腐蚀品时，最好调制相应的中和剂稀释中和。

f. 易燃固体、自燃物品一般都可用水和泡沫扑救，只要控制住燃烧范围，逐步扑灭即可。但有少数易燃固体、自燃物品的扑救方法比较特殊。如2,4-二硝基苯甲醚、二硝基萘、萘等是易升华的易燃固体，受热放出易燃蒸汽，能与空气形成爆炸性混合物，尤其在室内，易发生爆燃，在扑救过程中应不时向燃烧区域上空及周围喷射雾状水，并消除周围一切火源。

注意：发生化学品火灾时，灭火人员不应单独灭火，出口应始终保持清洁和畅通，要选择正确的灭火剂，灭火时还应考虑人员的安全。

化学品火灾的扑救应由专业消防队来进行，其他人员不可盲目行动，待消防队到达后，向其介绍物料介质，配合扑救。

应急处理过程并非按部就班地按以上顺序进行，而是根据实际情况尽可能同时进行，如危险化学品泄漏，应在报警的同时尽可能切断泄漏源等。

1.4.2 处置技术原则

危险化学品事故的特点是发生突然，扩散迅速，持续时间长，涉及面广。一旦发生化学品事故，往往会引起人们的慌乱，若处理不当，会引起二次灾害。

有毒有害危险化学品事故主要有泄漏、火灾（爆炸）两大类。其中火灾又分为固体火灾、液体火灾和气体火灾。针对不同的事故类型，采取不同的处置措施。主要措施包括灭火、隔绝、堵漏、拦截、稀释、中和、覆盖、泄压、转移、收集、点火控制燃烧等。在启动救援处置预案时，须遵循以下四项原则。

(1) 泄漏事故处置原则

① 进入泄漏现场进行处理时，应注意人员的安全防护：

a. 现场救援人员必须配备必要的个人防护器具。

b. 如果泄漏物是易燃易爆介质，事故区域应严禁火种、切断电源、禁止车辆进入，并在边界设置警戒线。根据事故情况和事故发展，确定事故波及区人员的撤离。

c. 如果泄漏物是有毒介质，应使用专用防护服、隔离式空气呼吸器。为了在现场能正确使用和适应，平时应进行严格的适应性训练。根据不同介质和泄漏量确定疏散距离，并在边界设置警戒线。根据事故情况和事故发展，确定事故波及区人员的撤离。

d. 应急处理时严禁单独行动，严格按专家组制订的方案执行。

② 泄漏源控制：

a. 根据专家组制订的方案，由事故单位负责切断进料或隔离物料。

b. 堵漏。经专家组制订方案后由专业检维修人员实施堵漏。

③ 泄漏物处理：有围堤堵截、稀释与覆盖、收容（集）、废弃 4 种方法。

（2）火灾事故处置原则

① 应迅速查明燃烧范围、燃烧物品及其周围物品的品名和主要危险特性、火势蔓延的主要途径、燃烧的危险化学品及燃烧产物是否有毒。

② 正确选择最适合的灭火剂和灭火方法。当火势较大时，应先堵截火势蔓延，控制燃烧范围，然后逐步扑灭。灭火时要注意以下几点：

a. 先控制，后灭火。危险化学品火灾有火势蔓延快和燃烧面积大的特点，应采取统一指挥、以快制快，堵截火势、防止蔓延，重点突破、排除险情，分割包围、速战速决的灭火战术。

b. 扑救人员应位于上风侧位置，切忌在下风侧进行灭火。

c. 进行火情侦察、火灾扑救、火场疏散的人员应有针对性地采取自我防护措施，佩戴防护面具，穿戴专用防护服等。

③ 对有可能发生爆炸、爆裂、喷溅等特别危险需紧急撤退的情况，应按照统一的撤退信号和撤退方法及时撤退（撤退信号应格外醒目，能使现场所有人员都看到或听到，并应经常演练）。

④ 火灾扑灭后，仍然要派人监护现场，消灭余火。对于可燃气体没有完全清除的火灾应注意保留火种，直到介质完全烧尽。火灾单位应当保护现场，接受事故调查，协助消防部门调查火灾原因，核定火灾损失，查明火灾责任；未经消防部门的同意，不得擅自清理火灾现场。

（3）压缩气体和液化气体火灾事故处置原则

① 扑救可燃气体火灾切忌盲目灭火。如在扑救时或在冷却过程中，不小心把泄漏处的火焰扑灭了，在没有采取堵漏措施的情况下，也必须立即用长点火棒将火点燃，使其恢复稳定燃烧，防止可燃气体泄漏，引起燃爆。

② 首先应扑灭外围被火源引燃的可燃物火势，切断火势蔓延途径，控制燃烧范围，并积极抢救受伤和被困人员。

③ 如果火焰中有压力容器或有受到火焰辐射热威胁的压力容器，能搬离的应尽量搬离到安全地带，不能搬离的应采用足够的水枪进行冷却保护。为防止容器爆裂伤人，进行冷却的人员应尽量采用低姿射水或利用现场坚实的掩蔽体防护。对于卧式贮罐，冷却人员应选择贮罐四侧角作为射水阵地。

④ 如果是输气管道泄漏着火，应首先设法找到并关闭气源阀门。

⑤ 储罐或管道泄漏关阀无效时，应根据火势大小判断气体压力和泄漏口的大小及形状，准备好相应的堵漏材料（如橡皮塞、气囊塞、粘合剂、弯管、卡管工具等）。

⑥ 堵漏工作准备就绪后，即可用水扑救，也可用干粉、二氧化碳灭火，但

仍需用水冷却储罐或管壁。火扑灭后，应立即用堵漏材料堵漏，同时用雾状水稀释和驱散泄漏出来的气体。

⑦ 如果第一次堵漏失败，且再次堵漏需一定时间，应立即用长点火棒将泄漏处点燃，使其恢复稳定燃烧，并准备再次灭火堵漏。

⑧ 如果泄漏口很大，根本无法堵漏，只能靠水冷却着火容器及其周围容器和可燃物品，控制着火范围，一直到燃气燃尽，火自动熄灭。

⑨ 现场指挥部应密切注意各种危险征兆，当出现危险征兆时，总指挥必须及时做出准确判断，下达撤退命令。现场人员看到或听到事先规定的撤退信号后，应迅速撤退至安全地带。

(4) 易燃液体火灾事故处置原则

易燃液体通常是贮存在容器内并用管道输送的。与气体不同的是，液体容器有的密闭，有的敞开，一般都是常压。只有反应锅（炉、釜）及输送管道内的液体压力较高。液体不管是否着火，如果发生泄漏或溢出，将顺着地面流淌或在水面漂散。当易燃液体着火时，应按以下原则处理。

① 首先应切断火势蔓延的途径，冷却和疏散受火势威胁的密闭容器和可燃物，控制燃烧范围，并积极抢救受伤和被困人员。如有液体流淌时，应筑堤（或用围油栏）拦截漂散流淌的易燃液体或挖沟导流。

② 及时了解和掌握着火液体的品名、相对密度（比重）、水溶性以及有无毒害、腐蚀、沸溢、喷溅等危险性，以便采取相应的灭火和防护措施。

③ 对较大的贮罐或流淌火灾，应准确判断着火面积。大面积（$>50m^2$）液体火灾则必须根据其相对密度、水溶性和燃烧面积大小，选择正确的灭火剂扑救。对不溶于水的液体（如汽油、苯等），用直流水、雾状水灭火往往无效，可用普通氟蛋白泡沫或轻水泡沫扑灭。用干粉扑救时，灭火效果要视燃烧面积大小和燃烧条件而定，在扑救的同时用水冷却周围贮罐的罐壁。

④ 密度大于水又不溶于水的液体（如二硫化碳）起火时可用水扑救，水能覆盖在液面上灭火。用泡沫也有效。用干粉扑救时，灭火效果要视燃烧面积大小和燃烧条件而定，同时用水冷却罐壁，降低燃烧强度。

⑤ 具有水溶性的液体（如醇类、酮类等），最好用抗溶性泡沫扑救，用干粉扑救时，灭火效果要视燃烧面积大小和燃烧条件而定，同时须用水冷却罐壁，降低燃烧强度。

⑥ 扑救毒害性、腐蚀性或燃烧产物毒害性较强的易燃液体火灾，扑救人员必须佩戴防护面具，采取防护措施。对特殊物品的火灾，应使用专用防护服。考虑到过滤式防毒面具作用的局限性，在扑救毒害品火灾时应尽量使用隔离式空气呼吸器。为了在火场上正确使用和适应，平时应进行严格的适应性训练。

⑦ 扑救闪点不同、黏度较大的介质混合物，如原油和重油等具有沸溢和喷溅危险的液体火灾，必须注意计算可能发生沸溢、喷溅的时间和观察是否有沸溢、喷溢的征兆。一旦现场指挥发现危险征兆时，应迅速作出准确判断，及时下达撤退命令，避免造成人员伤亡和装备损失。扑救人员看到或听到统一撤退信号后，应立即撤退至安全地带。

⑧ 遇易燃液体管道或贮罐泄漏着火，在切断蔓延方向并把火势限制在一定范围内的同时，应设法找到并关闭进、出口阀门。如果管道阀门已损坏或贮罐泄漏，应迅速准备好堵塞材料，先用泡沫、干粉、二氧化碳或雾状水等扑灭地面上的流淌火焰，再扑灭泄漏处的火焰，并迅速采取堵漏措施。与气体堵塞不同的是，液体一次堵漏失败，可连续堵几次，只要用泡沫覆盖地面，并堵住液体流淌和控制好周围着火源，不必点燃泄漏处的液体。

1.5 危险化学品事故善后处置程序

1.5.1 后期恢复与修复

后期恢复和修复包括环境修复、设施恢复、企业责任、心理援助和长期改进等方面。环境修复是事故后期恢复和修复的重要任务之一。危险化学品事故可能导致大气、土壤和水体等环境污染，需要对污染范围进行全面评估，并制订切实可行的修复方案。环境修复措施包括污染物清除、土壤修复、水体治理等，以消除或降低污染对环境和生态的长期影响。设施恢复是事故后期恢复的关键环节。危险化学品企业应对受损设施进行全面检查，评估损坏程度，并制订修复计划。修复过程中应加强安全监管，确保修复质量。同时，企业应优化设备布局、升级设备技术和提高安全防护水平，防止类似事故再次发生。企业责任是事故后期恢复和修复的一个重要方面。企业应承担事故责任，对受害人员及其家属进行赔偿和救助，确保受害者的合法权益得到保障。同时，企业应与政府、社会团体和媒体等多方合作，及时公开事故信息，接受社会监督。心理援助在事故后期恢复和修复中具有重要作用。危险化学品事故会对受害者和社区居民的心理健康产生严重影响，需要给其提供及时、有效的心理援助和干预。企业应与专业心理援助机构合作，为受影响人员提供心理辅导和疏导，帮助他们克服心理障碍，重建信心。

1.5.2 处置对策

(1) 加强法律法规建设

加强危险化学品安全生产事故应急救援处置的法律法规建设是确保企业和社会安全的重要手段。有效的法律法规既能为企业提供明确的行为规范和安全要求，又能为政府监管部门提供有力的法律依据，推动整个行业的安全水平不断提高。

首先，完善危险化学品安全生产和应急救援相关的法律法规对企业具有指导意义。通过对现有法律法规进行修订和完善，可以使之更具针对性和适用性，为企业在生产、储存、运输等环节提供更具体的操作指南。在法律法规制定过程中，应参照国内外先进经验和技术标准，确保法律法规的先进性和适用性。

其次，加强法律法规的宣传和培训，提高企业和员工的法治意识。通过组织培训、宣传资料发放、宣传活动等形式，普及危险化学品安全生产和应急救援相关法律法规知识，提高企业和员工对法律法规的理解和遵守程度。可通过参加国际会议、考察、研讨等活动，了解世界各国在危险化学品安全生产和应急救援方面的法律法规和实践经验，为我国法律法规建设提供有益借鉴。

最后，危险化学品安全生产事故应急救援处置法律法规建设应与社会各界的需求和期望相适应。在制定法律法规时，要广泛征求企业、专业机构、社会团体和公众的意见和建议，以保证法律法规的公平性、合理性和可行性。

(2) 提高监管力度

提高危险化学品安全生产事故应急救援处置的监管力度是确保企业和社会安全的重要举措。随着我国经济的快速发展，危险化学品行业的规模不断扩大，安全生产压力逐渐增大。因此，政府和监管部门必须切实履行职责，加大监管力度，确保危险化学品的安全生产和应急救援工作得到有效落实。

首先，在监管机构层面，政府应加强对危险化学品安全生产和应急救援工作的组织领导。通过设立专门的监管部门，加强与其他部门的协同配合，形成全面、高效的监管体系。同时，还应加大投入，提升监管部门的硬件设施和软件能力，确保监管工作的顺利进行。

其次，政府和监管部门应加强对危险化学品企业的日常监管。通过定期检查、随机抽查等方式，对企业的安全生产和应急救援工作进行全面评估。一旦发现安全隐患，要及时指导企业进行整改，确保隐患得到及时消除。对于屡次发生安全事故、拒不整改的企业，要依法予以严肃处理。同时，提高监管力度还需要完善信息公开和信息共享机制。政府和监管部门应建立危险化学品安全生产和应急救援信息平台，及时公开企业的安全生产情况、事故信息等，接受社会监督。通过信息共享，实现各监管部门之间的有效沟通和协同工作，提高监管效率。

最后，加强对企业安全生产和应急救援工作的指导和培训也是提高监管力度的重要内容。监管部门应积极组织专家进行现场指导，帮助企业解决实际问题；同时，还要定期开展安全生产和应急救援培训，提高企业员工的安全意识和技能水平。

(3) 加强企业安全管理

加强企业安全管理是危险化学品安全生产事故应急救援处置对策中的重要环节，关系到企业生产经营的稳定和员工生命财产安全。为保障危险化学品行业的持续发展和社会安全，企业需在生产、储存、运输等环节全面加强安全管理，落实安全生产责任制，从源头预防事故的发生。

首先，企业应强化安全生产意识。企业高层应高度重视安全生产工作，将安全生产与企业经济效益同等对待，确保安全生产目标在企业发展中得到优先实施。企业需要全面落实安全生产责任制，明确各级管理人员在安全生产中的职责和权利，强化员工的安全培训和教育，提高员工的安全防范意识。

其次，企业应加强安全生产制度建设。企业需要制订全面的安全生产制度和操作规程，包括生产过程中的安全操作、设备维护、应急预案等方面。企业还需定期对安全生产制度进行更新和完善，确保制度与实际生产活动相适应，为员工提供清晰的操作指南。

最后，企业应强化安全生产风险防控。企业需要建立健全风险评估和隐患排查制度，对生产过程中的安全隐患进行全面排查，制订整改措施并落实整改责任。企业还应加强对重大危险源的监控和管理，避免因重大危险源失控引发的安全事故。此外，企业应加强应急救援能力建设。企业须制订针对性的应急预案，明确应急组织架构、任务分工和应急资源配置。

(4) 优化应急救援体系

首先，建立健全应急救援组织体系。各级政府应在行政区划范围内设立应急救援指挥中心，并明确其在应急救援工作中的职责和权力。企业须设立应急救援组织，明确应急救援指挥、协调、通报等工作职责，提高应急救援工作的有效性和及时性。

其次，完善应急救援预案体系。政府和企业应分别制订应对危险化学品安全生产事故的应急预案，明确事故处置流程、资源调配和信息沟通机制。预案应具备灵活性和针对性，能够适应不同类型、程度的事故场景。同时，应定期组织预案演练和评估，不断优化预案内容。

最后，完善应急救援信息系统。政府和企业应建立健全应急救援信息平台，实现实时、准确的信息传递和共享。通过应急救援信息系统，各方可以快速了解事故情况，制订合理的救援策略，提高救援效率。

(5) 推进技术创新

通过技术创新，可以提高安全生产水平，降低事故发生风险，提高应急救援效率。为此，政府、企业和社会各方需共同努力。首先，加大科研投入，推动技术创新。政府应加大对危险化学品安全生产及应急救援领域的科研投入，设立专项科研基金，支持企业和科研机构开展技术研究和创新。企业应加强与科研机构的合作，共同研发安全生产和应急救援相关技术，提升企业核心竞争力。其次，推广先进技术和装备。政府和企业应关注国内外先进技术和装备动态，及时引进和推广适用于危险化学品安全生产和应急救援的新技术、新装备。例如：利用物联网、大数据、人工智能等技术，实现对危险化学品生产、储存、运输环节的实时监控，有效防范安全风险。最后，加大创新人才培养力度。政府和企业应加强对危险化学品安全生产和应急救援人才的培养。通过设立奖学金、提供实习机会等措施，鼓励更多优秀人才投身相关领域。

参考文献

[1] 呼和浩特职业学院．危险化学品事故应急措施［M］．北京：中央民族大学出版社，2009.

[2] 周学志．危险化学品事故处置技术手册［M］．北京：中国标准出版社，2010.

[3]《危险化学品重特大事故案例精选》编委会．危险化学品重特大事故案例精选［M］．北京：中国劳动社会保障出版社，2007.

[4] 王亚晴，杨涛．2016～2021年我国危险化学品事故统计分析［J］．山东化工，2022，51（14）：168-171.

[5] 程硕，阳富强．2011～2020年我国危险化学品事故统计及灰色关联分析［J］．应用化工，2023，52（1）：193-198.

[6] 赵文霞，宋典达，刘长宏，等．危险化学品事故应急管理体系建设研究［J］．实验教学与仪器，2023，40（5）：122-124.

[7] 曾祥锐．危险化学品安全生产事故应急救援处置对策［J］．化工管理，2023（32）：111-114.

[8] 韩健．危险化学品事故特点及消防安全管理探析［J］．当代化工研究，2023（17）：185-187.

[9] 杨洪敏．中国危险化学品事故统计分析与对策研究［D］．大连：辽宁师范大学，2013.

[10] 徐栋，李淑慧．危险化学品事故分析与应对措施［J］．化工管理，2023（33）：97-100.

第 2 章 危险化学品生产环节事故案例

2.1 某化工有限公司“1·15”重大爆炸着火事故

2.1.1 事故总体情况

2023 年 1 月 15 日 A 化工有限公司（以下简称 A 公司）在烷基化装置水洗罐入口管道带压密封作业过程中发生爆炸着火事故，造成 13 人死亡，35 人受伤，直接经济损失约 8799 万元。

2.1.2 事故基本情况

经现场勘查、专家技术分析和公安机关侦查，排除了人为破坏、自然灾害等因素引发事故的可能。事故调查组认定，A 公司“1·15”爆炸着火事故是一起重大生产安全责任事故。

2.1.3 事故单位情况

(1) 事故发生单位及相关单位概况

① 事故发生单位　A 公司成立于 2012 年 5 月 21 日，有职工 2293 人，其中安全管理人员 52 人。企业现有原料预处理、催化裂化、延迟焦化、连续重整及烷基化装置等 23 套主要生产装置，主要产品为丙烷、正丁烷、汽油、柴油、液化石油气等。危险化学品安全生产许可证范围：危险化学品生产。

② 烷基化装置设计单位　B 公司成立于 2002 年 7 月 19 日，经营范围包括建设工程设计、特种设备设计等许可项目。工程设计资质证书资质等级为化工

石化医药行业甲级，可从事资质证书许可范围内相应的建设工程总承包业务以及项目管理和相关的技术与管理服务，有效期至2024年8月23日。中华人民共和国特种设备生产许可证有效期至2023年6月30日。

③ 安全设施设计单位　C公司成立于1992年11月1日，经营范围包括化工石化医药行业设计、市政公用行业设计、压力管道设计、压力容器设计等。工程设计资质证书资质等级为化工石化医药行业甲级，有效期至2024年9月23日。该公司于2014年5月完成了A公司的16×10^4t/a烷基化项目安全设施设计。

④ 烷基化装置施工单位　D公司成立于1991年6月18日，经营范围包括大型工业建设项目的设备、电器、仪表和大型整体生产装置等安装，压力容器制造、安装等。建筑业企业资质证书资质等级包括建筑工程施工总承包壹级、环保工程专业承包壹级、石油化工工程施工总承包壹级等，有效期至2022年12月31日。建筑施工企业安全生产许可证有效期至2025年8月1日。

⑤ 烷基化装置监理单位　E公司成立于2008年4月22日，经营范围包括建设工程监理、水利工程建设监理、公路工程监理、水运工程监理、文物保护工程监理、地质灾害治理工程监理等。工程监理资质证书资质等级包括房屋建筑工程监理乙级、市政公用工程监理丙级，有效期自2011年12月27日至2016年12月26日；2019年1月9日增加化工石油工程监理乙级资质。

⑥ 烷基化装置带压密封作业单位　F公司成立于2006年4月25日。建筑业企业资质证书资质类别及等级包括防水防腐保温工程专业承包贰级、石油化工工程施工总承包叁级、市政公用工程施工总承包叁级等，有效期至2026年5月21日。安全生产许可证许可范围包括建筑施工，有效期至2025年9月28日。特种设备生产许可证（压力管道）许可项目包括承压类特种设备安装、维修、改造，许可子项目包括工业管道安装（GC1）；特种设备生产许可证（压力管道元件）许可项目包括压力管道元件制造，许可子项目包括元件组合装置，有效期至2024年8月19日。

⑦ 压力管道检验检测单位　G特种设备监督检验所（以下简称“G特检所”），业务范围包括负责锅炉、压力容器（包括各类气瓶），压力管道、电梯、起重机械、厂内机动车辆等特种设备安全性能监督检验、定期检验，以及锅炉介质分析、锅炉能效测试工作；承担特种设备人员资格考试事务性工作。中华人民共和国特种设备检验检测机构核准证监督检验项目包括RJ4（第一、二类压力容器）、DJ2（公用管道）、DJ3（工业管道）、DJ4（管道元件）、KJ1（进口锅炉、压力容器、气瓶、压力管道元件）等，定期检验项目包括RD4（第一、二类压力容器）、DD2（公用管道）、DD3（工业管道）、JD2（额定工作压力小于或

者等于 2.5MPa 锅炉的水质）等，有效期至 2025 年 9 月 1 日。

（2）烷基化装置项目建设情况

烷基化装置于 2013 年 3 月 1 日开始建设，设计产能为 16×10^4t/a，2014 年 12 月建成投产。2016 年 2 月，建设单位对该装置进行升级改造，改造后产能为 20×10^4t/a。烷基化装置区东西长 108m，南北宽 70m，占地 7560m^2，由原料预处理、烷基化反应、流出物精制、产品分馏和化学处理等单元组成。生产工艺为液化气中的异丁烷与烯烃在硫酸催化剂作用下，反应生成高辛烷值汽油调和组分烷基化油。事故管道位于流出物精制单元，反应流出物经酸洗、碱洗后流经事故管道进入水洗罐。

（3）事故管道情况

事故管道为烷基化装置水洗罐入口管道，属于 GC2 级压力管道，泄漏部位水平段距离地面 10.78m。2012 年 6 月，B 公司设计出具了事故管道的设计图纸。管道设计规格为 $\phi168\times7$mm（ϕ 为管道外径，下同），设计压力为 2.19MPa，工作压力为 0.73MPa，设计温度为 80℃，工作温度为 48℃，设计材质为 316 奥氏体不锈钢。根据水洗罐厂家返回的资料，2013 年 12 月 12 日，B 公司对原设计图纸中水洗罐尺寸进行了变更，变更通知单中说明“所改变的管道上的材料阀门及法兰垫片不变，弯头及管道数量变化不大，以现场实际施工核算为准”。

根据该设计变更，水洗罐口径变粗（$\phi273\times7$mm），现有 316 奥氏体不锈钢管材（$\phi168\times7$mm）不能满足安装需要，订购符合条件的管道需要较长时间。为抢赶工期，在未经设计变更的情况下，A 公司现场负责人孟×同意 D 公司施工负责人提出的更换管道材质的建议，擅自决定将水洗混合器后手阀门和水洗混合器副线阀门至水洗罐段的管道（长度约 11.2m）材质由 316 奥氏体不锈钢更换为 20 钢。

2.1.4　事故发生经过

2023 年 1 月 11 日，A 公司发现事故管道弯头夹具（2022 年 4 月 19 日泄漏位置）边缘处泄漏，A 公司设备部组织 H 公司进行维保，并于 1 月 11、12、14 日三次组织堵漏，均未成功。三次堵漏均未按企业内部规定向安全管理部报备。

2023 年 1 月 15 日上午，A 公司烷基化装置水洗罐流程走旁路，入口阀门关闭，出口阀门开度在 10%～15%，罐内注水顶油，其余设备正常运行。

2023 年 1 月 15 日 13 时左右，H 公司领队封×携带新制作的夹具，带领 3 名作业人员进入现场，组织实施带压密封作业。A 公司烷基化车间联系 2 台吊车和 3 名人员到场配合。现场采用 2 台吊车分别各吊一个吊篮，每个吊篮里安排两名堵漏作业人员，分别由吊车吊至泄漏点旁。吊车用对讲机指挥（对讲机为非防爆型）。A公司烷基化车间安排6名监护人对作业面进行立体监护，车间主任李×与新项目班长在水洗罐D-211罐顶平台监护。

1月15日13时23分56秒，用于新夹具定位的卡盘安装完成，新夹具就位。新夹具两侧拟各用3套螺栓紧固。

1月15日13时24分10秒，封×等人在新夹具两侧各安装紧固1套螺栓时，原夹具水平端的管道焊缝处突然断裂，大量介质从断口喷出，原夹具被喷出的介质冲击而脱离管道并飞出。封×立即用对讲机呼叫吊车司机紧急落地。现场监护人员立即向外疏散。另一吊车司机立即将吊篮吊离作业面，并拔杆将吊篮升至远高于烷基化反应器R-201C所在框架104SS6。李×立即从水洗罐顶平台跑回中控室，安排烷基化装置内操人员紧急停车。

1月15日13时25分53秒，烷基化装置区发生爆炸并着火。

2.1.5 事故应急处置情况

(1) 事故信息接报情况

事故发生后，现场人员立即拨打火警和急救电话，并上报事故情况。1月15日13时27分，I县消防救援大队和I县应急管理局均接到事故报告。1月15日13时50分，J市应急管理局电话向省应急管理厅指挥中心初报，14时30分通过系统首报。省应急管理厅于14时51分向应急管理部指挥中心书面首报事故情况。

(2) 事故应急救援情况

① 企业自救情况。

事故发生后，A公司立即启动公司级应急救援预案，组织人员疏散，全厂紧急停工，切断与火场有关的全部危险介质进出料管道。

1月15日13时31分，A公司消防队7辆消防车（18t水罐泡沫消防车1辆、23t泡沫车1辆、16m/32m/64m高喷消防车各1辆、轻型泡沫消防车2辆）和27名专职队员，到达事故现场展开救援，保护罐区，控制火势蔓延。油品车间紧急启动罐区水喷淋，保护距火场较近的液化烃球罐。

② 属地政府组织救援情况。

1月15日13时27分，I县消防救援大队接到报警电话，立即调派K消防救援站1辆消防车7名指战员、M消防站5辆消防车21名指战员，分别于13时35分和13时50分到达现场展开救援，并相继搜救出4名被困人员送医救治。

1月15日13时27分，I县应急管理局接到事故报告，立即启动应急响应，于13时47分赶到事故现场组织救援。

1 月 15 日 13 时 27 分，J 市消防救援支队指挥中心接到报警，立即调派 288 名指战员、59 辆消防车赶赴现场组织救援，13 时 59 分，第一到场力量立即展开应急救援工作，再次搜救出 1 名被困人员。

J 市委、市政府立即启动突发事件应急响应，市公安局组织刑侦部门、内保部门、交警部门、网安部门和属地派出所及周边派出所等 300 余人开展应急救援工作；市生态环境局组织执法队和专家开展环境应急监测工作；市住房和城乡建设局组织各类工程车辆 51 辆、市政工程抢修队伍 150 人，恢复中断的居民供热；市交通运输局组织 135 辆公交、货运等参与应急救援；市卫生健康委调派 80 名医护骨干和 20 辆急救车赶赴事发现场开展紧急医疗救援和伤员转运工作。

接到事故报告后，省委、省政府主要领导同志立即作出批示，责成应急、公安、市场监管、消防救援等部门赶赴现场组织应急处置。应急管理部调动国家危化应急救援 N 队 5 车 22 人参与事故救援，副省长姜×，省消防救援总队总队长吴×、副总队长刘×带领总队全勤指挥部到达现场，按照应急管理部和国家消防救援局的要求，组织开展应急处置工作。同时，省消防救援总队迅速调派 O 支队、P 支队的 42 辆消防车、134 名指战员跨区域增援，于 1 月 15 日 18 时 33 分相继到达现场参加应急救援。

在此期间，A 公司搜救队和 I 县、J 市、O 市、P 市消防救援队员共同配合，全力营救被困人员，阻止火势蔓延，先后营救被困人员 44 人，疏散周围群众 600 余人；按预案启动罐区喷淋，利用高喷炮及消火栓供水对 701 罐、804 罐进行冷却抑爆，同时两台车从着火车间东南侧堵截火势向东侧和南侧蔓延，消灭管廊及其外围火势。

1 月 15 日 23 时 22 分，现场火势基本得到控制，救援队伍进一步展开现场搜救。1 月 18 日 12 时许，经过 70 小时救援，现场明火被彻底扑灭。1 月 19 日 10 时 30 分，搜寻出最后一名失联人员遗体残骸。至此，人员搜救工作全部结束。最终确认事故共造成 13 人死亡，35 人受伤。事故未引发其他次生灾害。

(3) 事故处置情况

事故发生后，现场救援指挥部为防止次生灾害发生，对事故现场的废水全部清空处理，废酸罐内的废酸全部转移，事故现场的酸泥转移处置 12.02t，对涉及烷基化泄漏区北侧管廊相关连接管线，球罐区以及催化、氮气、净化风等装置管线采取暖阀紧固、加装盲板，防止再次泄漏，现场处置有序推进，处置过程中未造成环境污染和次生灾害发生。同时，针对事故可能对周边装置、设备等造成损坏，组织专家对企业现存所有装置进行全面风险评估论证，逐一制订停工处理方案，明确球罐内物料外送时间计划，制订 5 套装置内重油危险物料退油计划，24 小时监测各装置塔罐液位、温度、压力等参数，确保停工期间装置安全可控，为全面开展隐患排查与安全检修做好准备。

(4) 事故应急处置评估

事故发生后，应急管理部工作组连夜赶赴事故现场，科学指导应急处置。省、市、县各级政府高度重视，第一时间启动了应急响应，先后成立了县级、市级和省级事故救援指挥部，应急管理、消防救援、公安、卫生健康、生态环境等部门各司其职，各负其责，联防联控，形成了应急救援合力。在事故救援指挥部的统一指挥下，各项应急救援工作开展有序，现场救援处置措施得当，信息发布及时；未造成大气和水体污染，未引发次生事故；应急处置评估为良好。

2.1.6 事故伤亡及经济损失情况

事故共造成现场作业、监护人员以及爆炸冲击波波及范围 13 人死亡、35 人受伤；烷基化装置严重损毁，装置界区管廊整体坍塌，管廊与装置北侧公用管廊交汇处多条管道断裂，相邻装置部分损毁。经评估，事故造成直接经济损失约 8799 万元。

2.1.7 事故原因及性质

(1) 事故直接原因

事故管道发生泄漏，在带压密封作业过程中发生断裂，水洗罐内反应流出物大量喷出，与空气混合形成爆炸性蒸汽云团，遇点火源爆炸并着火，造成现场作业、监护及爆炸冲击波波及范围内重大人员伤亡。由于现场视频监控装置技术原因断电及监控摄像头布置等原因，现有视频资料无法查看到爆炸点位置及爆炸瞬间的现场情况。调查发现，作业指挥用的四部对讲机属于非防爆对讲机，最低使用电压为 4.5V，通过的电流以较低数值 100mA 估算，若接通时间持续 0.1s，则火花能量为 $E=UIt=45\text{mJ}$。此外，现场有两台正在工作的吊车，其排气管高温热表面温度可高达 800～900℃。泄漏介质中，正丁烷的最小点火能量为 0.25mJ，引燃温度为 405℃；异丁烷的最小点火能量为 0.52mJ，引燃温度为 460℃。经专家组综合分析认定，造成此次爆炸的点火源为：一是对讲机通话时的接通能量，二是作业现场吊车的排气管高温热表面。

(2) 事故间接原因

① 项目建设期间，在施工单位建议下，建设单位未经设计变更擅自决定将事故管道用 20 钢代替 316 不锈钢，监理、竣工验收及监督检验等过程均未发现

事故管道材质与设计不符问题，降低了管道耐介质腐蚀性能。

② 事故管道首次带压密封作业时，未对弯头泄漏根本原因进行认真排查，未按规定进行壁厚检测；当再次泄漏带压密封堵漏作业时，没有按照规范要求制订施工方案和应急措施、开展现场勘测和办理作业审批，违规冒险作业，致使紧固夹具时事故管道突然断裂，易燃易爆性介质大量泄漏并扩散。

③ 特种设备日常管理严重缺位，事故管道年度检查缺失，法定定期检测流于形式，未发现事故管道材质与设计不符的严重问题，未及时发现并处置事故管道严重腐蚀的问题。

④ 作业审批不落实，带压密封作业现场管理混乱、防火防爆安全风险管控不力，违规用汽车吊吊装人员，带压密封作业现场使用非防爆对讲机，造成现场大量泄漏的易燃易爆性介质遇点火源发生爆炸。

2.1.8　事故经验教训

(1) 牢固树立安全发展理念，坚守安全红线

各级各部门要深入学习贯彻总书记关于安全生产的重要指示批示精神，进一步提高政治站位，始终坚持“人民至上，生命至上”，强化底线思维、红线意识，把安全发展理念贯穿经济社会发展全过程。要深刻吸取事故沉痛教训，举一反三，切实把防控化解重大安全风险摆在更加突出的位置，聚焦安全生产基础性、源头性、瓶颈性问题，通过完善体制、健全制度、创新机制，强化责任、强化管理、强化监督，严格执法、严格考核、严肃问责，真正把安全生产责任制和安全防范措施落到实处，坚决守住不发生重特大事故的底线。

(2) 压实属地党、委政府责任，强化组织领导

各地党委、政府主要负责人要组织编制并带头落实党委、政府领导班子成员安全生产“职责清单”和“年度任务清单”，始终把安全生产摆在重要位置，在统揽本地区经济社会发展全局中，同步推进安全生产工作，及时研究解决安全生产重大问题，针对本地区重点行业特点，配备懂专业、有经验的分管领导，配强专业监管力量，压实分级属地监管责任；其他领导同志要严格落实“党政同责、一岗双责、齐抓共管、失职追责”的要求，认真履职担当作为，推进分管行业领域企业（单位）扎实开展安全风险分级管控和隐患排查治理预防机制建设，有效管控重大风险，排查整治重大隐患，严厉打击安全生产非法违法行为，切实扛起促一方发展、保一方平安的政治责任，为高质量发展、安全发展提供有力的组织保障。

(3) 强化化工园区管理，推动企业安全整体提升

各地要按照《化工园区安全整治提升工作方案》（国务院安委办〔2022〕3

号)、《化工园区安全风险排查治理导则》(应急〔2019〕78 号)等文件要求，坚持问题导向，扎实有效开展化工园区安全风险评估，全面辨识评估园区安全风险，重点评估化工园区安全容量、预测事故后果、分析多米诺效应、评估个人和社会可接受风险等；要明确化工园区安全监管工作职责，配足配齐具有化工专业背景、满足监管执法需要的专业监管力量，有效解决部分化工园区管理机构职责不实的问题；要根据产业分类、产能规模、工艺危险特性、企业布局等情况，配齐配强园区消防救援和危险化学品专业应急救援力量，依照有关规定编写灭火和应急疏散预案并组织实施演练，确保人员、车辆、器材等符合园区灾害事故处置要求，切实提升化工园区应急救援实战能力。

(4) 加强重点企业安全监管，明确责任划分

各级党委、政府和监管部门要加强重点企业的安全监管，严格落实《关于进一步强化落实安全生产监管责任的意见》(辽委办发〔2018〕108 号)要求，按照“属地分级相结合、以属地为主”的原则，强化对企业的监管，进一步明确安全生产监管责任范围、进一步明确行业监管和专业(领域)监管具体层级责任部门；加强对存在重大问题、重大组织变更的企业的监管，特别是政府托管的企业，要明确责任边界，坚决杜绝以政府托管的名义代替企业主体责任的落实，托管组及有关部门要强化协调指导，指导企业加强风险研判，提高风险防范意识，同时要加强对同类企业的安全监管，有效指导企业防范化解重大风险隐患，确保企业安全、平稳、有序运营。

(5) 压实部门安全工作责任，形成监管合力

各有关部门要严格落实“三管三必须”“谁主管谁负责”的原则，按照本级安委会成员单位安全生产工作任务分工，结合该次事故暴露出的问题，严格照单履职，形成工作合力，确保责任全覆盖、监管无盲区，形成边界明晰、分工明确的责任体系；要健全完善安全生产协作机制，对于职责有交叉或者未明确规定的，主动担当作为，严防出现监管盲区。工业和信息化部门要履行好行业安全管理责任，加强对相关行业安全生产工作的指导。住房和城乡建设部门要切实加强建设工程质量监督管理，确保建设工程质量符合相关标准规范要求。应急管理部门要严格履行危险化学品安全生产监督管理职责，督促危险化学品企业严格落实主体责任；要切实担负起危险化学品安全监管综合工作，督促协调各有关部门落实全链条监管责任。市场监督管理部门要强化特种设备生产(含修理)、安装、使用、检测检验等全流程各环节，特别是检维修环节的监督管理，提高特种设备安全管理水平；进一步明确检测检验工作标准，加强对检测检验机构监督检查，把好检验关，不得以检验报告代替执法检查。

（6）突出炼油企业安全监管，坚决防控重大风险

J 市要针对本地区老企业老装置多、安全风险高位、安全基础相对薄弱的现状，突出炼油企业安全监管，精准防控重大安全风险。一是要组织辖区内炼油企业开展安全生产大检查，重点对安全责任落实情况和安全管理能力开展排查，管控措施要精准到位；对近期国内石油化工企业事故暴露出的问题隐患，举一反三全面深入彻底排查整治。二是推动炼油企业滚动实施老旧装置安全风险排查整治，压实老旧装置评估、风险管控和隐患整改的主体责任。三是督导炼油企业有效落实重大危险源安全包保责任制，抓住企业关键人、重点人，不断提升重大危险源包保人员履职水平。四是要聘请第三方专业技术机构或专家团队对炼油企业开展风险隐患大诊断，防控重大风险，从根本上消除隐患、从根本上解决问题，不具备安全条件坚决不得复工。

（7）强化企业特种设备管理，严防带“病”运行

各地各有关部门要督促企业加强设备统筹管理，突出特种设备加强巡查检查。要立即组织辖区内危险化学品企业对相关装置设备，特别是特种设备打“卡子”、包“盒子”以及存在故障、失效、泄漏等带“病”运行情况进行全面摸排，建档立账、科学评估、分类整治、动态清零。要督促企业加强设备设施检维修作业风险管控，特种设备检维修应由具备资质的施工单位实施，根据安全评估情况科学制订施工方案，严格履行审批手续，规范作业管理和作业流程，确保作业安全。

（8）压实企业主体责任，持续提升本质安全水平

各相关企业（单位）特别是 A 公司，要深刻吸取事故教训，正确处理好经济效益与安全生产的关系，严密梳理好安全生产责任清单，严格遵守国家法律法规标准规范要求。要针对事故暴露出的突出问题，按照安全风险分级管控和隐患排查治理双重预防机制建设要求，围绕项目设计、建设施工、检测检验、竣工验收、安全评价、特种设备管理、高风险作业管理、重大危险源管理、员工安全培训、风险承诺公告、应急预案编制与演练等各个环节，全面辨识管控风险，深入排查治理事故隐患和突出问题，采取有针对性的措施，补充完善相关规章制度，狠抓责任落实，持续提升企业本质安全水平，坚决防范遏制同类事故再次发生。

2.2
某化工股份有限公司“6·9”爆炸事故

2.2.1 事故总体情况

2017年6月9日凌晨2时16分左右，A化工股份有限公司（以下简称A公司）2车间在中试生产一种农药新产品过程中发生一起爆炸事故，造成3人死亡，1人受伤。

2.2.2 事故基本情况

经调查，事故直接原因是：企业受利益驱使，在明知中试过程存在巨大安全风险的情况下，为逃避监管，通过隐瞒不报方式，利用晚上时间，在已责令停产的车间开展农药产品的中试研发；中试项目技术资料粗糙，且未经全面风险分析和论证，仅依据500mL规模小试，就盲目将中试规模放大至1万倍以上；在事故当晚进行的中间体氧二氮杂庚烷脱溶作业中，由于对反应参数和物料性质缺乏了解，且DCS连接的测温系统设计不合理，物料升温过高引发热分解，进而引起爆燃。

2.2.3 事故单位情况

(1) 事故单位基本情况

A公司成立于2003年3月，主要从事氟精细化学品的研发、生产与销售，已建有600t/a电子化学品（主要产品有3-氯-4-氟溴苯、3,4,5-三氟硝基苯、2,4-二氟-3,5-二氯苯胺）和250t/a有机溶剂项目（已淘汰）、500t/a 3,4,5-三氟溴苯和2000t/a 2,4-二氯-5-氟苯乙酮项目的生产。公司副产硫酸（70%～80%）、亚硝基硫酸等危险化学品，2014年9月27日取得延期安全生产许可证，有效期限至2017年9月26日。

(2) 事故车间基本情况

事故车间是A公司的2车间，原用来进行3-氯-4-氟溴苯项目的重氮和溴化工序及2,4-二氯-5-氟苯乙酮项目生产工序，该车间于2016年3月停用。2017年3月起，A公司实际控制人、副总经理、总工程师易×擅自决定在2车间中试，并对2车间的设备进行了改造，新增了一台螺杆真空泵，对原有的13#釜、214#釜、215#釜、酰化1#釜和水解1#釜及其冷凝器等主要设备进行了检修，更换了垫片、减速机、机械密封及自控 DCS 的温度、压力变送器、自动阀等。

（3）事故中试情况

2016 年底，公司总经理尹×、副总经理易×夫妇通过 B 化工贸易有限公司（以下简称 B 公司）总经理董×介绍，认识了 C 医药化学有限公司（以下简称 C 公司）总经理陈×，就农药新产品唑啉草酯技术转让达成合作意向，陈×分 2 次把产品的技术资料通过网络传给易×，但未签订合作协议。该产品是新苯基吡唑啉类除草剂，合成工艺流程是以 2,6-二乙基-4-甲基苯胺为原料，经重氮化、偶联、硫酸水解、缩合、酯化等，一共分 9 步反应制得。

该项目由易×总负责，研发中心副主任吴×负责技术，车间主任缪×负责设备和生产，技术人员严×、章×、吕×，安环科副科长于×，操作工许×、蹇×、曾×、钟×等共同参与。技术工作由章×、吕×、严× 3 名技术人员分段负责，其中章×负责 1～3 步，吕×负责 5～7 步，严×负责第 4 步和第 8、9 步，吴文良负责技术协调。事故发生在第 6 步，技术由吕某负责。

2.2.4　事故发生经过

2017 年 6 月 5 日，易×决定重启在 2 车间的中试项目，上午 10 时左右工段长许×和研发人员吕×对 13＃釜（水汽蒸馏釜）进行了清洗、试压。6 月 8 日晚班，工段长许×安排蹇×、曾×、钟× 3 人协助技术人员吕×进行脱溶作业（回收二氯甲烷）。6 月 8 日 22 时 40 分，许×、蹇×、曾×、钟×用真空泵把前道工序得到的约 700L 代号为 ZL6 物料（中间体［1,4,5］氧二氮杂庚烷和二氯甲烷混合溶液）抽到 13＃水汽釜中。23 时 20 分，开始对 13＃水汽釜夹套通蒸汽加热升温，进行常压脱溶，同时通知 DCS 室杨×配合车间对 13＃釜的温度、压力进行监视并报告。23 时 30 分，釜温达到 42℃、压力 0.002MPa，二氯甲烷开始馏出，且馏出量逐渐增大。其间由于冷凝器冷却效果不好，操作工曾×用循环水给冷凝器降温，并将冷冻盐水管道上的盲板拆除。至 6 月 9 日 0 时 10 分，冷凝器切换成冷冻盐水，随后反应釜再继续加热脱溶。0 时 40 分，13＃釜显示温度 44℃，表压为 0MPa，溶剂馏出正常，1 时许釜内温度达到 55℃左右，此时曾×在征得许×同意后到车间西面三楼休息。2 时 14 分，DCS 室杨×通过观察 DCS 画面发现 13＃釜升温速度加快，已经上升到 63℃左右，立即用对讲机连续呼叫，许×未应答。此时许×、蹇×、吕× 3 人正前往查看反应釜二氯甲烷是否脱完，钟×正准备起身去反应釜。2 时 16 分，13＃反应釜发生爆炸，DCS 室画面显示温度由 65℃瞬间上升到 200℃以上（超出量程），现场伴有浓烟和火光。

2.2.5 事故应急处置情况

事故发生后，A 公司立即组织救援，1 车间操作工陈×打电话报警。D 区公安分局 110 指挥中心启动应急联动程序后，120 救护车于 2 时 50 分左右赶到现场，119 消防救援车于 3 时许赶到现场。企业通过自救，搜救出 2 名倒在现场的员工许×、蹇×，120 救护车将许×送至 E 医院抢救，于 4 时 30 分抢救无效死亡。F 公司自备救护车将蹇×送至 G 医院抢救，于 6 时许蹇×抢救无效死亡。吕×、钟×自行逃出现场，吕×在浴室冲淋昏倒，被送至 D 医院抢救，于 4 时 30 分抢救无效死亡。钟某先送至 D 医院救治，后转院至 H 医院救治，最后转院至 I 医院救治，目前伤情稳定。

9 日 3 时 40 分左右，D 区安监局副局长钟×、D 化工园区管委会副主任俞×和安监分局局长王×等人相继到达 A 公司，了解到事故受伤人员已送医救治。之后，区府办、区应急办、区公安分局、区环保局、区卫计局、区质监局、区消防大队等部门救援人员到达事故现场组织救援。区委常委、区公安分局局长朱×，区委常委、D 化工园区管委会主任金×，区政府副区长王×赶赴现场指挥救援，处置善后工作。

(1) 事故现场勘察情况

事故反应釜位于 2 车间二楼南侧，反应釜封头飞脱，撞向顶部钢架、管道，向东弹出约 4m 后，落在二楼另一反应釜与车间管道上，搅拌桨电动机与搅拌桨主轴已脱离，搅拌桨主轴已弯曲变形；反应釜釜体反冲至一楼，陷入地面约 300mm，造成底封头最大内凹约 200mm。现场管道、钢架、电线一片狼藉。2 车间四面窗户玻璃及北侧 4 车间南面玻璃被震碎，事故反应釜上空顶棚被掀翻，在事故现场被抬出的 2 名操作工蹇×、许×，前者平躺在车间二楼北侧第三个反应釜附近的通道上，后者坐在车间二楼南侧事故反应釜东面的地上，身体靠在凳子上。

(2) 工艺技术分析

事故调查组委托 J 大学化工过程安全实验室对该次事故物料进行有关热稳定性检测。测试结果表明中间体［1,4,5］氧二氮杂庚烷在水溶液中相对比较稳定，一旦在脱溶浓缩后极不稳定，75.63℃就开始分解，热稳定性极差，其危险性非常高。

(3) 中试物料审计情况

事故调查组委托 K 会计师事务所对 A 公司 ZL 项目涉及主要材料在 2017 年 3 月至 5 月期间出入库情况进行了专项审计，结果显示入库量为 27.28t，实际使用量为 13.289t，其他辅料实际使用量为 30.146t。

(4) 事故信息上报调查情况

① A 公司事故信息上报情况。A 公司相关负责人以及管理人员在得知事故信息后没有立即向安全生产监督管理部门报告（D 区安监局和 D 化工园区管委会通过 110 应急联动于 6 月 9 日 2 时 45 分得知事故信息），在事故发生一个半小时后电话报告了 2 重伤 1 轻伤的伤亡情况，后在 D 化工园区管委会的要求下于 6 月 9 日 7 时许书面报告了 2 重伤 1 轻伤的事故信息报告。9 日 10 时许 A 公司总经理尹×致电 D 化工园区管委会副主任俞×报告 2 死 1 伤的伤亡情况。11 日 15 时 30 分左右，经俞×询问，尹×口头报告了 3 死 1 伤的伤亡情况，并于 17 时 30 分左右补交了书面报告。

经调查，事故发生后，A 公司董事长、总经理以及副总经理在 9 日上午已经知道 3 死 1 伤情况，依然未如实报送，且在 9 日下午组织公司相关人员开会，要求统一口径，按照 2 死 1 伤的情况以及事故发生时在提纯 3-氯-4-氟溴苯应对属地政府和事故调查组，谎报事故信息。

② D 化工园区管委会事故信息上报情况。9 日 6 时许，根据企业的介绍情况（2 重伤 1 轻伤）向 D 区政府和区安监局报告；10 时许，电话得知 2 死 1 伤的情况后口头向 D 区安监局报告；11 日 13 时许在得知网络帖文反映该事故造成 3 死 1 伤的情况询问尹×确认后，口头向 D 区安监局报告。

③ D 区安监局事故信息上报情况。D 区安监局 9 日 7 时 50 分向市安监局电话报告 2 重伤 1 轻伤，并于 9 时 8 分书面报告；11 时 1 分向市安监局书面报告 2 死 1 伤。11 日 13 时许，接市安监局关于及时关注网络舆情（A 公司事故造成 3 死 1 伤）并上报核实情况的要求后，17 时 20 分书面报告 3 死 1 伤。

(5) 属地安全监管相关情况

D 化工园区安监分局工作人员叶×，于 2017 年 5 月 25 日对 A 公司进行安全生产检查，发现 2 车间有设备运行的迹象，经询问怀疑是在中试，遂填写现场检查记录要求立即停止中试。当日，A 公司向 D 化工园区安监分局书面承诺延期至 6 月 1 日停止。叶×未能认识不安全装置进行新产品中试的安全风险，未采取监管措施，同意企业延至 6 月 1 日。叶×于 6 月 1 日复查，确认 2 车间已经停止中试，并填写了检查记录。6 月 10 日，调查组对 A 公司有关人员和叶×进行询问，叶×隐瞒了 5 月 25 日对 A 公司检查和 6 月 1 日的复查情况，以及企业 2 车间进行过中试的实情。

D 化工园区安监分局副局长胡×，接到叶×对 A 公司检查、复查情况的报告后，未向上级报告，未充分认识企业在不安全装置进行新产品中试的安全风险，未采取有效的管控措施。

D 区政府和 D 化工园区管委会，在事故发生后未在第一时间赶到医院核实伤亡人员，事故信息上报失实。

2.2.6 事故伤亡及经济损失情况

(1) 伤亡情况

① 死者吕×，技术人员。

② 死者许×，操作工段长。

③ 死者蹇×，操作工。

④ 伤者钟×，操作工。

(2) 直接经济损失

事故发生后，人身伤亡后所支出的费用475万元，善后处理费用40万元，财产损失价值10万元，该起事故共造成直接经济损失525万元。

2.2.7 事故原因及性质

(1) 直接原因

A公司在未经全面论证和风险分析、不具备中试安全生产条件的情况下，在500mL规模小试的基础上放大10000倍进行试验，在进行中间体［1,4,5］氧二氮杂庚烷脱溶作业后期物料浓缩时，由于加热方式不合理、测温设施无法检测釜内液体的真实温度等原因，浓缩的［1,4,5］氧二氮杂庚烷温度过高发生剧烈热分解，导致设备内压力骤升并发生爆炸。

(2) 间接原因

① 事故企业对安全生产不重视，法律意识差。盲目追求经济利益，急于IPO上市，在产品研发试验上大跃进，不尊重客观规律。隐瞒中试行为，违规在已停产的工业化装置中开展中试，且对化工产品试验过程的风险认识严重不足，贯彻执行相关法律法规不到位，在设备不具备安全条件的情况下，从500mL规模小试直接放大10000倍进行新产品试验，违反试验性项目安全管理相关规定。

② 事故企业安全管理混乱。企业未经安全审查，以及相应的安全设计和论证，擅自改造在役生产装置用作试验，安全设施缺乏。技术、生产、安全等岗位人员不认真履行职责，对风险未实施有效管理，未对试验性项目开展反应风险评估和系统风险分析，导致物料热稳定性以及反应风险参数等工艺安全信息缺失，所设置的操作参数（脱溶温度达100℃）严重偏离安全范围。

③ 事故企业安全教育培训不到位。因保密等因素，在未编制试验工序、操作规程的情况下，盲目展开中试，且多个主要物料采用代号，未作技术交底和风险告知。参加中试人员未经专门教育培训，对具体工艺和物料情况缺乏了解，

盲目操作；对企业违规中试，竟无一人向监管部门投诉、举报。

④ D 化工园区管委会对“五个强制”执行不坚决。D 化工园区早在 2008 年就提出了“五个强制”措施，但成效不明显。事故车间要求在 2015 年 6 月前实行整体强制改造，但直到 2016 年 3 月才停产，且停产后未采取相应的安全措施，隐患排查不彻底、不全面。发现违规中试后，虽然下达了停止中试的相关文书，但未有效跟踪督促，对隐患的排查治理未实行闭环管理。

⑤ D 区政府没有认识到事故的严重性和形势的严峻性。D 区分别于 2014 年、2016 年被国家安监总局列为全国危险化学品安全生产重点攻坚县，没有采取实质性的有效措施，形势不但没有好转，而且还呈现继续恶化趋势。未认真执行市委、市政府关于危险化学品安全综合治理的决策部署，缺乏强烈的担当和责任意识，攻坚工作至今仍未取得实质性的突破。

这是一起较大的生产安全责任事故，事故类别为爆炸。

2.2.8　事故经验教训

(1) 企业主体责任层面

A 公司要认真吸取此次事故的教训，研发新项目时必须系统、全面地开展各步骤的风险分析，对实验过程中性质不明的中间产物，必须开展热分解测试等风险评估工作，要提高化工设备特别是中试设备的本质安全设计。要严格企业内部安全管理，制订并督促相关制度的有效执行。要加强员工的安全培训教育，不断增强安全生产意识，要扎实开展风险隐患排查，严格落实安全生产主体责任。

(2) 行业监管层面

D 化工园区管委会要认真履行安全生产属地管理责任，坚决推进“五个强制”等措施，对所有企业开展一次安全生产检查。加强对涉及重大危险源、重点监管危化品、重点监管危险工艺等相关企业的安全监管，推动企业落实安全生产主体责任。要加强安全生产监管部门的队伍建设，不断提升安全生产监管水平。

D 区安监局要认真吸取此次事故的教训，严格落实危险化学品重点县安全生产攻坚举措，加大行政执法力度，严格危化行业的行政审批，加强对 D 化工园区安全生产工作的督促指导。

(3) 社会层面

D 区人民政府要举一反三，切实加强安全生产工作，坚决遏制较大及以上事故。要迅速理顺化工园区和安监局之间的监管职能，加快推进 D 化工园区“一体化”监管，加快淘汰落后工艺和老旧设备，加快关停隐患严重、产能落后的化工企业，确保通过危险化学品重点县安全生产攻坚工作评估。要进一步强化安全监管，按照国家安监总局和省安监局的要求，对D化工园区实行区域性限批。要全面开展安全生产隐患排查，根据省、市有关文件以及省安委办事故督办的要求，推动危化行业综合整治，不断提升区域本质安全水平。

2.3 某纤维制品有限公司“2021.5.29”亡人事故

2.3.1 事故总体情况

2021年5月29日15时许，A纤维制品有限公司（以下简称A公司）印花车间坚邦高温蒸化机在蒸化作业过程中，釜门被蒸汽冲开，造成1人死亡，直接经济损失约181万元。

2.3.2 事故基本情况

(1) 事故设备基本情况及设备操作流程

① 设备基本情况。

名称：坚邦高温蒸化机（以下简称蒸化锅）；制造单位：B化工印染机械有限责任公司；产品编号：09E64；产品标准：GB 150；容器类别：一类；设计压力：0.32MPa；最高工作压力：0.3MPa；水压试验压力：0.4MPa；容器净重：14541kg；设计温度：147℃；容积：66.3m^3，工作介质：蒸汽；设备位置：A公司印花车间中间北侧与公司围墙之间。2009年11月13日，由C石化检修安装有限责任公司安装，11月底投入使用。

2019年10月19日，D市特种设备监督检验中心出具的蒸化锅《压力容器定期检验报告》结论：压力容器的安全等级评定为2级，符合要求，允许（监控）使用参数，即压力为0.32MPa，温度为150℃，检验合格周期至2022年9月。

② 设备操作流程

a. 蒸化操作：推料进蒸化锅→检查釜门橡胶密封圈→关上釜门→关上锁圈→检查确认釜齿全部啮合→推动手动半月安全盘（安全联锁装置）→打开手动阀→关掉泄压阀、排污阀→电脑控制面板输入相应工艺编号→按s键→按运行键→手动开关打到自动开关，启动自动控制作业程序→蒸化作业。

b. 取出蒸化物操作：蒸化作业结束自动报警→关掉停止键→按下复位键→

自动开关打到手动开关→打开泄压阀→打开排污阀（压力显示 0.5 MPa 时）→泄压排净后关闭手动阀→拉动手动半月安全盘→打开锁圈（30s 延时）→打开釜门→取出锅内蒸化物。

（2）事故设备作业人员

丁×：2001 年 8 月 15 日到 A 公司担任分管设备副厂长，2019 年 5 月 21 日取得压力容器作业资格，在印花车间从事蒸化锅作业。

朱×：2018 年 8 月 25 日到 A 公司，2019 年 5 月 21 日取得压力容器作业资格，在印花车间从事蒸化锅作业。

程×，事故发生时该蒸化锅作业人员，2015 年 10 月 31 日到 A 公司印花车间从事蒸化锅作业，未取得压力容器作业资格。

2.3.3 事故单位情况

A 纤维制品有限公司成立于 2001 年 10 月，从事精纺整理和成品生产及办公，印花生产。经营范围：各类纤维制品生产、销售；经营本企业自产产品的出口业务和本企业所需的机械设备、零配件、原辅材料的进口业务（国家限定公司经营或禁止进出口的商品及技术除外），主要生产精编拉舍尔毛毯及面料。

2.3.4 事故发生经过

通过调取监控录像和询问相关人员得知：2021 年 5 月 29 日 14 时 55 分，A 公司印花车间进行毛毯固色蒸化作业，该蒸化锅作业人员程×和拉布工陈×配合将挂布车推入蒸化锅，陈×关上釜门，推动手动半月安全盘，程×在未检查确认釜齿是否完全啮合的情况下，违反操作规程，启动蒸化作业程序，进行蒸化作业。

2021 年 5 月 29 日 15 时 01 分 11 秒，蒸化锅釜门被蒸汽冲开，飞出的釜门冲破蒸化锅南侧约 1.5m 远的印花车间调料间窗户落至地面，同时气浪将蒸化锅锅内挂布杆冲出，击中蒸化锅正前方约 20m 处休息的拉布工陈×头部。事发后，A 公司主要负责人立即赶到事发现场，组织救援，并向 D 高新技术产业开发区（以下简称 D 高新区）管委会有关负责人及相关部门报告事故情况，安排赶到现场的其他工作人员拨打 120 和 110。D 市第二人民医院医护人员到达现场后，对陈×进行了检查。经现场诊断，医生宣布陈×已经死亡。事发当时现场无其他人员。

2.3.5 事故应急处置情况

D 高新区管委会接到 A 公司报告事故后，立即组织区安全生产监督管理局、综合执法局、高新公安分局等相关单位赶赴事故发生现场，开展事故应急救援和现场处置工作。D高新区管委会分管安全负责人及区安全生产监督管理局主要负责人等第一时间赶到事故发生现场后，成立事故应急处置指挥部，组织应急救援和现场处置，对事故现场进行了警戒和保护，要求不惜一切代价抢救陈×生命，同时安排区相关部门逐级上报事故情况，并责令A公司立即停产整顿。D市第二人民医院医护人员现场宣布陈×死亡后，D高新区协调死者所在乡镇和村民组，全力开展陈×家属安抚和事故善后处置工作。经A公司与陈×家属沟通协商，于2021年5月30日晚双方达成一致意见，至6月1日，善后处置工作完毕，死者家属情绪稳定，未造成不良社会影响和负面舆情。

2.3.6 事故伤亡及经济损失情况

陈×，2021年5月10日到A公司印花车间从事拉布工作，在此次事故中死亡。事故造成直接经济损失约181万元。

2.3.7 事故原因及性质

(1) 直接原因

① 违规作业。A公司印花车间蒸化锅作业人员程×违反蒸化锅操作规程，在未检查确认釜门的釜齿是否完全啮合的情况下，启动蒸化作业程序，导致事故发生。

② 蒸化锅的工作压力（压力控制0.3～0.4MPa）超容器设计压力0.32MPa，容器运行时，安全联锁控制系统失效，釜门的釜齿未完全啮合，被锅内蒸汽突然冲开，形成冲击波，拉布车上的挂布杆飞出击中陈×，导致事故发生。

(2) 间接原因

A公司安全生产主体责任落实不到位。

① 蒸化锅安全操作规程内容不全面。

未制订蒸化锅超压、机械锁紧异常、气动阀门失效等异常工况的应急处置和安全泄压操作内容，未明确升温和保温的具体工艺时间、保温的工艺温度等工艺参数，未明确釜门开、关时的检查内容，一旦发生异常工况，作业人员不能及时处置。

② 蒸化锅作业人员程×无证操作压力容器，工作责任心差。

经查阅资料和询问调查，蒸化锅作业人员程×自2015年10月入职A公司至事发时，从事蒸化锅操作已有5年时间，一直未取得快开门式压力容器作业人员资格（压力容器作业R1）。在日常操作时，程×一直认为通入的蒸汽压力为0.3～0.4MPa（3～4kg压力）属于正常，以进行升温和保温，升温时间约5～6min，保温时间约18min。

2021年5月29日15时许，蒸化锅作业人员程×启动蒸化作业程序后，擅自离开工作岗位，到印花车间中门吸烟点吸烟，未能及时发现联锁装置失效、釜齿未完全啮合和超压等异常工况。

③ 蒸化锅的风险辨识和采取的风险管控措施不全面，未有效落实到位。

经查A公司的《风险点研判清单》和《风险防范措施表》，针对蒸化锅仅辨识了安全附件失效、操作不当导致的超压和余压开启仓门两项风险，未将安全联锁控制系统、机械锁紧装置等对该类设备危害性较大的风险点纳入辨识。

另外，A公司制订的设备超压防范措施里明确规定有“特种作业人员持证上岗，加强现场检查”内容，A公司在明知蒸化锅作业人员程×无证的情况下，允许其作业已达5年之久。

④ 蒸化锅的运行维护管理不当。

经查A公司蒸化锅、安全阀、压力表的出厂资料、定期检测报告、检定证书等文件资料，蒸化锅为2009年11月13日安装，11月底投入使用，至2021年5月在役运行达11年，原出厂资料设计最高压力为0.32MPa，水压试验压力为0.4MPa，最高工作压力为0.3MPa。

一是A公司日常蒸化锅的工艺操作将蒸汽压力控制在0.3～0.4MPa，认为只要不超过该设备出厂技术资料的水压试验压0.4MPa就属于安全范围，从而忽略了设计压力0.32MPa，工作时压力参数经常高位运行，甚至超压运行。二是釜体两只安全阀在2020年12月7日离线送检时，将整定压力从0.32MPa调整到0.37MPa，超过蒸化锅原设计压力，造成自2020年12月7日后至事发当日，蒸化锅存在超压运行的条件（即0.32MPa≤超压压力＜0.37MPa，此时安全阀未动作，超压不易被发现），当蒸化锅处于超压运行的状态时，安全风险极大。三是蒸化锅装设的压力表、温度表及厂区内的蒸汽管道等未定期进行检定或检测。A公司未能向事故调查组提供温度表、2020年度压力表定期检定资料和2021年5月20日前的蒸汽管道检测报告，仅提供2021年5月31日蒸汽管道的报审申请和压力表的检定证书。四是对该设备的控制系统缺乏有效检查、维护。经调查询问，该设备的压力表、电磁阀、继电器、半月安全盘连接的手动阀和行程开关属易损件，故障率高，须经常更换。由于蒸化锅长期在压力高位运行，压力表、温度表、传感器等元器件性能下降、量值不准、反馈信号失真，安全联锁失效。

⑤ A公司安全管理不规范。

一是丁×为分管设备的副厂长，主要工作职责是负责设备安全。A公司于2021年1月4日以文件形式任命丁×为专职安全员，与实际情况不符，其实际履行专职安全员的安全管理职责。

二是未严格执行特种设备作业人员持证上岗的规定。企业主要负责人方×、分管设备副厂长丁×未严格履行特种设备安全管理职责，在蒸化锅作业人员程×未取得快开门式压力容器作业资格（压力容器作业 R1）的前提下，默许丁×以师傅带徒方式安排程×无证从事蒸化锅操作长达 5 年之久。

三是 A 公司印花车间拉布工陈×违反劳动纪律，擅自帮助程×关上釜门（监控录像显示），并推动手动半月安全盘，造成程×未对釜齿是否完全啮合进行检查，启动蒸化作业程序。

四是未针对蒸化锅釜门正前方冲击波泄压区的风险特点进行有效辨识和管控，在正前方约 20m 设置壁式工业风扇，给工作人员提供了休息和纳凉的条件，造成了安全隐患。

五是未针对蒸化锅的安全操作规程、安全风险辨识管控措施、异常工况应急处置等内容开展针对性的安全教育培训，未对蒸化锅易损件（如安全联锁控制系统的电磁阀、继电器、压力表、锁紧装置、泄压装置等）进行定期安全检查，特种设备安全隐患排查治理不深入、不彻底。

(3) 管理原因

① D 高新区综合执法局。D 高新区综合执法局作为履行辖区内特种设备安全监督管理职责的部门，落实特种设备安全监督工作不到位。虽然开展了涉及特种设备企业的安全会议（讲座）、特种设备安全培训、安全隐患排查治理专项行动等工作，都要求特种设备作业人员持证上岗，但对 A 公司特种设备日常安全监督检查时，没有认真检查特种设备及安全附件是否符合规定，没有发现蒸化锅作业人员程×不具备快开门式压力容器作业资格（压力容器作业 R1）；未对 A 公司蒸化锅安全阀、压力管道、压力表、温度表等定期检测、检验情况进行有效的监督管理。

② D 高新区安全生产监督管理局。指导督促 A 公司隐患排查治理不力，日常安全检查不到位，未发现 A 公司特种设备作业人员资质管理存在的问题。

(4) 事故性质

经调查认定，A 纤维制品有限公司“2021.5.29”亡人事故，是由企业安全管理不到位，事发特种设备风险辨识管控和隐患排查治理不彻底，安全联锁控制系统（装置）失效，操作人员安全意识淡薄及违规操作引发的一般生产安全责任事故。

2.3.8 事故经验教训

(1) 企业主体责任层面

① A 公司要进一步强化法律意识，认真落实安全生产主体责任，严格按照

安全生产专项整治三年行动实施方案对企业落实安全生产主体责任的要求，结合企业实际情况建立“纵向到底、横向到边”的全员全岗位安全生产责任制和考核机制，建立健全安全生产管理制度和安全操作规程，依法依规设置安全管理机构和配备专（兼）职安全管理人员，完善以安全风险辨识分级管控和隐患排查治理为核心的双重预防机制，强化特种设备和有限空间针对性的安全教育培训，掌握安全知识，增强从业人员安全防范意识，提升安全操作能力。严禁违规操作，坚持安全生产高标准、严要求，有效降低安全风险。

② 切实加强蒸化锅等特种设备安全使用方面的安全风险辨识和隐患排查，将设计压力、工作压力参数纳入风险管控清单，针对蒸化锅在生产过程中可能出现的超温、超压、余压泄放等异常工况要制订相应的应急处置方案，细化该设备安全操作规程。

③ 严格特种设备作业人员资格管理，蒸化锅作业人员必须取得快开门压力容器作业资格（压力容器作业 R1），严禁不具备作业资格条件的人员从事特种设备作业。

④ 加强对蒸化锅安全控制联锁系统的维护管理，尤其关注安全控制联锁的参数设定，关键联锁控制点的传感器、联锁阀门、控制系统继电器等元器件的维护保养。要定期开展对安全控制联锁系统的完好性检查、有效性检查和性能稳定性检查，邀请设备的生产单位和其他第三方机构参与，以保障安全联锁控制系统处于完好有效状态。

⑤ 切实加强特种设备及安全附件的管理，对企业内强制检测的特种设备蒸化锅、蒸汽管道及安全附件安全阀、压力表等，必须严格按照相关规定，定期开展检验、检测。尤其关注安全阀整定压力必须小于或等于蒸化锅的设计压力。安全阀经校验后必须保持铅封完好，使用时必须保障在规定的压力下起跳，防止阀门的弹簧锈死或阀芯与阀座粘死，保证安全阀完好有效，且与工艺参数匹配；保证压力表、温度表、传感器量值准确，反馈信号准确有效。

(2) 行业监管层面

① D 高新区管委会要深刻汲取事故教训，深入查找事故暴露出的薄弱环节和问题根源，举一反三，在全区开展警示教育，认真贯彻落实上级有关安全生产工作的决策部署，完善安全生产工作机制，加强工贸行业安全生产工作，认真落实属地监管责任。深入开展安全生产专项整治三年行动，加强对辖区内相关部门安全生产工作监督力度，督促指导其认真履行安全管理职责，防止出现安全监管“盲区”，保障全区安全生产形势稳定向好。

② D 高新区综合执法局要深刻汲取事故教训，大力宣传特种设备管理和作业安全知识，立即开展辖区内特种设备大排查、大检查活动，深入查找特种设

备隐患和监管漏洞，杜绝类似事故发生；强化对企业特种设备检验检测和维护保养、特种设备作业人员资格、特种设备安全附件等使用过程监督管理，加强监督执法，杜绝重资料检查，轻现场检查；严厉查处特种设备“擅自更改工艺参数、工艺参数高位运行、未按规定定期检测，操作人员无证上岗”等违法违规行为，严厉打击特种设备领域违法违规行为，强化执法震慑力，确保特种设备安全运行。

(3) 社会层面

高新区安全生产监督管理局要深刻汲取事故教训，严格按照安全管理“三个”必须要求，认真落实工贸行业安全管理责任，加强日常监管力度，和有关部门建立联合工作机制，形成合力，严厉打击查处工贸企业各类安全生产违法违规行为，依法从严处理。强化企业安全生产主体责任落实，着力从工贸企业安全管理人员能力建设、安全教育培训入手，督促工贸企业严格开展风险管控和隐患排查治理双重预防机制建设，持续推进安全标准化创建工作，不断提高安全管理水平，严防各类事故发生。

2.4 某化工有限公司“2·28”重大爆炸事故

2.4.1 事故总体情况

2012年2月28日9时4分，A化工有限公司（以下简称A公司）发生重大爆炸事故，造成29人死亡，46人受伤，直接经济损失4459万元。

2.4.2 事故基本情况

A公司一车间共有8个反应釜，依次为1～8号反应釜。原设计以硝酸铵和尿素为原料，生产工艺是硝酸铵和尿素在反应釜内混合加热熔融，在常压、175～220℃条件下，经8～10h的反应，间歇生产硝酸胍，原料熔解热由反应釜外夹套内的导热油提供。在实际生产过程中，将尿素改用为双氰胺，并提高了反应温度，反应时间缩短至5～6h。

事故发生前，一车间有5个反应釜投入生产。2012年2月28日上午8时，该车间当班人员接班时，2个反应釜空釜等待投料，3个反应釜投料生产。8时40分左右，1号反应釜底部放料阀（用导热油伴热）处导热油泄漏着火；9时4分，一车间发生爆炸事故并被夷为平地，造成重大人员伤亡，周边设备、管道严重损坏，厂区遭到严重破坏，周边 2km 范围内部分居民房屋玻璃被震碎。

2.4.3　事故单位情况

(1) 企业基本情况

A 公司成立于 2005 年 2 月。该公司年产 10000t 噁二嗪、1500t 2-氯-5-氯甲基吡啶、1500t 西林钠、1000t N-氰基乙亚胺酸乙酯项目由 B 县发展改革局备案，总投资 2.17 亿元。该项目列入 2009 年度和 2010 年度 C 省重点建设项目。项目分三期建设，一期工程建设一车间（硝酸胍）、二车间（硝基胍）及相应配套设施，由 D 工程设计有限公司（以下简称 D 公司，化工石化医药行业工程设计乙级资质，证书编号为 A21300××××）设计，E 科技咨询有限责任公司（具有第一类石油加工业，化学原料、化学品及医药制造业甲级安全评价资质）进行竣工验收安全评价。一期工程分别于 2009 年 7 月 13 日、2010 年 1 月 15 日、2010 年 7 月 13 日通过设立安全审查、安全设施设计审查、竣工验收。2010 年 9 月取得危险化学品生产企业安全生产许可证，未取得工业产品生产许可证。

公司现有产品为硝酸胍和硝基胍。自投产以来，公司经营状况良好。

(2) 一车间生产工艺流程

A 公司发生爆炸的地点为一车间。一车间产品是硝酸胍，设计能力为 8900t/a。该公司硝酸胍生产为釜式间歇操作，生产原料为硝酸铵和双氰胺，其生产工艺为：硝酸铵和双氰胺按 2∶1 配比，在反应釜内混合加热熔融，在常压、175～210℃条件下，经反应生成硝酸胍熔融物，再经冷却、切片，制得产品硝酸胍。该工艺生产过程简单，是国内绝大多数硝酸胍生产厂家采用的工艺路线。

2.4.4　事故发生经过

一车间共有 8 台反应釜，自北向南单排布置，依次为 1～8 号。事发当日，1～5 号反应釜投用，6～8 号反应釜停用。

2 月 28 日 8 时 40 分左右，1 号反应釜底部保温放料球阀的伴热导热油软管连接处发生泄漏，自燃着火，当班工人使用灭火器紧急扑灭火势。其后 20 多分钟内，又发生三～四次同样火情，均被当班工人扑灭。9 时 4 分许，1 号反应釜突然爆炸，爆炸所产生的高强度冲击波以及高温、高速飞行的金属碎片瞬间引爆堆放在 1 号反应釜附近的硝酸胍，引起次生爆炸。

事故发生后，一车间被全部炸毁，北侧地面被炸成一东西长 14.70m，南北长 13.50m 的椭圆形爆坑，爆坑中心深度 3.67m。8 台反应釜中，两台被炸碎，三台被炸成两截或大片，三台反应釜完整。一车间西侧的二车间框架主体结构损毁严重，设备、管道严重受损；东侧动力站西墙被摧垮，控制间控制盘损毁严重；北侧围墙被推倒；南侧六车间北侧墙体受损；整个厂区玻璃多被震碎。经计算，事故爆炸当量相当于6.05t TNT。

2.4.5 事故应急处置情况

事故发生后，省、市、县三级政府紧急成立了现场应急救援指挥部，组织协调有关救援队伍开展现场搜救和清理工作。调动安全监管、公安、武警、特警、消防、医疗救护、电力、商务、民政等各种救援人员1000余人次，动用各种特种机械及救援车辆200余台次，历经80多个小时的连续奋战，清理倒塌厂房建筑垃圾1000多立方米，清运危险爆炸品3余吨，清理出21具尸体和144块尸块。从F公司、G炼油厂、H压力容器研究院等单位紧急协调6名安全专家，全程参与事故现场搜救和清理工作。公安部门组织警力搜集事故现场周边的人体组织、毛发、血迹等，进行DNA比对，并采集20份现场土样，排除了人为破坏因素。至3月3日12时，现场搜救工作全部结束。

现场搜救工作结束后，现场应急救援指挥部研究制订了《厂区危险化学品处置方案》，对该公司尚存的34种共计710t硝基胍、硝酸铵、硫酸等危险化学品以及二车间和十车间29釜约17t未放料的液态硝基胍进行妥善处置。至3月13日，公司厂区及库房内具有易燃、易爆或腐蚀性的危险化学品全部运出厂区；二车间和十车间未放完料的液态硝基胍处置完毕；将其他剩余危险化学品就地封存。

至此，事故现场应急处置工作圆满结束，未发生次生事故。

2.4.6 事故伤亡及经济损失情况

事故造成29人死亡、46人受伤，直接经济损失4459万元，周边设备、管道严重损坏，厂区遭到严重破坏，周边2km范围内部分居民房屋玻璃被震碎。

2.4.7 事故原因及性质

(1) 事故排除人为破坏因素

事故发生后，公安部门组织查看该公司视频监控录像，未发现无关人员在事故前进入厂区；经比对死亡、失踪人员DNA样本，分析尸体及尸块分布位置，确认爆炸中死亡、失踪人员均为厂区内工作人员和施工人员；经检验鉴定爆炸点周边土样，未检出TNT成分；结合调查走访厂区工作人员、死亡和失踪人员家属，以及周围群众，并结合现场物证检验调查，综合分析，该起事故排除人为破坏因素。

(2) 事故直接原因

A 公司从业人员不具备化工生产的专业技能，一车间擅自将导热油加热器出口温度设定上限由 215℃提高至 255℃，使反应釜内物料温度接近了硝酸胍的爆燃点（270℃）。1 号反应釜底部保温放料球阀的伴热导热油软管连接处发生泄漏着火后，当班人员处置不当，外部火源使反应釜底部温度升高，局部热量积聚，达到硝酸胍的爆燃点，造成釜内反应产物硝酸胍和未反应的硝酸铵急剧分解爆炸。1 号反应釜爆炸产生的高强度冲击波以及高温、高速飞行的金属碎片瞬间引爆堆放在 1 号反应釜附近的硝酸胍，引发次生爆炸，从而引发强烈爆炸。

(3) 事故间接原因

① 安全生产责任不落实。企业负责人对危险化学品的危险性认识严重不足，贯彻执行相关法律法规不到位，管理人员配备不足，单纯追求产量和效益，错误实行车间生产的计件制，造成超能力生产，严重违反工艺指标进行操作。技术、生产、设备、安全分管负责人严重失职，对违规拆除反应釜温度计，擅自提高导热油温度等违规行为，听之任之，不予以制止和纠正。当一车间出现三次异常情况后（2011 年 10 月 28 日，1 号反应釜发生喷料着火；2011 年 11 月 23 日，7 号反应釜导热油管道保温层着火；2012 年 2 月 16 日，2 号反应釜内着火），不认真研究分析异常原因，放纵不管，失去整改机会，最终未能防范事故的发生。

② 企业管理混乱，生产组织严重失控。公司技术、生产、安全等分管副职不认真履行职责，生产、设备、技术、安全等部门人员配备不足，无法实施有效管理，机构形同虚设。车间班组未配备专职管理人员，有章不循，管理失控。企业生产原料、工艺设施随意变更，未经安全审查，擅自将原料尿素变更为双氰胺。未制订改造方案，未经相应的安全设计和论证，增设一台导热油加热器，改造了放料系统。设备维护不到位，在反应釜温度计损坏无法正常使用时，不是研究制订相应的防范措施，而是擅自将其拆除，造成反应釜物料温度无法即时监控。生产组织不合理，一车间经常滞留夜班生产的硝酸胍，事故当日，反应釜爆炸引发滞留的硝酸胍爆炸，造成重大人员伤亡。

③ 车间管理人员、操作人员专业知识低。公司车间主任和重要岗位员工缺乏化工生产必备的专业知识和技能，未经有效安全教育培训即上岗作业，把危险程度较低的生产过程变成了高度危险的生产过程；针对突发异常情况，缺乏有效应对的知识和能力。车间主任张×为加快物料熔融速度和反应速度，完成生产任务，擅自将绝不可以突破的工艺控制指标（两套导热油加热器出口温度设定高限）调高，使反应釜内物料温度接近了硝酸胍的爆燃温度（270℃）。车间操作人员对反应釜温度计的至关重要作用毫无认识，在生产过程中，出现因

投入的硝酸铵物料块较大，反应釜搅拌器带动块状硝酸铵对温度计套管产生撞击，频繁导致温度计套管弯曲或温度指示不准等情况时，擅自拆除了温度计，导致对反应釜内物料温度失去了即时监控。

④ 企业隐患排查走过场。企业隐患排查治理工作不深入、不认真，对技术、生产、设备等方面存在的隐患和问题视而不见，甚至当上级和相关部门检查时弄虚作假，将已经拆除的反应釜温度计临时装上应付检查，蒙混过关。对反应釜温度缺乏即时监控、釜底连接短管缺乏保温等隐患，尤其是反应釜喷料、导热油管路着火等异常情况的内在隐患，以及导热油温度提高的危险性等不重视，不分析研究，不及时认真整改。

⑤ 相关部门监管不力。对 A 公司这样发展速度快，各项管理存在严重缺陷的企业，缺乏有力跟进指导和具体帮助，属地管理存在漏洞，客观上助长了企业的畸形发展，埋下了重大事故隐患。安监、质监、工信、发改等部门以及企业所在生物产业园管委会监管力量不足，化工、医药专业人才少，现场检查时难以发现企业存在的专业性问题，加之企业弄虚作假，未能对企业的安全工作实施有效监督和指导，未能有效监督企业落实安全生产主体责任。

⑥ 政府监管不力。县乡政府对化工生产的危险性认识不足，对重点化工企业的特殊性重视不够，有重发展轻安全倾向，未能有效监管相关部门和监督企业落实生产安全主体责任。

(4) 事故性质

经调查认定，A 公司“2・28”重大爆炸事故是一起因严重违反操作规程，擅自提高导热油温度，导热油泄漏着火后处置不当而引发的重大生产安全责任事故。

2.4.8 事故经验教训

(1) 企业主体责任层面

① 切实加强企业安全管理。

企业要按照相关法律法规、标准和规范性文件的规定和要求，结合自身安全生产特点，制订适用的安全生产规章制度、安全生产责任制度和安全操作规程，加强安全管理。一是建立健全安全、生产、技术、设备等管理机构，足额配备具有化工或相关专业知识的管理人员，在车间设置专兼职安全管理人员。二是建立健全安全生产责任体系，严格落实主要负责人、分管负责人以及各职能部门、各级管理人员和岗位操作人员的安全生产责任。三是依据国家标准和规范，针对工艺、技术、设备设施特点和原材料、产品的特性，不断完善操作规程。四是制订并严格执行变更管理制度，对工艺、设备、原料、产品等变更，严格履行变更手续。五是合理组织生产，严禁超能力生产，严格按相关规定和物质特性确定生产场所原料、产品的滞留量，做到原料随用随领，产品随时运走。六是加强对设备设施的日常维护保养和检验检测，确保设备设施完好有效、运行可靠。七是严禁边生产边施工建设，对确实不能避免的，要采取有效的安全防范措施，严格控制施工人员数量，确保生产、施工人员安全。

② 全面提高从业人员专业素质。

严控从业人员准入条件，强化培训教育，提高从业人员素质。提高操作人员准入门槛，涉及“两重点一重大”（重点危险化工工艺、重点监管危险化学品、重大危险源）的装置，要招录具有高中以上文化程度的操作人员、大专以上的专业管理人员，确保从业人员的基本素质；要持续不断地加强员工培训教育，使其真正了解作业场所、工作岗位存在的危险有害因素，掌握相应的防范措施、应急处置措施和安全操作规程，切实增强安全操作技能。

③ 深入排查治理事故隐患。

企业要建立长期的隐患排查治理和监控机制，组织各职能部门的专业人员和操作人员定期进行隐患排查，建立事故隐患报告和举报奖励制度，鼓励从业人员自觉排查、消除事故隐患，形成全面覆盖、全员参与的隐患排查治理工作机制，使隐患排查治理工作制度化、常态化，做到隐患整改的措施、责任、资金、时限和预案“五到位”，确保事故隐患彻底整改。要加强安全事件的管理，深入分析涉险事故、未遂事故等安全事件的内在原因，制订有针对性的整改措施，防患于未然，把事故消灭在萌芽状态。

(2) 行业监管层面

全面加强危险化学品安全监管工作。各级政府要建立健全危险化学品安全监管工作协调机制，支持、督促负有危险化学品安全监管职责的有关部门依法履行职责，全面落实政府安全监管责任。各职能部门要进一步加强监管队伍建设，全面提升监管水平，针对危险化学品企业的危险特性和专业技术要求，配备具有大专以上化工专业学历的人员，对涉及“两重点一重大”的危险化学品企业实行定期监督检查，及时发现和解决企业在生产、发展中存在的突出问题。

提高危险化学品行业准入门槛。政府和相关部门要严格按照《危险化学品生产企业安全生产许可证实施办法》《危险化学品建设项目安全监督管理办法》规定，从严控制危险化学品项目和企业的设立，全面提升行业准入条件，提高行业整体安全水平。企业生产工艺、设备设施及联锁控制、外部条件、安全距离、平面布局、人员配备等安全生产条件应高于规定要求。新建危险化学品建设项目必须进入化工园区，未进园区的，发改部门不予审批、核准或备案，规划部门不予出具规划许可意见；把爆炸性危险化学品纳入重点监管范围，涉及危险化工工艺、重点监管危险化学品生产装置未实现自动化控制的，大型高度危险装置未装设紧急停车系统的，一律不予安全许可；立即组织开展现有企业安全设计诊断，对现有企业未经过正规设计的在役化工装置布局、工艺技术及流程、主要设备和管道、自动化控制、公用工程等进行设计复核，督促企业全面整改。对现有安全设施存在明显缺陷，到期未完成整改的，坚决责令停产整改。加强设计、施工、监理、安全评价等项目相关单位的管理，严格审查项目工艺技术的安全可靠性，全面系统论证项目安全设计内容，提高项目建设质量和企业本质安全水平。对不负责任、弄虚作假的相关单位，依法予以严肃处理。

(3) 社会层面

开展危险化学品生产企业安全生产专项整治。针对全省2009年以来首次取得危险化学品生产企业安全生产许可证的企业，涉及重点监管的危险化学品、重点监管的危险化工工艺及构成重大危险源的危险化学品生产企业，全面开展专项整治活动。组织专家全面检查企业工厂布局、生产工艺技术、设备设施、自动化控制水平的安全可靠性，全面检查企业管理机构设置、安全管理人员配备、人员素质、安全管理、责任制度、操作规程落实的满足性。特别是对涉及爆炸性危险化学品的企业，彻底排查企业防火防爆防雷防静电条件。对未经许可擅自改变原料、产品的，擅自改变工艺、设备的，擅自变更工艺指标的，超能力组织生产的，一律责令其停产整顿，并暂扣其安全生产许可证。对责令停产整顿的企业拒不实施停产的，一律由当地政府予以关闭。治理和纠正企业安全生产违规违章行为，推动企业安全生产主体责任和政府安全监管主体责任的落实，有效防范同类事故的发生。

第 3 章

危险化学品储存环节案例

3.1 某仓储有限公司危险化学品储存环节事故

3.1.1 事故总体概况

2016 年 4 月 22 日 9 时 13 分左右，A 仓储有限公司（以下简称 A 公司）储罐区 2 号交换站发生火灾，事故导致 1 名消防战士在灭火中牺牲，直接经济损失达 2532.14 万元。

依据《中华人民共和国安全生产法》（本书简称《安全生产法》）、《生产安全事故报告和调查处理条例》等法律法规的规定，2016 年 4 月 23 日，B 市人民政府成立了以分管副市长任组长，市政府副秘书长、市安监局局长任副组长，市公安局、市监察局、安监局、总工会、环保局、质监局、C 市政府分管负责人等为成员的 B 市人民政府 A 仓储有限公司“4·22”较大火灾事故调查组（以下简称事故调查组），开展事故调查工作。同时邀请 B 市人民检察院派员参加，聘请 5 位专家组成专家组参加事故调查工作。事故调查组按照“四不放过”和“科学严谨、依法依规、实事求是、注重实效”的原则，通过现场勘验、调查取证和专家分析，查明了事故原因，认定了事故性质和责任，提出了对有关责任单位和有关责任人员的处理建议，并提出事故防范及整改措施建议。

3.1.2 事故单位及人员基本概况

(1) 事故单位情况

① A 仓储有限公司。

a. 建设情况。该公司于 2005 年 5 月通过新建液体化工罐区及配套码头工程项目的立项。2006 年 12 月取得土地使用手续。2009 年 8 月取得建设工程规划许可手续。该公司库区由D工业设备安装工程有限公司设计，分2期工程建设。其中，一期于2007年11月开工，建设立式储罐42只及辅助设施，储罐总容量约12.6万立方米，于2009年11月竣工。2012年1月和2013年1月，一期续建和二期先后开工，建设立式储罐82只、球罐21只及相关辅助设施，储罐总容量约45.7万立方米，于2015年11月竣工。

b. 罐区布局情况。罐区分南、北2个，共有11组罐组。有储罐139只并单独编号，储存能力约54.75万立方米。其中，北罐区由东向西依次为11罐组、12罐组、13罐组、14罐组、15罐组，共5组罐组，52只立式储罐；南罐区由东向西依次为21罐组、22罐组、23罐组、24罐组、25罐组（2505～2510储罐建成后拆除）、9罐组（球罐），共6组罐组，66只立式储罐，21只球罐。罐区内还设置了泵房、集污池、1号交换站、2号交换站等相关辅助设施。

c. 事故交换站情况。2号交换站位于24罐组围堰北侧，为四周敞开彩钢瓦屋顶结构，是码头与罐区、罐区与发车台、储罐与储罐之间物料装卸、倒罐的中转站。交换站有发车泵36台，发船泵6台；有12根固定钢管通向码头，36根固定钢管通向发车台，58根固定钢管通向罐区13、14、15、23、24、25罐组。物料的装卸、倒罐通过交换站内24根金属软管进行转接。交换站内周边及管道下方设有地沟，用于收集管道转接时渗漏的物料和清洗管道的污水。地沟内污水直接排入交换站东南角的污水井，再泵入污水处理站。

② E建设安装有限公司。

E建设安装有限公司（以下简称E公司）成立于2014年11月7日，具有化工石油工程施工总承包壹级、化工石油设备管道安装工程专业承包壹级等资质。E公司除本公司直接承揽工程外，另外还同意顾××等7人以本公司名义承揽工程，从中收取管理费。

(2) A公司与E公司合作情况

2014年，顾××以E公司的名义承建了A公司二期工程中的保温项目。2015年以后，顾××因身体原因，将业务交给儿子顾×负责。2015年至2016年4月间，顾××雇用的现场技术负责人黄×，多次代表顾×承接A公司维修、改造业务。

(3) 事故区域改造工程情况

13罐组的8只甲醇储罐没有连接至发车系统，甲醇须通过倒罐发车，为减少倒罐环节，A公司副总朱×与储运部副主任邵×商定对2号交换站管道进行改造，将8只甲醇储罐连接至发车泵。2016年4月19日，朱×电话联系黄×，要求派人对2号交换站管道进行改造。黄×经请示顾×后，安排许×（装配工）、申×（电焊工）、陆×（打磨工）3人于4月21日到A公司施工。

(4) 事故发生前罐区物料储存情况

罐区储存了汽油、石脑油、甲醇、芳烃、冰醋酸、醋酸乙酯、醋酸丁酯、二氯乙烷、液态烃等25种危险化学品，共计21.12万吨，其中，油品约14万吨，液态化学品近7万吨，液化气体约1420吨。

(5) 事故发生前的现场作业情况

事故发生前，2号交换站内存在4种作业。

① 过驳作业。从4月22日3时13分开始，F船卸醋酸乙酯600t至2307储罐。从4月22日6时34分开始，G船卸汽油500t至2411储罐。作业持续到4月22日事故发生时。

② 倒罐作业。从4月21日21时开始，2409储罐与2405储罐之间倒罐汽油760t，作业持续到4月22日事故发生时。

③ 清洗作业。根据邵×的安排，4月22日8时15分左右，储运部操作工陈×、曹×、王×3人开始清洗2507管道（曾用于输送混合芳烃），清洗后的污水直接流入地沟。4月22日8时30分左右，陈×等3人开始打捞地沟及污水井水面上的浮油。

④ 动火作业。根据邵×的安排，4月21日12时30分左右，许×等3人开始改造2号交换站内管道。当天下午，完成了钢管除锈、打磨和刷油漆等准备工作，并将位于2号交换站内东侧2301管道割断，在断口处各焊接一块接口法兰。当日动火开具了动火作业许可证，焊接点下方铺设了防火毯。储运部曹×负责监火。

4月22日上班后，许×等3人的工作是继续焊接4月21日下午未焊好的法兰，并对位于2号交换站东北角1302管道壁底开一直径150mm的接口（接口距离地面垂直距离约1m，距离地沟水平距离约1m），将1302管道连接到2301管道发车泵上。

4月22日事故发生时，2号交换站共有监泵、清洗、动火、监火8名人员在现场作业。

3.1.3 事故经过和救援情况

(1) 事故发生的经过

4月21日16时左右，许×找到邵×，申请22日的动火作业。邵建伟在动火作业许可证“分析人”“安全措施确认人”两栏无人签名的情况下，直接在许可证“储运部意见”栏中签名，并将许可证直接送公司副总朱×签字，朱×直接在许可证“公司领导审批意见”栏中签名。4月21日18时左右，许×将许可证送到安保部，安保部巡检员刘×在未对现场可燃性气体进行分析、确认安全措施的情况下，直接在许可证“分析人”“安全措施确认人”栏中签名，并送给安保部副主任何×签字；何×在未对安全措施检查的情况下直接在许可证“安保部意见”栏中签名。

4月22日8时左右，许×到安保部领取了21日审批的动火作业许可证，许可证“监火人”栏中无人签字。4月22日8时10分左右，申×开始在2号交换站内焊接2301管道接口法兰，许×与陆×在站外预制管道。安保部污水处理操作工夏×到现场监火。

4月22日8时20分左右，申×焊完法兰后到站外预制管道，许×到站内用乙炔焰对1302管道下部开口。因割口有清洗管道的消防水流出，许×停止作业，等待消防水流尽。在此期间，邵×对作业现场进行过一次检查。

4月22日8时30分左右，安保部巡检员陈×、陆×巡查到2号交换站，陆×替换夏×监火，夏×去污水处理站监泵，陈×继续巡检。

4月22日9时13分左右，许×继续对1302管道开口时，立即引燃地沟内可燃物，火势在地沟内迅速蔓延，瞬间烧裂相邻管道，可燃液体外泄，2号交换站全部过火。4月22日10时30分左右，2号交换站上方管廊起火燃烧；10时40分左右，交换站再次发生爆管，大量汽油向东西两侧道路迅速流淌，瞬间形成全路面的流淌火；12时30分左右，2号交换站上方的管廊坍塌，火势加剧。

(2) 应急处置及应急救援情况

① 应急处置情况。

事故发生后，A公司现场3名作业人员立即用灭火器对地沟进行灭火。

4月22日9时15分，现场人员通过对讲机呼叫救火，因地沟全部着火，现场人员撤出2号交换站。

4月22日9时16分开始，现场救援人员开启消火栓、消防炮、喷淋系统灭火、降温，呼叫中控室关闭24、22、23、21、25罐组阀门。A公司2名操作工进入24罐区关闭2401（储存1309t汽油）和2402储罐（少量残留汽油）根部手动阀，由于火势较大，未能完全关闭阀门，人员就撤出24罐区。

4月22日9时16分，中控室逐一关闭2401、2402、2403储罐底电动截断阀，系统显示关闭不成功。9时17分，中控室逐一关闭11、12、21、22、23、24、25各罐组及码头电动截断阀。9时18分，中控PLC信号全部中断。

4月22日9时20分，管道烧裂，火势加剧，救援人员全部撤出罐区。2401储罐手动阀仅转动4圈未能完全关闭。中控室向119报警。

② 应急救援情况。

4月22日9时34分，H新港城专职消防队赶到现场灭火。

公安部消防局、I消防总队、J消防指挥中心先后调集江苏、上海、浙江

290辆消防车、1768名消防救援人员和专职消防员赶赴现场，将火场划分为东、西、南、北4个战斗段，分区域灭火和冷却。

国家安监总局组织工作组并调集国家危险化学品应急救援扬子石化队等5支危化品专业救援队伍到现场参与救援。

4月22日14时，A公司组织人员进入罐区，先后关闭了11、12、13、14、15、21、22罐组储罐根部手动阀。

4月22日18时，第一次灭火总攻，大幅压缩东西两侧流淌火面积。

4月23日0时30分左右，第二次灭火总攻，火势减弱。1时，A公司有关人员配合消防救援人员关闭了24罐组的2401、2403、2404等储罐及23罐组储罐的根部手动阀，火势明显减弱。

4月23日2时04分，历时近17个小时，现场明火被扑灭。

3.1.4 事故原因和性质

(1) 事故直接原因

A公司组织承包商在2号交换站管道进行动火作业前，在未清理作业现场地沟内油品、未进行可燃气体分析、未对动火点下方的地沟采取覆盖、铺沙等措施进行隔离的情况下，违章动火作业，切割时产生火花引燃地沟内的可燃物，是此次事故发生的直接原因。

(2) 事故间接原因

① A公司违规组织作业，事故初期应急处置不当。

a. 特殊作业管理不到位。动火作业相关责任人员朱×、邵×、何×、刘×等人不按签发流程，不对现场作业风险进行分析、确认安全措施。在动火作业许可证已过期的情况下，违规组织动火作业。

b. 事故初期应急处置不当。现场初期着火后，A公司现场人员未在第一时间关闭周边储罐根部手动阀，未在第一时间通知中控室关闭电动截断阀，未能第一时间切断燃料来源，导致事故扩大。A公司虽然制订了综合、专项、现场处置预案，并每年组织演练，但演练没有注重实效性，没有开展职工现场处置岗位演练，提升职工第一时间应急处置能力。

c. 工程外包管理不到位。A公司对工程外包施工单位资质审查不严，未能发现顾××以E公司名义承接工程。对外来施工人员的安全教育培训不到位，在4月21日许×等人进场作业前，巡检员顾×对其教育流于形式，未根据作业现场和作业过程中可能存在的危险因素及应采取的具体安全措施进行教育，考核采用抄写已做好的试卷的方式。邵×、陈×2人曾先后检查作业现场，夏×、陆×先后在现场监火，都未制止施工人员违章动火作业。

d. 隐患排查治理不彻底。未按省、市文件要求组织特殊作业专项治理，消除生产安全事故隐患。A公司先后因违章动火作业、火灾隐患等多次被有关部门责令整改、处以罚款。2016年3月，2号交换站曾因动火作业产生火情。

e. 公司主要负责人未切实履行安全生产管理职责。A公司总经理王×未贯彻落实上级安监部门工作部署，未在全公司组织开展特殊作业专项治理，未及时启用新的动火作业许可证；对公司各部门履行安全生产职责督促、指导不到位，未及时消除生产安全事故隐患。

② E公司施工现场管理缺失。

E公司同意顾××以本公司名义承揽工程，收取管理费，但不安排人到现场实施管理。4月21日、22日，许×等3人进入A公司作业前，未安排人到作业现场检查、核实安全措施，未对作业人员进行安全教育，未及时发现并制止施工人员违章作业行为。

③ I经济技术开发区对安全生产工作部署落实不到位。

I经济技术开发区属于国家级开发区，按照《省政府关于切实加强全省开发区安全生产监管监察能力建设的意见》的要求，应当配备安全监管执法人员不少于9人，但I经济技术开发区管委会只在经发局内设置安全科，配备5人负责辖区内安全生产监管工作，且5人中仅有2人属事业编制，其他3人属企业编制，安全生产管理经验欠缺；安全管理工作混乱，在主持安全科工作的负责人长期不能正常到岗履职的情况下，未明确安全科负责人，监管人员履职不到位；对上级安监部门部署的特殊作业专项治理行动落实不到位，未组织开展特殊作业专项检查。

(3) 事故性质

经调查认定，A仓储有限公司“4·22”较大火灾事故是一起生产安全责任事故。

3.1.5 事故防范和整改措施建议

① 深刻吸取事故教训，深化危险化学品专项整治。C市人民政府认真吸取天津港“8·12”事故和此次事故教训，集中开展危险化学品储存场所专项整治，提高危险化学品储存场所的安全风险防控能力。进一步开展化工和危险化学品及医药企业特殊作业安全专项治理，督促企业严格遵守特殊作业安全规范。

② 严格落实企业安全生产主体责任，强化现场安全管理。各危险化学品生产经营单位应认真吸取此次事故教训，严格遵守国家法律法规的规定，落实安全生产主体责任，切实做到“五落实五到位”。应建立健全安全生产责任制、规章制度和操作规程，真正把安全生产责任落实到每个环节、岗位。应加强对从

业人员的安全教育培训工作，增强员工安全意识和事故防范能力。严格规范企业特殊作业管理，实行动火作业提级审批，引入第三方专业机构对动火作业实施管理。应加强隐患排查，尤其要发挥班组、全体员工排查隐患的作用，加大隐患治理力度，建立有效的隐患排查治理机制。应加强危化品储罐区等重大危险源的管控，加快危险作业场所自动化改造、标准化创建工作。应加强应急管理，完善应急预案，增强预案的适用性、针对性，定期组织开展综合演练、专项演练，尤其是现场处置岗位演练，提升企业员工第一时间处置突发事故的能力。

③ 加大执法力度，提升监管效能。各负有安全生产监管职责的部门要切实履行监管职责，拓宽检查的幅度，对所监管的行业实行分层、分级、分类监管，提高检查全覆盖率，消除盲区死角，切实提高安全监管的针对性；加强执法的力度，对表检查、对单处罚，对非法违法生产经营建设行为按照“四个一律”的要求实施处罚，不断提高执法工作的有效性；加强风险管控，切实开展安全生产隐患排查治理工作，实施危险作业场所风险评估，建立完善安全生产隐患排查机制；加强安全生产监督管理人员的培训，特别是加强基层安监人员、企业安全生产管理人员的培训，切实提高安全管理水平。

④ 落实部门监管职责，强化开发区安全监管。进一步理顺港口码头危险化学品企业的安全监管职责，明确部门职责并交接到位；交接后 B 市安监局撤销原 A 仓储有限公司危险化学品经营许可证。进一步提高开发区安全监管能力，按照《省政府关于切实加强全省开发区安全生产监管监察能力建设的意见》，I 经济技术开发区管委会于一定期限内要设置独立的安全监管机构，确保配备至少 9 名安全监管人员到岗履职；要加大对负有安全生产监管职责的部门履职情况的监督力度，确保监督管理履职到位。

3.2 某胶粘涂料化工有限公司危险化学品仓储事故

3.2.1 事故总体概况

2017 年 7 月 28 日早上 8 时 20 分，A 胶粘涂料化工有限公司（以下简称 A 公司）甲类仓库 1②、⑤号仓发生火灾，大火将该仓库中所存放的物料全部烧毁，仓库钢架屋顶被损垮塌。事故未造成人员伤亡，直接经济损失约 60 万元。

事故发生后，为查清事故发生原因，吸取事故教训，落实整改措施，追究事故责任，B市政府成立事故调查组对有关情况开展调查。调查组通过深入细致的调查，查清了事故发生的经过、原因，提出事故的责任认定和相关责任人及责任单位的处理意见，并提出落实整改的措施。

3.2.2 事故基本情况

(1) 事故单位基本情况

A公司成立于2009年6月18日，于2015年11月3日延续换证取得危险化学品安全生产许可证，许可范围为硝基清漆、硝基底漆、硝基漆稀释剂等。公司主要生产原料是树脂（聚氨酯树脂、酚醛树脂）溶剂（成分是二甲苯、乙酯等）、丁腈橡胶、氯丁胶，主要成品有家具油漆和工业胶粘剂（包含部分水性的胶粘剂）等。

(2) 事故仓库消防审批情况

起火建筑为A公司甲类仓库1，建筑高5.7m，建筑面积为747m²，分成三个防火分区（间隔三间仓库），于2011年8月19日取得验收合格意见，即建设工程消防验收意见书，2012年1月1日正式投产使用。

(3) 发生事故的仓库储存情况

发生事故的甲类仓库1由三间框架混凝土钢顶组成。每间由前、后大门作为安全出口。前门编号分别为①、②、③，后门对应分别为④、⑤、⑥。编号①、④，②、⑤，①、⑥门前后相通。事故发生在甲类仓库1中间库房②、⑤号仓。发生事故时库内储存的主要物料是丁腈橡胶、醇酸树脂、松香、颜料、氯丁胶、促进剂以及8包（25kg/包，共计200kg）固态硝化纤维素（即硝化棉）等物品共23t左右，同时还存放有部分其他杂物。

3.2.3 事故发生经过和事故应急救援情况

(1) 事故发生经过

近年来，A公司每个月都从C化工产品制造有限公司购买一批硝化棉，每次购买10t（事发时实际为9775kg），规格分类代号为1/2″、1/4″及15″，代号15″的硝化棉占比最大。10t硝化棉一般是1个月生产计划用量。车间大概一天能使用60包，一般在1个星期内就能将10t硝化棉用完。

2017年7月25日早上8点左右，某公司物流将9.775t硝化棉送到A公司，仓管陈某兰将清单确认后，接着要求物流公司将硝化棉运送到丙类仓库（因丙类仓库比较大）暂时卸存。物流送货车辆离开后，公司员工用叉车再将这10t左右的硝化棉转存到原料仓甲类仓库2①号仓存放，并用装满枪钉胶的原料桶将硝化棉围藏起来，以防他人发现。

7 月 27 日下午 2 时 30 分，甲类车间生产需要硝化棉，厂长荣某洪开出代号为 15″的硝化棉 15 包（每包 25kg，共 375kg）的用料清单给仓管陈某兰，一次性从甲类仓库 2 出库 15 包硝化棉，并用叉车运送到甲类车间溶解后使用。当天下午生产用了 7 包硝化棉。考虑到以后还要使用，荣某洪让员工将剩下的 8 包硝化棉用叉车运回到甲类仓库 1 的②、⑤号仓暂存。

7 月 28 日早上 8 时 10 分，临时工荣某芬和荣某琳与往常一样（7 月初到该公司做临时工），一上班就到各仓库开门窗通风降温。8 时 20 分，她们到了甲类仓库 1。在甲类仓库 1 外东面依次将三间仓库的 6 扇窗门往外打开，然后再到该仓库后面，沿④、⑤、⑥号仓，依次将西面窗门打开。当荣某芬和荣某琳打开⑤号窗门时，便看到②仓库内一墙足下有火光，两人以为是太阳照射，当时没有留意便回到了办公室。

7 月 28 日 8 时 26 分，荣某芬和荣某琳再次来到甲类仓库 1 开启仓库大门。当打开①号仓大门时，突然发现②号仓库内有浓烟和火苗冒出，于是，荣某芬和荣某琳立即跑向厂办公楼报告，跑到公司大门前时大声呼喊。公司门卫发现火情严重，便立即用值班固定电话向 119 报警。

7 月 28 日 8 时 28 分，大火蔓延甲类仓库 1 ②、⑤号仓屋顶。眼看火势已难以控制，副总经理陈某立即通知厂内员工向厂外撤离疏散。

（2）事故救援情况

7 月 28 日 8 时 33 分，市政府接到报告后，立即启动应急预案。市消防大队指挥中心接到报警后，立即启动四级火警响应，第一时间调派 6 辆消防车、24 名消防人员赶赴现场处置。市委书记王某安，副市长、市公安局局长曾某野亲自到现场组织救援抢险，并组织公安、安监、园区管委会、环保等有关部门组成应急救援指挥小组，研究确定救援方案，组织疏散相关人员，开展应急救援抢险。但由于②、⑤号仓内的存放物料不明，应急处置没有针对性，大火蔓延到甲类仓库 1 左右的第①、③号仓库。①、③号仓内的物品也受到不同程度的损毁。经过消防人员的奋力拼搏，7 月 28 日 9 时 45 分左右，大火成功扑灭，邻近甲类仓库 1 约 50m 距离的 8 个埋地储罐没有被大火波及，得以保全。

3.2.4　事故造成的人员伤亡和直接经济损失情况

该起事故无人员伤亡，造成直接经济损失约 60 万元。

3.2.5　事故原因和性质

硝化棉是一种易燃易爆化学危险品，要求在阴凉、通风的库房内储存，库内温度不宜超过30℃。据调查，事发时仓内除可燃气体报警仪、防爆灯等设施外，没有其他电气设施，电线均为穿钢管导线。

(1) 直接原因

根据燃烧痕迹特征、证人证言和监控录像等资料，并经消防部门专业技术人员现场勘验，事故起因排除放火、遗留火种、电器线路短路火灾因素。据调查，事发前近一个多星期当地气温温度在28～36℃之间，每天天气高温闷热。事发当天早上室外温度为30℃左右。2017年7月27日下午，公司厂长（荣某洪）将8包硝化棉（总重200kg，型号15″）堆放到甲类车间1的②、⑤号库房，并未对仓库进行通风降温，导致固态硝化棉自燃。违规储存固态硝化棉是导致本次事故发生的直接原因。

(2) 间接原因

① A公司安全生产主体责任不落实，安全管理制度不健全，安全生产责任制不完善，疏于管理、违章指挥、违章作业、有令不行、有禁不止、冒险蛮干的行为时有存在。

② 安全管理不到位。A公司管理松懈，管理人员思想麻痹，在危险品仓库管理方面，没有执行危险品管理相关规定，未经有关部门审批报备，违规存放危险品（固态硝化棉存放要求是即进即出，以溶液形式在专用仓库存放）。

③ 安全培训不到位，“三违”现象突出。A公司没有严格执行安全生产培训规定，安全培训教育不力。企业负责人和仓储管理人员危险化学品安全知识匮乏，不熟悉危险物品的理化性能，缺乏相关安全管理知识。临时聘用人员没有进行“三级教育”上岗培训，安全生产知识严重不足。

④ 管理人员思想意识淡薄，没有建立安全生产隐患排查制度。日常巡查制度未落实，安全隐患排查不到位，作业人员发现隐患后未及时上报；应急救援演练不到位，应急救援知识缺失，妥善处理突发情况的能力缺乏。

(3) 事故性质

经调查认定，A公司“7·28”火灾事故是一起生产安全责任事故。

3.2.6 事故教训及防范措施和建议

A公司火灾事故暴露出当前一些危险化学品生产企业有章不循、违章作业，从业人员安全意识淡薄的现象仍然十分严重。这起事故虽未造成人员伤亡，但教训十分深刻，必须认真汲取事故教训。为防止同类事故的再次发生，提出如下防范措施和整改建议。

① A公司必须深刻吸取事故教训，正视企业自身存在的问题，正确处理好经济效益与生产安全的关系，严格遵守国家法律法规，结合企业实际，全面整

理、完善管理制度，从员工培训、作业现场、隐患排查等各个环节，狠抓管理，确保生产安全。

② A 公司要对受火灾冲击影响的仓库重建和有关装置的检测处理，制订详细的实施方案，并请专家进行安全评估；需继续使用的设备、管道等应委托专业机构评估，确认合格后才能继续使用。

③ 政府管理部门要加大安全监管力度，全面、准确地掌握园区企业涉及“两重点一重大”（重点监管危险化学品、危险化工工艺和重大危险源）企业的安全生产状况，突出抓好易燃、易爆和有毒危险化学品以及储罐区等场所的安全监管，认真排查治理安全隐患，克服“严不起来、落实不下去”的监管缺失现象，确保安全管理工作取得实效。

④ 要进一步加强应急管理和处置工作。针对安全管理中存在的薄弱环节，对企业现有预案体系、应急运行机制进行认真细致的梳理，并修订完善相关管理程序，确保事故处置及时有效到位。

3.3 某工程材料有限公司危险化学品仓储事故

3.3.1 事故总体概况

2019 年 9 月 16 日 21 时 25 分，A 工程材料有限公司（以下简称 A 公司）C1 幢仓库首层小仓库发生爆燃事故，造成 2 人死亡、2 人受轻微伤，直接经济损失 2264687.38 元。

事故发生后，省委常委、B 市委书记张×立即作出指示，要求做好伤员救治和善后工作，抓紧调查事故原因。全市要举一反三，深刻吸取教训，强化责任，落实措施，进一步做好安全防范工作，坚决守住安全底线。副省长张×、B 市市长温×和常务副市长陈×等相关省市领导也作出指示要求。

为妥善处置该起突发事件，B 市 C 区人民政府高度重视，立即启动《B 市 C 区安全生产灾难事故应急救援预案》。C 区区长赵×、常务副区长陈×和副区长郑×立即按有关规定赶赴现场，并成立了事故现场临时应急救援指挥部，开展事故现场应急处置工作。

根据《生产安全事故报告和调查处理条例》的有关规定，B 市 C 区人民政府迅速成立了由区应急管理局、区公安分局、区总工会、区人社局、区消防大队和 D 镇政府等单位组成的事故调查组，并邀请区检察院派员参加，开展事故调查处理工作。事故调查组还聘请了省专家库化工组、冶金工贸组有关化工机械、无机化工、化工工艺、电气等专业共4名专家对事故的技术原因进行分析。

事故调查组坚持事故调查“四不放过”和“科学严谨、依法依规、实事求是、注重实效”的原则，通过现场勘验、技术检测、查看视频、查阅资料以及问询相关人员和综合专家组的意见，查清事故发生经过和事故原因，并认定了事故性质，提出了责任认定、处理建议及事故防范措施建议。

3.3.2 事故基本情况

（1）企业概况

A公司位于B市C区，成立于2008年6月19日。其经营范围包括涂料制造（监控化学品、危险化学品除外）；油墨及类似产品制造（监控化学品、危险化学品除外）；其他合成材料制造（监控化学品、危险化学品除外）；货物进出口（专营专控商品除外）；技术进出口；化工产品零售（危险化学品除外）；材料科学研究、技术开发；制造、生产非食用冰；危险化学品制造；化工产品批发（含危险化学品）。

（2）企业安全生产组织架构设置情况

① 企业股东及相关情况　A公司是E化学有限公司的全资子公司。E化学有限公司股东持股分别为：唐×（1）持股25%，F投资有限公司持股60%，G贸易有限公司［董事长：唐×（2）］持股15%。

除A公司外，H新材料技术有限公司也是E化学有限公司的全资子公司，以上三家公司的法定代表人和董事长均为唐×（1），其每周均会到上述三家公司处理销售、财务等相关业务各1～2天。2017年1月1日起，A公司以书面形式任命唐×（2）为公司安全生产第一责任人，全面负责和管理公司的安全工作。2019年1月1日，A公司任命唐×（2）为本公司主要负责人、公司安全生产委员会（以下简称安委会）主任，并全面负责和管理公司的安全生产工作。

② 企业主要负责人情况　A公司主要负责人为唐×（2），研究生学历，2012年起担任A公司总经理职务。其分别在2017年8月29日至9月5日、2018年9月19日至9月21日和2019年7月3日至7月5日，参加了危险化学品生产单位主要负责人安全培训，并考核合格。

③ 企业安全管理机构负责人情况　A公司设立安全管理部，其负责人为罗×。罗×于2016年10月担任A公司安全管理部经理，负责协助公司总经理、公司主要负责人、公司安委会主任、公司安全生产第一责任人唐×（2）制订落

实安全生产责任制度，制订安全生产工作年度计划和目标考核，落实安全培训，组织公司安全隐患排查，组织安全风险评估等。

2018年12月20日，罗×参加了危险化学品生产单位安全生产管理人员培训，考核合格，取得安全生产知识和管理能力考核合格证。

④ 企业聘请注册安全工程师情况 A公司聘请注册安全工程师陈×在安全管理部工作，2016年12月9日，其参加广东省危险化学品从业单位安全标准化业务能力培训班，并考核合格。2019年1月1日，公司任命其为专职安全管理人员，负责公司的消防、安全、职业健康和环保管理等日常管理工作。

⑤ 企业采购物流部负责人情况 A公司设立采购物流部，负责人为黄×。2001年6月，其入职D化学有限公司担任采购员，2008年10月担任D化学有限公司的采购物流部经理，同时兼任A公司采购物流部经理，负责A公司的采购、仓库管理、物流和基建等工作。

黄×的安全生产职责：负责所在部门安全生产全面工作；根据所在部门安全管理要求，建立健全安全规章制度、安全技术及操作规程，并组织实施；组织开展所在部门安全培训和安全检查工作，组织所在部门安全隐患排查，消除安全隐患。

(3) 企业履行安全生产主体责任情况

A公司按规定设立了安全生产管理机构。按规定配备专职安全管理人员和聘请注册安全工程师，主要负责人和其他安全管理人员按规定取得了安全考核合格证书，持有效文件上岗，保证了安全生产投入，基本制订和实施了各种安全检查制度，组织制订了事故应急预案，特种作业人员均持证上岗。

① 企业建立安全管理制度和操作规程情况 A公司根据企业的实际情况基本建立了岗位职责、安全管理制度和岗位安全操作规程等。

② 企业制订和实施事故应急救援预案情况 A公司针对作业场所易燃易爆的特点，编制了生产安全事故应急救援预案。2017年6月15日，按照《生产安全事故应急预案管理办法》要求已通过备案。

③ 企业安全生产投入情况 A公司2018年全年公司销售收入19732.1055万元，按照要求和比例实际提取的安全生产专项资金费用为256.5173万元，其中安全生产投入费用109.5341万元。A公司按要求保证了安全生产资金投入。

④ 企业研发、实验活动情况 A公司是一家以研发为主的危险化学品生产企业。企业有多个团队从事新产品的研发业务，建设了多个实验室。实验室长期使用多种数量较少的危险化学品，发生事故的C1幢丙类仓库首层小仓库专门用作储存合成车间、实验室使用的危险化学品。

⑤ 企业生产的主要原料及产品情况（表 3-1）

表 3-1　危险化学品生产的主要原料及产品一览表

原料								
序号	原材料名称	《危险化学品目录》序号	物质形态	年使用量/t	最大储存量/t	火灾危险性分类	储存场所	备注
1	氨基树脂	2828	液态	90	5.4	乙类	C2-1	原有
2	1,3,5-三甲苯（100＃溶剂油）	2828	液态	200	10	乙类	C2-1/C2-3	原有
3	2-丁醇（丁醇）	219	液态	30	2	乙类	C2-1/C2-3	新增
4	丙烯酸树脂	2828	液态	160	10	乙类	C2-1/C2-3	新增
5	丙二醇甲醚醋酸酯	未列名	液态	50	5	乙类	C2-1/C2-3	新增
6	饱和聚酯树脂	未列名	液态	60	3	丙类	C2-1/C2-3	新增
7	二甲酸酯混合物	未列名	液态	400	20	丙类	C2-1	原有
8	环氧树脂	未列名	固态	300	30	丙类	A2	原有
9	颜料	未列名	固态	5	1	丙类	A2	原有
10	其他助剂	未列名	液态	7	1	丙类	A2	原有
11	二氧化硅	未列名	固态	200	20	戊类	A2	原有
12	钛白粉	未列名	固态	360	30	丁类	A2	新增
产品								
序号	产品名称	《危险化学品目录》序号	物质形态	年使用量/t	最大储存量/t	火灾危险性分类	储存场所	备注
1	环氧绝缘漆	2828	液态	600	25	乙类	C2-2	
2	聚酯树脂绝缘漆	2828	液态	400	15	乙类	C2-2	
3	丙烯酸烘漆	2828	液态	200	10	乙类	C2-2	

(4) 企业安全许可情况

2015 年 8 月 26 日，该公司取得危险化学品安全生产许可证，有效期至 2018 年 8 月 25 日。

2018 年 8 月 23 日，该公司再次取得危险化学品安全生产许可证。

(5) 事故现场情况

① 起火建筑物情况　发生爆燃的建筑物是 A 公司 C1 幢丙类仓库，共三层，高 12.8m，面积共 2863m²，属砖混结构。首层约 950m²，内设有小仓库、材料

仓库和采购物流部仓库管理办公室等；第二层为丙类仓库；第三层为公司合成部实验室。

② C1 幢首层小仓库情况　该仓库四面为实墙，长约 7m，宽约 6m，高约 5m，面积约 $42m^2$，内有防爆冰箱两台。该仓库呈南北向，门口朝南为厂区道路，东面为采购物流部仓库管理办公室，西面为丙类仓库，北面为厂区道路。

③ 发生故障的防爆冰箱情况

a. 制造单位：H 环保科技有限公司。

b. 防爆标志 Exdeibmb HB T4 Gb，有效期至 2021 年 4 月 21 日。

c. 该防爆冰箱长、宽、高分别为 63cm、56cm、165cm，内分两个储存格，格内长、宽、高分别为 55cm、48cm、87cm，有效容积 200L。

④ 发生故障的防爆冰箱内存放的物料情况　发生事故前，冰箱里面共存放 4 桶物料，每桶均为 20kg，上储存格 2 桶为过氧苯甲酸叔丁酯（企业自编号 HA335），下储存格 2 桶为过氧化-2-乙基己酸叔丁酯（企业自编号 HA336）。

⑤ C1 幢首层小仓库内存放物料的情况　在发生故障的防爆冰箱外，现场存放有以下主要的物（材）料：

a. 过氧苯甲酸叔丁酯（企业自编号 HA335）6 桶（蓝色桶），每桶 20kg。

b. 过氧化-2-乙基己酸叔丁酯（企业自编号 HA336）5 桶（白色桶），每桶 20kg。

c. 偶氮二异丁腈（企业自编号 HA318）10 袋，每袋 5kg。

d. 甲胺溶液 2 桶，每桶 10kg。

塑料桶长、宽、高分别为 28cm、76cm、44cm，分蓝色、白色两种。

现场还存放空塑料桶 45 只、200L 铁桶 1 只、文件柜 1 个等。

3.3.3　事故经过、救援、善后及伤亡损失情况

(1) 事故经过

2019 年 9 月 16 日 20 时 10 分，在 A 公司 C1 幢首层仓管办公室的仓管员兼叉车司机廖×闻到隔壁小仓库方向传来很刺鼻的化学品味道，当即和另一名仓管员兼叉车司机向×前去查看。20 时 20 分，公司采购物流部仓库管理班班长燕×接到向×报告称，立式防爆冰箱里面的物料桶胀裂。燕×迅速抵达现场后，看到冰箱门呈半开状态，冰箱上下两层储存格各放置有两桶物料，下层储存格靠里的一桶物料爆开了一个裂口，里面剩余约 3/5 的物料，靠前的一桶倒在地上，桶表面发热并且产生胀气（没有爆裂）。同时，燕×发现有液体状物料溅射到地面及对面的墙上，并散发强烈的刺激性气味。见此情况，燕×打电话通知仓管员兼物料员黄×前来处理。燕×由于看到冰箱温度显示 31～32℃，并感觉

冰箱空调风扇只是吹热气并不制冷，他随即把电源插头拔掉。20 时 50 分，燕×到隔壁仓库找来防毒口罩，并折回现场把倒地的那一桶物料扶正并拧开桶盖以放气。同时，燕×叫廖×用放置在该仓库的空塑料桶盛装爆裂的物料桶里剩余的 3/5 物料，操作过程中，由黄×扶着漏斗，燕×和廖×把物料倒进空桶里。燕×把冰箱内的全部物料放在冰箱门边靠墙处，过了一会，向×到同层楼另一个仓库拿来一个 200L 型的空铁桶来盛装泄漏物和用过的碎布。在燕×和廖×戴着手套拿棉碎布擦拭泄漏到地面物料的过程中，由于燕×手上沾有物料，其便前往小仓库西侧约 30m 外收发货棚处洗手，而廖×则到小仓库东侧约 30m 外材料仓库取纯棉碎布以清洁地面。21 时 25 分，当燕×走出 30 多米时，突然听到身后传来“砰”一声，他回头看到小仓库有火光，马上向现场跑去并大声呼叫“起火了，快救火”。燕×跑到旁边仓库拿了两个灭火器，廖×找来一个推车式灭火器，二人对着仓库门口进行灭火，在三只灭火器快用完的时候，仓库内的火势已越来越大，这时公司几个保安员拿着消防水带过来，开始参与灭火。21 时 29 分，在场人员拨打 119 报警电话，现场火势已蔓延上二楼，21 时 37 分，D 镇专职消防队到达现场，随即开展灭火扑救工作。23 时 16 分，现场明火被全部扑灭。

(2) 伤亡人员情况

本次事故造成 2 人死亡，2 人受轻微伤，事故损失工作日总数 12019 日，部分人员如表 3-2 所示。

表 3-2 伤亡人员情况

姓名	用工形式	工种	伤害部位	伤害程度	死亡原因	丧失工作日/日
向×	合同工	仓管员（兼叉车司机）	全身	死亡	火灾	6000
黄×	合同工	仓管员（兼物料员）	全身	死亡	火灾	6000
陈×	编制外	消防员	手部、面部	轻微伤		10
赖×	编制外	消防员	手部、面部	轻微伤		9

(3) 事故救援情况

① 企业处置情况　事故发生后，A 公司采购物流部工作人员燕×、廖×马上使用手提式、推车式灭火器进行灭火，并第一时间拨打了报警电话，随后，公司保安员和赶来的公司其他员工迅速参与灭火。

② 政府处置情况　事故发生后，C 区委、区政府高度重视，立即启动《B 市 C 区安全生产灾难事故应急救援预案》。C 区区长赵×、常务副区长陈×、副区长郑×立即按有关规定赶赴现场，9 月 16 日 22 时 50 分，区政府成立了现场

临时应急救援指挥部，制订应急救援抢险工作方案，并对公安、应急、环保、D镇政府和区消防大队等单位提出具体工作要求：

a. 消防部门应科学处置，组织相关专业人员及时安全转移危险物品，严防二次事故发生；

b. 卫计部门立即安排医疗力量到场备勤，并全力救治伤员；

c. 公安部门和应急部门深入查清事故原因，查清仓库存储的物品，严肃追究事故责任单位、人员；

d. D镇要做好现场处置的后勤保障和善后工作；

e. 宣传部门做好舆论引导工作。

2019年9月16日21时29分，B市消防支队指挥中心接到A公司发生火灾的报警电话，随即调度11个中队、2个专职队、2辆指挥车、1辆通信指挥车、17辆消防车，共163名指战员赶赴现场处置。

21时37分，D镇政府专职消防队到达现场，当即出单干线，两支泡沫枪开展灭火。21时55分，I中队到达现场后马上成立救援小组对过火建筑物的第二、三层楼进行搜救，未发现被困人员。21时59分，J中队到达现场，出一条干线，两支泡沫枪进行处置。约22时许，现场发生爆燃，全体人员立即撤至安全区域，此次爆燃致使D专职消防队2名人员受轻微伤，随即送往医院救治。22时02分，K中队到达现场，针对刚发生的爆燃，马上集合到场所有力量，清点人数；随即安排18t水罐消防车出双干线，架设移动水炮进行处置。22时43分，现场火势得到控制。

23时16分，现场明火被全部扑灭，K中队撤出移动水炮，改由铺设一条干线两支水枪对现场进行冷却处置。

23时35分，现场应急处置工作人员清理火场，发现两具遇难者尸体。

本次事故未对周边环境造成污染，消防灭火用水已收集至A公司环保水池处理，没有流入周边区域，没有发生水体污染等次生事故。

与此同时，B市公安局C区分局马上安排工作人员到现场进行相关调查采证工作。

(4) 应急处置情况评估

调查组认为，B市C区人民政府以及负有应急响应职能部门接报后，迅速组织力量开展抢险救援，第一时间扑灭明火，尽最大努力减少人员伤亡和经济损失。区、镇二级政府应急处置到位，应急响应迅速，信息报送及时，现场救援措施得当，应急救援处置工作无不当之处，在事故应急救援处置中未发生次生灾害、衍生事故和疫情。

(5) 善后情况

事故发生后，B市C区D镇人民政府与A公司立即成立善后处置小组，对事故进行善后处置工作。9月21日，A公司完成了对死者向×家属的补偿工作，9月22日，其家属办理了遗体火化手续；9月19日，A公司完成了对死者黄×家属的补偿工作，9月28日，其家属办理了遗体火化手续。随后，两名死者家属全部返乡。伤者赖×和陈×分别于9月24日和9月25日康复出院。

(6) 事故损失情况

依据《企业职工伤亡事故经济损失统计标准》(GB 6721—1986)等标准和规定统计，已核定事故直接经济损失2264687.38元。

3.3.4 事故原因分析

(1) 直接原因

① 起因物分析　根据《企业职工伤亡事故分类》(GB 6441—1986)的有关规定，造成该次事故发生的起因物是电气设备，即A公司放置在小仓库发生故障的防爆冰箱。

② 致害物分析　根据《企业职工伤亡事故分类》(GB 6441—1986)的有关规定，造成该次事故发生的致害物为过氧苯甲酸叔丁酯、过氧化-2-乙基己酸叔丁酯、偶氮二异丁腈和甲胺溶液等四种危险化学品，如表3-3所示。

表3-3　造成该次事故发生的致害物

名称	CAS号	种类	危险特性	来源	存储环境
过氧苯甲酸叔丁酯	614-45-9	有机过氧化物	加热可能起火；会造成皮肤刺激；可能造成皮肤过敏反应；吸入有害；食入可能有害；对水生生物毒性极大；对水生生物有害并有长期影响	L化工有限公司	在良好绝热区（过氧化氢区）存放，远离其他物质。必须设置调温设施，以便不超过规定的最大温度限值。使用不燃建材。储存处远离服装/可燃材料。将容器密闭，并置于干燥、阴凉、通风良好的地方远离热源、点火源存放。禁止吸烟。储存在原容器中只可使用干净的容器和不含杂质的设备。不得将未用完的物料再次倒回储存容器中。禁止再次使用空包装物存放其他物品。防止容器受到任何影响，采取措施防止静电产生，提供接地和安全的电气设备。配备防渗透地板。储存温度为10～30℃。禁忌物：强氧化剂、还原剂、酸、碱、胺、硫化合物、重金属、铁锈灰、粉尘（会自加速放热分解）、溴化铜＋柠檬油精（爆炸反应）。包装材料推荐不锈钢、高密度聚乙烯、聚四氟乙烯；避免使用普通金属（普通碳钢）、铜、橡胶（天然或合成的），玻璃、瓷器（如果由于过压容器破裂，会使内盛物飞溅）

续表

名称	CAS 号	种类	危险特性	来源	存储环境
过氧化-2-乙基己酸叔丁酯	3006-82-4	有机过氧化物	加热可能起火；可能造成皮肤过敏反应；对水生生物有害并有长期影响	L 化工有限公司	在良好绝热区（过氧化氢区）存放，远离其他物质。必须设置调温设施，以便不超过规定的最大温度限值。使用不燃建材。将容器密闭，并置于干燥和通风良好的地方远离热源、点火源存放。禁止吸烟。储存在原容器中只可使用干净的容器和不含杂质的设备。不得将未用完的物料再次倒回储存容器中。禁止再次使用空包装物存放其他物品。提供接地和安全的电气设备。在有防护堤的保护区内配备收集槽。储存温度不超过 10℃。禁忌物：强氧化剂、还原剂、酸、碱、胺、硫化合物、重金属化合物、重金属、铁锈灰、粉尘（会自加速放热分解）。包装材料推荐聚乙烯、聚四氟乙烯、不锈钢；避免使用普通金属（普通碳钢）、铜、橡胶（天然或合成的），玻璃、瓷器（如果由于过压容器破裂，会使内盛物飞溅）
偶氮二异丁腈	78-67-1	偶氮化合物	加热可能起火；吞咽会中毒；对水生生物有害并有长期影响	L 化工有限公司	储存于阴凉处、干燥、通风良好的仓库内。避免阳光直射。远离火种、热源。保持容器密闭。空容器因残留该品故有害。不得靠近热、火花、明火、火种。未经专业清洗，不得将空容器用于其他用途。储存温度不超过 25℃。禁忌物：氧化剂
甲胺溶液	74-89-5	有机化合物	与空气混合能形成爆炸性混合物，遇明火、高热能引起燃烧爆炸。若遇高热，容器内压增大，有开裂和爆炸的危险	L 化工有限公司	应密闭封置于阴凉通风处储存，避免日光照射和使用易发生静电的装置，防止激烈撞击和震动。储存温度不超过 30℃

过氧化-2-乙基己酸叔丁酯主要分解甲烷、乙烷、叔丁醇、正庚烷、2-乙基己酸和二氧化碳等，其中甲烷、乙烷、叔丁醇、正庚烷为易燃气体、液体。过氧

化-2-乙基己酸叔丁酯自加速分解温度为35～42℃。

过氧苯甲酸叔丁酯主要分解苯甲酸、一氧化碳、叔丁醇、丙酮、苯酚，其中一氧化碳、叔丁醇、丙酮为易燃气体或液体。过氧化苯甲酸叔丁酯自加速分解温度为60℃。

过氧苯甲酸叔丁酯、过氧化-2-乙基己酸叔丁酯、偶氮二异丁腈和甲胺溶液等四种危险化学品均在A公司合成车间和实验室长期使用。

③ 爆炸点火源分析　根据现场勘验和专家组的技术分析，基本排除电气火花、静电、高温物体及高温表面、反应热、明火和雷电等因素，最终认定此次事故的爆炸点火源是工人搬动铁桶时产生的火花。

④ 直接原因分析　仓管员在处置危险化学品泄漏时，泄漏物过氧化-2-乙基己酸叔丁酯受热分解后形成的爆炸性气体，遇工人搬动铁桶时产生的火花，引起爆炸并随后起火，进而引燃现场存放的过氧苯甲酸叔丁酯、过氧化-2-乙基己酸叔丁酯、偶氮二异丁腈和甲胺溶液等危险化学品和空塑料桶等，造成现场火势迅速蔓延并引发多次爆燃。

(2) 间接原因

a. 企业主要负责人安全生产意识淡薄，安全生产责任不落实。A公司总经理、公司主要负责人、公司安委会主任、公司安全生产第一责任人唐×（2）不履行职责，未认真组织制订并实施过氧苯甲酸叔丁酯、过氧化-2-乙基己酸叔丁酯、偶氮二异丁腈和甲胺溶液等的安全教育培训，未认真督促所在单位的安全生产工作，及时消除生产安全事故隐患。

A公司投资人、法定代表人唐×（1）也未按规定督促公司总经理、公司主要负责人、公司安委会主任、安全生产第一责任人唐×（2）检查所在单位的安全生产工作，及时消除储存危险化学品和使用防爆冰箱等方面的隐患。

b. 企业以配方保密为由，公司总经理、公司主要负责人、公司安委会主任、安全生产第一责任人唐×（2）和采购物流部负责人黄×安排人员将危险性极高的过氧苯甲酸叔丁酯、过氧化-2-乙基己酸叔丁酯、偶氮二异丁腈和甲胺溶液等危险化学品的中文标识等内容掩盖，并自编标识代号，仓库管理人员不清楚小仓库内储存什么危险化学品，有什么用途，对相关化学品容易受热的危险特性不熟悉、不了解，风险辨识和防控、应急处置措施不到位。

c. 防爆冰箱的安全管理混乱。采购物料时未认真考虑防爆冰箱的容量等因素，致使超量采购的物料没有被低温储存，没有设置防爆冰箱安全警报如高温自动报警等安全设施；未在有较大危险因素的防爆冰箱上设置明显的安全警示标志，导致事故的发生。

d. 仓库管理混乱，工人处置物料泄漏时操作不当。未将偶氮二异丁腈与氧化物（过氧苯甲酸叔丁酯和过氧化-2-乙基已酸叔丁酯）分开存放；把需要低温储存的 100 多千克危险化学品等当作普通物品随意放置，工人处置物料泄漏时，违规使用易产生火花的铁桶，导致事故的发生。

e. 企业组织安全隐患排查工作流于形式。A 公司在组织各级安全隐患排查工作中，未发现危险性极高的危险化学品安全管理混乱、防爆冰箱管理无序等安全隐患，导致未能采取有效的安全措施来消除隐患。

3.3.5　事故性质认定

经调查组认定，A 工程材料有限公司“9・16”爆燃事故是一起生产安全责任事故。

3.3.6　部门监管履职情况及存在问题

(1) 属地政府监管及履职情况

B 市 C 区 D 镇人民政府，按规定权限管理或协助上级政府部门管理本行政区域内的安全生产工作，内设经济服务办公室（挂安全生产监督管理办公室牌子）（以下简称 D 镇安监办），其主要职责为协助上级部门负责本地区安全生产状况的调查和评估，协助处理与安全生产有关的重大问题；协助上级部门负责组织本地区安全生产检查工作，对检查中发现的重大隐患及时提出意见并督促其整改，定期向上级安全监管机构和政府提供重大安全信息和提出解决重大事故隐患的建议等。

2019 年以来至 2019 年 9 月 16 日，D 镇安监办联合区应急管理局对 A 公司开展检查 14 次，其中专项检查 11 次，组织专家检查 3 次，共开具现场检查记录文书 22 份，责令限期整改指令书 5 份，整改复查意见书 4 份（最后一份限期整改下发日期为 9 月 16 日，未到期复查），全部均已录入 B 市安全生产综合监管工作平台，并形成闭环。

(2) 行业安全监管及履职情况

B 市 C 区应急管理局，负责全区危险化学品安全监督管理综合工作，内设危险化学品安全监管科，负责本区化工（含石油化工）、医药、危险化学品和烟花爆竹经营安全生产监督管理工作，依法监督检查相关生产经营单位贯彻落实安全生产法律法规和标准情况，承担危险化学品安全监督管理综合工作。

按照上级规定的企业危险性分级分类标准，A 公司属于蓝色风险企业。根据《关于印发〈2019 年度 C 区安全生产监督执法工作计划〉的通知》的要求，B 市 C 区应急管理局对 A 公司的监督检查频率为每年至少一次。2019 年 4 月 22

日，该局组织B市安全生产专家到A公司开展1次执法检查，出具现场检查记录文书1份，现场执法检查情况已录入B市安全生产综合监管工作平台，并形成闭环。事故发生前，B市C区应急管理局已完成对该公司的2019年度执法检查计划。

(3) 存在问题

① 属地政府安全监管力度不够　B市C区D镇人民政府作为辖区安全生产综合监管和协调部门，虽对A公司实施高频率的执法检查，但仍未能发现A公司安全生产主体责任不落实，对合成车间、实验室使用的危险性极高的危险化学品安全管理缺失、防爆冰箱安全管理混乱等问题；组织辖区安全生产隐患排查工作力度不够，未能及时发现和消除隐患。

② 危险化学品安全监督管理工作未到位　B市C区应急管理局未认真履行危险化学品安全监督管理职责，未能及时发现A公司安全生产主体责任不落实，对合成车间、实验室使用的危险性极高的危险化学品安全管理缺失、防爆冰箱安全管理混乱等问题，未能及时发现和消除隐患。

3.3.7 事故暴露的突出问题和深刻教训

事故的发生暴露出事故企业主要负责人责任悬空、安全意识十分淡薄、风险管理严重缺失、安全管理极其混乱、隐患排查治理流于形式、应急前期处置不当、人员素质低下、违规违章严重等突出问题。

一是企业主要负责人安全责任悬空、危险化学品安全知识匮乏、安全管理水平低下，管理人员专业素质不能满足安全生产要求。二是企业安全意识淡薄。企业以配方保密为由，将危险性极高的危险化学品的中文标识等内容掩盖，并自编标识代号，导致仓库管理人员不熟悉物料的危险特性，在处置物料泄漏时措施不当导致事故发生。三是安全风险意识差，风险辨识评估管控缺失。没有对防爆冰箱储存危险化学品进行风险评估，采购物料时未考虑防爆冰箱容量等问题，导致需要低温储存的危险化学品被当作一般物料在常温下储存。四是隐患排查治理流于形式。没有发现事故企业超量采购物料，把需要低温储存的危险化学品当作一般物料在常温下储存等安全隐患。五是应急初期处置能力低下，应急管理缺失。自物料泄漏到爆燃间隔1h以上，现场人员未能第一时间进行有效处置，也未及时组织人员撤离。

该起事故还暴露出地方政府和行业主管部门安全发展理念不牢固、红线意识不强，对危险化学品生产和使用企业监管不到位，没有及时发现事故企业长期存在的显而易见的风险隐患，监督企业落实主体责任以及问题隐患排查治理等方面的方法不多，措施不实，排查检查存在漏洞和盲区等问题。

3.3.8　事故防范和整改措施

事故发生后，C 区委、区政府深刻吸取事故教训，先后召开区委常委会会议和区政府常务会议，通报事故相关情况，召开事故现场警示会议，查摆突出问题，研究整改落实措施，坚决做好特别防护期的安全生产工作。国庆节前，区安委办牵头会同相关部门就加强安全生产工作提出了 20 条严厉的管控措施，重点要求加大对重大风险的管控力度。2019 年 9 月 24 日，区政府召开第四季度防范重特大事故会议，将参会领导范围扩大至区政府全体班子成员，会议对安全生产工作进行再部署再强调，要求把做好安全生产工作作为当前的首要政治任务来抓好抓实，绝不能再出现类似事故。

为有效遏制同类事故发生，下一步要在全区重点推进落实以下事故防范和整改措施。

① 压实危险化学品企业安全生产主体责任。一是组织辖区同类企业参加事故现场警示会，把 A 公司“9·16”爆燃事故通报到辖区企业及全体员工，做到“一厂出事故、百厂受教育”，深刻吸取事故教训。二是真正落实企业主要负责人安全生产管理责任，推动全区危险化学品企业主要负责人深入开展警示教育，提升企业全体员工的安全意识，完善安全生产管理制度，加大安全生产资金投入。与此同时，对企业主要负责人责任悬空的企业依法予以查处并限期整改。三是推动危险化学品企业对照《危险化学品企业安全风险隐患排查治理导则》的有关规定，按照全厂区、全环节、全覆盖的要求开展自查自纠，及时消除隐患，严防危险化学品生产、使用、储存和运输等环节生产安全事故的发生。

② 强化职能部门和属地政府安全生产监管职责。针对日常监管中存在的漏洞和盲区，举一反三，真正把安全生产监管工作做实做细。区应急管理局和各镇街要采取综合措施，逐一排查本辖区内涉及聚合反应的涂料、油漆企业，逐一确定所使用的助剂（过氧化物类、偶氮类等引发剂、固化剂）种类，逐一确认助剂储存、使用条件。突出对涉及过氧化物生产、储存、使用的安全专项排查，凡存在储存场所（设施）控温措施、储存禁忌、储存方式、包装要求等安全管理情况与危险化学品安全技术说明书要求不符等现象的，必须立即停产整改。对涉及违规生产、违章作业、违规操作等行为的，坚决予以严厉打击。

③ 深入开展危险化学品企业安全培训工作。狠抓各级安全管理人员、从业人员安全教育培训工作，严格按照《生产经营单位安全培训规定》和《B 省安全生产条例》的要求，进一步完善安全教育培训和考核制度，狠抓各级安全管理人员、从业人员安全教育培训工作，推动企业全体员工全面掌握本单位本岗位涉及危险化学品的危险特性、安全风险和应急处理措施，切实增强全体员工的

安全生产意识，提高安全生产技能。通过报社、电台、自媒体等渠道，加大宣传力度。在日常巡查检查中，对企业开展安全操作规程、应急处置技能等的安全教育培训工作进行检查，在每个企业随机抽查三名以上从业人员现场考核其在应知应会的安全知识、操作规程和应急处置技能等方面的能力。严肃查处企业没有按规定对一线员工（含仓库管理员）进行基本安全知识和安全操作技能教育培训的行为，并对企业违法行为通过媒体进行曝光。

④ 深化督查督办和责任追究。加强督导检查和追究问责，发挥安委会督促协调作用，用好通报、约谈、督办机制，将贯彻落实情况纳入安全生产责任制考核重点，推动各镇（街）各有关部门履职到位。对工作责任不落实、敷衍了事、马虎应付，造成不良影响的，要严肃追究问责，绝不姑息。

第4章 危险化学品运输环节案例

4.1 某集团有限公司危险化学品炸药运输环节事故

4.1.1 事故总体概况

2018年4月10日23时43分，A集团有限公司爆破工程公司某民爆库外25m处，发生一起民用爆炸物品运输车辆爆炸事故，造成7人死亡、13人受伤，直接经济损失1000余万元。

事故发生后，应急管理部会同公安部、工业和信息化部有关负责人迅速从北京赶赴B省C市D县，传达王×国务委员等领导重要批示和工作要求，B省委、省政府主要领导分别作出重要批示，要求全力救治受伤人员，最大程度减少伤亡，稳妥处理善后工作。省政府分管领导、市县主要领导立即带领相关部门负责人连夜赶赴现场，第一时间调动医疗资源救治受伤人员，开展周边安全隐患排查，组织事故处置和善后工作。

在公安机关彻底排除暴恐事件和刑事案件之后，2018年4月15日，C市委、市政府依据《安全生产法》和《生产安全事故报告和调查处理条例》等有关法律法规，成立了D县“4·10”民爆运输车辆爆炸事故调查组（以下简称事故调查组），由市委常委、副市长武×担任组长，市纪委监察委、安全监管局、公安局、工信局、总工会及D县政府派员参加，全面负责事故调查工作，并聘请了爆破施工、民爆管理等方面3名专家参与事故调查。事故调查组坚持“科学严谨、依法依规、实事求是、注重实效”的原则，在公安机关调查的基础上，对有关单位和管理部门的责任进一步调查、取证，查明了事故原因，认定了事故性质，并提出了对有关责任单位、责任人的处理意见和事故防范措施建议。

4.1.2 事故基本概况

2016年12月1日，E化工有限公司（以下简称E公司）与F货运有限公司（以下简称F公司）签订产品委托运输协议书。2017年3月，E公司与A集团有限公司（以下简称A公司）建立炸药购销业务关系，双方签订炸药销售合同。2018年4月9日，E公司接到A公司购买炸药许可手续及配货单后，出具E公司提货单，交于F公司派驻该公司的豫SA××××驾驶员赵×，在库房装载8.4t炸药后，豫SA××××运输车于2018年4月10日凌晨1点左右，从河南G县出发，于当日到达D县H民爆库、I民爆库先后卸载炸药3.12t、2.976t、0.576t。4月10日23时43分，豫SA××××运输车在I民爆库外25m处，正在往陕EB××××危险货物（简称危货）配送车搬运炸药时突然发生爆炸。

4.1.3 事故单位及人员概况

(1) 事故单位情况

① A公司，成立于2010年11月，持有税务登记证、营业执照、爆破作业单位许可证等有效证件，法定代表人为关×。经营范围包括矿山工程施工承包二级，爆破作业设计、施工等。该公司采用三级架构管理模式，即集团公司、二级爆破工程公司、三级J项目部（含民爆库）。其中，爆破工程公司未在工商部门注册登记，总经理为关×，副总经理为马×，其班子成员由集团公司任命，具体负责爆破工程公司的日常管理。J项目部系爆破工程公司下属施工单位，负责人为米×，主要承担D县K抽水蓄能电站、对外交通工程、L矿业等单位爆破施工作业。经查，该公司二级爆破工程公司采取独立核算、自负盈亏，集团公司统一管理的模式运营。

② M货运有限责任公司（以下简称M公司），法定代表人为雷×，营业期限为长期。2014年5月取得道路运输经营许可证，有效期至2018年5月12日，经营范围为危险货物运输，共有危货运输车辆186台。

③ F公司，系豫SA××××危货运输车所属公司，成立于2002年7月，法定代表人为张×，营业期限为长期。2016年11月取得道路运输经营许可证，有效期至2020年11月6日，经营范围包括危险货物运输等运输业务，共有危货运输车辆57台。

经查，该公司系N集团公司子公司，其人事任命、财务管理均由集团公司统一任命管理。

(2) 事故车辆情况

① 豫SA××××危货运输车辆。初次登记日期为2017年10月31日，登记

所有人为 F 公司，登记机关为 O 市公安局交通警察支队，注册登记时车辆技术指标和安全设施、安全状况均符合国家相关标准要求，检验有效期至 2018 年 10 月。该车于 2017 年 11 月 10 日取得道路运输证，经营范围为危险货物运输（1 类 1 项）。

经查，该车由驾驶员赵×个人出资购买，因个人无法办理危化品运输，故由 F 公司办理登记手续。

② 陕 EB××××危化配送车。初次登记日期为 2015 年 7 月 23 日，登记所有人为 M 公司，登记机关为 P 市公安局交通警察支队，该车自注册登记以来，定期进行年检和保养，车辆技术指标和安全设施、安全状况均符合国家相关标准要求，检验有效期至 2018 年 7 月。该车于 2015 年 7 月 29 日取得道路运输证，经营范围为危险货物运输（1 类 1、2 项）。

经查，该车由 A 公司出资购买，因不具备危险品道路运输资质，故由 M 公司办理登记手续。

(3) 事故车辆驾驶人情况

① 赵×，男，事故车辆豫 SA××××危货运输车驾驶员（已在事故中死亡），驾驶证发证机关为 O 市公安局交通警察支队。2016 年 1 月 5 日，赵×取得道路危险货物运输驾驶员从业资格证，有效期至 2022 年 1 月 4 日，为 F 公司聘用驾驶员。

② 王×，男，事故车辆陕 EB××××危化配送车驾驶员（已在事故中死亡），驾驶证发证机关为 C 市公安局交通警察支队，为 A 公司备案驾驶员。

(4) 相关企业情况

① E 公司，系炸药生产销售方，成立于 2005 年 9 月 9 日，法定代表人为李×，年生产炸药能力 1.8 万吨，工商营业执照、民用爆炸物品生产许可证、民用爆炸物品安全生产许可证等证照合法有效。

② Q 运输有限公司，系陕 HC××××危货配送车所属公司，成立于 2017 年 1 月 17 日，法定代表人为关×，经营范围为危险货物运输（1 类 1 项）。该公司于 2017 年 8 月 8 日取得道路运输经营许可证，有效期至 2023 年 7 月 10 日，经查，该公司与 A 公司爆破工程公司为一套班子，主要为爆破工程公司承担民爆物品配送任务。

(5) 炸药购销及运输情况

① 购买审批运输情况。2018 年 4 月 3 日，D 县公安局批准了 A 公司购买 E 公司炸药申请，核准承运单位为 F 公司，购销炸约数量 8.4t，运输车辆牌号为豫 SA××××，驾驶员为赵×，押运员为汪×，运输时间为 2018 年 4 月 3 日至 18 日，经停地点包括湖北省随州市、十堰市，陕西省山阳县、商州区、柞水县，运达地点为 D 县。

2018年4月9日，F公司驾驶员赵×、押运员付×驾驶豫SA××××车在E公司装载8.4t炸药后，于4月10日凌晨1点左右，从G县出发，沿沪陕高速至南阳市西峡县丁河站出口下，经312国道进入陕西省商南县境内，从商南西进入沪陕高速至商州区杨斜出口驶出，沿307省道经柞水县，到达D县A公司H民爆库后卸载炸药3.12t，在I民爆库卸载炸药2.976t，往陕HC××××危货配送车上倒装炸药0.576t，至爆炸时该车留存炸药1.728t。

经查，此次担负道路危险货物运输的押运员付×不具备从业资格，未经承运人和托运人备案，与公安机关审批的押运员不符；E公司未对押运员的身份和资格进行审查核对；豫SA××××危货运输车行驶路线与公安机关审批路线不符。

② 委托承运情况。2016年12月1日，E公司（托运人）与F公司（承运人）签订委托承运炸药的协议书，明确规定F公司在运输E公司货物过程中发生的一切车辆和人身事故均由F公司承担，驾驶员不得自行改变行车路线、目的地，由此引起的后果由F公司承运车辆负全部责任，有效期至2019年12月31日。

(6) 其他有关情况

① 陕EB××××危化配送车运行状况。2018年4月2日，驾驶员汪×驾驶该车发现车辆存在偶发性突然熄火的状况，随即报告J项目部负责人米×，米×将情况报告爆破工程公司负责车辆的刘×，经请示爆破工程公司领导同意到县城维修。与此同时，M公司监控发现该车不在线，电话询问刘×，刘×将车辆存在的技术状况报告M公司安技科长吴×，其同意到县城维修并接收信号上线，汪×、刘×先后寻找多家维修单位均未查出故障原因，经各种路段测试也未出现故障情况，故该车暂时留置爆破工程公司停车场，由陕EB××××危货配送车替换承担配送任务。至2018年4月9日，在爆破工程公司总经理关×的安排下，刘×驾驶该车运送10000发导爆管雷管前往I仓库；2018年4月10日，该车继续承担民用爆炸物品配送任务，在此期间未出现上述故障。经查，该车于2018年1月31日在R汽车维修有限公司进行二级维护保养，经检验合格，准予出厂；2018年4月2日车辆出现偶发性突然熄火的技术故障，已报告M公司安技科长吴×。

② 陕EB××××危化配送车同车运载民用爆炸物品情况。2018年4月10日，该车倒装陕EB××××危货配送车（该车当日8时离开，返回县城）从抽水蓄能电站C1标收回的退库电雷管3发、毫秒管337发。当日该车承担3次配送任务，始终处于雷管、炸药同车运载状态（侧箱装雷管、后箱装炸药）。截至事故发生时，该车存放有当日从道路建设6标退库的炸药4箱、电雷管3发、毫

秒管 337 发。经查，该车长期存在雷管和炸药同车装载配送情况，原因是 J 项目部担负 14 个爆破点爆破任务，其中 8 个爆破点 24 小时不间断作业，公司仅配备危货运输车 2 台，司机 2 人，押运员 1 人，安全员 1 人，高负荷运转情况下，造成配送车长期存在雷管和炸药同车装载配送现象。

③ 豫 SA×××× 危货运输车辆动态监控情况。2018 年 1 月 1 日，F 公司与 S 安防科技有限公司签订车辆动态监控托管合作协议书，将豫 SA×××× 危货运输车辆委托监控，协议车辆动态限值为：车辆行驶速度大于 60km/h 为超速驾驶；连续驾车 4 小时为疲劳驾驶；高速不大于 80km/h。每周日 14：30～17：30 之间，S 安防科技有限公司将车辆监控台账记录表发给 F 公司。经查，豫 SA×××× 危货运输车由 E 公司直接调度使用，由 S 安防科技有限公司负责监控，F 公司对该车动态情况不掌握，致使该车的使用、管理和监控相互脱节，处于失控状态。

④ 赵×承包经营情况。2018 年 1 月 1 日，F 公司与赵×签订货运驾驶人员聘用合同，有效期限至 2018 年 12 月 31 日，约定 F 公司对赵×进行政治思想、职业道德、遵章守纪、业务技术、劳动安全有关规章制度教育培训的义务；约定赵×工资由 F 公司委托承包经营车主按时发放等双方的权利和义务。同日，双方又签订车辆承包经营服务合同，有效期至 2018 年 12 月 31 日，约定将豫 SA×××× 危货运输车辆承包给赵×经营，以 F 公司名义按规定参加各类车辆保险，保费由赵×承担，赵×向 F 公司交纳承包费 7200 元/a 等。

经查，F 公司驾驶员教育培训记录中，无赵×参加教育培训记录；豫 SA×××× 系赵×个人出资购买，直接从托运方承揽业务。

⑤ 押运员付×情况。付×为事故车辆豫 SA×××× 危货运输车押运员（已在事故中死亡），2018 年 3 月 26 日取得道路危险货物运输押运人员从业资格证，有效期至 2024 年 3 月 26 日（该信息源自“自贡市运政信息网”），为驾驶员赵×临时聘用人员。

经查，四川省自贡市运输管理处证实，付×未曾在该处办理过道路危险货物运输押运人员从业资格证，所持押运人员从业资格证属假证，“自贡市运政信息网”为虚假网站。

4.1.4　事故发生经过及救援情况

2018 年 4 月 9 日，E 公司市场营销部副部长梁×通知 F 公司派驻本公司的豫 SA×××× 驾驶员赵×承担危货运输任务，4 月 9 日 23 时 56 分驾驶员赵×、押运员付×驾驶豫 SA×××× 危货车辆，携带 E 公司提货单，持 D 县公安局核发的爆炸物品购买许可证和道路运输许可证前往 E 公司炸药库，装载炸药 8.4t，于4月10日凌晨1点左右，从G县出发，经沪陕高速南阳市、312国道商南县，10时53分到达商南西收费站进入沪陕高速，而后从商州区杨斜出口驶出进入307省道，经柞水县到达D县A公司H民爆库，在此库卸载炸药3.12t，22时41分到达I民爆库，在值班室办完入库手续后，于23时1分驶入库区，在2号库卸载炸药2.976t，23时34分驶出库区至距离库区大门25m的位置停车，打开右侧货箱门往陕HC××××危货配送车上倒装炸药0.576t，陕HC××××危货配送车于23时41分驶离现场。23时42分33秒，陕EB××××危货配送车开始倒车，尾部倒至豫SA××××右侧货箱门约80cm处，在库管员张×、倪×等人搬运炸药时突然发生爆炸，爆炸导致7人死亡、2台危货运输车辆损毁，值班室及附近民房内13人受伤，3台私家车和周边24栋民房不同程度受损，直接经济损失约1000余万元。

事故发生后，D县委、县政府主要负责同志迅速带领有关部门负责人赶赴现场开展救援工作。C市迅速启动应急预案，成立了由市公安、市安监、市交通、市卫生等部门以及D县政府有关负责同志组成的应急处置工作组，下设医疗救护、现场维稳、隐患排查等5个工作小组分头开展工作。B省委、省政府负责同志连夜带领有关部门负责人赶往现场，组织省、市医疗机构全力以赴救治伤员；公安机关扩大事故现场搜寻范围，搜集尸体碎片进行DNA个体检测比对，核清遇难人员人数和身份；组织爆破专家指导将库存炸药、雷管、导爆索安全转移到D县民爆公司库房；组织排查周边安全隐患，防止次生事故发生。

截至2018年5月5日，事故遇难人员家属赔偿协议签订，赔偿资金兑付到位；受伤人员除一人住院观察外，其余人员全部出院；房屋修缮和事故理赔等善后工作基本结束。

4.1.5 事故发生原因

(1) 直接原因

由于陕EB××××危货配送车违规混装炸药和雷管，豫SA××××、陕EB××××违规倒装炸药作业过程中，静电积聚或车辆漏电引起电雷管爆炸，进而引发运输车辆装载的炸药发生爆炸。电雷管起爆的具体原因分析如下。

一是静电积聚引发雷管炸药爆炸。根据回放监控录像，在炸药装卸过程中，部分操作人员未按照规定穿戴防静电服和劳保护具，操作中易产生静电积聚，而豫SA××××、陕EB××××运输车辆未能可靠接地造成静电积聚引起雷管炸药爆炸。二是车辆漏电引发雷管炸药爆炸。陕EB××××危货配送车存在接触不良、启动不正常故障。监控录像显示，装卸作业时，豫SA××××、陕EB××××两辆车均处于全车通电状态，陕EB××××在爆炸前有一次闪熄过程，存在车柄启动或车灯打开时电路漏电使车体带电引发雷管炸药爆炸。

（2）间接原因

① 作业人员违反操作规程。A 公司、M 公司作业人员违反规定将退库雷管、炸药存放在配送车上；违反规定将雷管和炸药同车装载；F 公司有关人员违反规定，未穿戴防静电服从事民爆物品运输、装卸作业；违反规定将车辆处于全车通电状态，且两车同时在同一场地进行装卸。

② 安全教育培训不到位。经查，A 公司于 2018 年 2 月公司年度工作会议期间，除组织从业人员进行了一次集中教育培训之外，无其他教育培训记载；F 公司的驾驶员培训记录中无赵×任何培训记录；M 公司对驾驶员的教育培训未涉及涉事车辆的驾驶员，致使涉事人员均未得到有效的培训教育。

③ 安全管理和责任制落实不到位。A 公司爆破工程公司未设置安全管理机构、配备专职安全管理人员，责任制落实不到位，规章制度落实不严格；F 公司未设置安全管理机构、配备专职安全管理人员，对涉事车辆采取使用、管理、监控相分离的管理模式，致使人员及车辆处于失控状态，相关制度规定落实不到位，违反规定使用不具备押运资格的人员从事危险货物运输工作；M 公司对涉事车辆报备的驾驶人员与实际驾驶人员不符，未能实施有效管控。

④ 作业现场管理混乱。F 公司驾驶员、押运员未按照规定将炸药运载入库；A 公司库管人员违规组织在非作业地点进行车对车倒装作业；装卸作业及其他人员超出制度规定的人员数量。

⑤ 事故隐患排查整改不到位。A 公司对 I 民爆库长期存在违规作业的现象失察，爆破工程公司在明知该库配送任务重，人员及车辆配备少的情况下未采取有效措施，致使同车装载雷管、炸药的重大安全隐患未能得到及时整改；F 公司对驾驶员违规操作情况不掌握，对押运人员不审核、不备案，默许驾驶员私自聘用人员从事押运工作；M 公司在知晓车辆存在技术故障的情况下，未及时将故障排除。

⑥ 安全监管不到位。相关监管单位对爆破工程公司安全管理人员配备不合理，责任制落实不到位的情况失察，对审批之后的监管不到位。

4.1.6 事故性质

经调查认定，D 县“4・10”民爆运输车辆爆炸事故是一起较大生产安全责任事故。

4.1.7 有关责任单位存在的主要问题

① A 公司。安全生产管理机制不健全，安全生产监督管理混乱。a. A 集团

安委会未按规定定期研究安全生产工作，对安全生产工作安排部署不力。b. 旗下的爆破工程公司（无独立法人资格）未建立安全生产管理机构，未落实“一岗双责”责任制，仅有爆破工程公司副总经理1人管理下属两个民用爆炸物品储存库。c. 旗下爆破工程公司对J项目部I民爆库保管员存在违规倒装作业、个别爆破员私自保管雷管炸药的现象失察失纠。d. J项目部担负14个爆破点爆破任务，其中8个爆破点24小时不间断作业，公司配备危货运输车、押运员、司机等人员不足，高负荷运营，造成长期存在雷管和炸药同车载装配送现象。e. 旗下爆破工程公司明知涉事车辆陕EB××××存在技术故障，在未完全排除之前，仍然安排该车担负危货配送任务。

② M公司。安全培训教育不到位，对危货配送车辆及驾驶人员管控不力。a. 公司对陕EB××××危货配送车辆违规将雷管和炸药混载情况失察。b. 公司安技科在明知陕EB××××危货配送车辆存在故障的情况下，未作出停止使用或召回公司全面检修的决定，使其继续投入运营。c. 公司对陕EB××××危货配送车无固定驾驶员使用情况不掌握，申报驾驶员与实际使用驾驶员不符，对驾驶人员教育培训流于形式。d. 公司对陕EB××××危货配送车，自2015年投入使用以来，仅仅依靠车辆年检和季度保养了解和掌握车辆技术状况。

③ F公司。该公司安全管理混乱，制度不健全，危运车辆以包代管，对危运从业人员缺乏有效管控，教育培训制度落实不到位，致使从业人员法规意识不强，违规操作造成较大伤亡事故。a. 违规允许倒装作业。公司驾驶员、押运员未按规定将炸药卸载入库，违规允许运输车爆炸物品直接对配送车辆进行倒装作业。b. 危运车辆管理脱节，擅自改变经公安机关审批的行驶路线。2018年1月该公司与第三方签订车辆动态监控托管协议书，未约定设置核定运营线路、区域等信息，形成危货运输车辆使用、管理和监控由三个不同单位实施，致使对车辆的监管脱节，实时跟踪管理难到位。c. 公司危货运输车辆承包经营，以包代管。2018年1月1日，赵×被公司聘用为驾驶员，同日，与公司签订车辆承包经营服务合同。经查，该车系赵×个人出资购买的重型厢式货车，于2017年10月31日，依托F公司道路运输经营资质注册登记为具备危化品运输性质的车辆，从事危货运输工作。d. 安全管理制度不健全。《道路危险货物运输管理工作规范》中明确规定的经营性道路危险货物运输许可条件有9项安全生产管理制度，该公司只有4项。e. 安全教育培训不到位。查看公司驾驶员安全教育情况，发现该公司无年度培训计划，自2018年1月1日至4月10日，无赵×参加培训的任何记录。f. 危运从业人员管理缺位。该公司默许驾驶员聘用押运人员，工资由驾驶员自行承担，且对押运人员不审查、不备案，致使不具备押运资质的人员从事危险货物押运工作。

④ E公司。该公司执行规章制度不严格、履行职责不认真。a. 押运员身份和资格审核不严格。对有关人员的身份和资质不核对、不审查，开具提货单，致使不具备道路危险货物运输资格的押运人员从事危险货物运输工作。b. 管理制度执行不到位。违规允许未穿防静电服的驾驶员进入易爆危险货物装卸作业区装载、运输危爆物品；调度承运车辆和人员不及时通报承运单位实施监控，致使实时监控失效。

⑤ D县R镇派出所。对辖区民爆物品安全监管不力，工作标准不高，日常检查不到位；对存在的雷管炸药混装重大安全隐患排查整改不到位；未有效督促指导辖区涉爆企业对从业人员开展安全教育培训。

⑥ D县公安局。落实民爆物品行业安全管理有关规定不严格；民爆行业专项整治不深入、不彻底；未有效规范民爆物品运输、储存、装卸等环节的操作规程；民爆物品安全教育培训不足；对治安管理大队、T镇派出所未有效履行民爆物品监管职责的问题失察。

⑦ D县道路运输管理所。未严格执行有关法规和政策规定，对道路运输企业监管不力；对Q运输有限公司的安全检查流于形式；疏于管理，对企业存在的车辆等不符合要求的问题未做查处；未扎实有效督促企业进行教育培训工作。

⑧ D县T镇人民政府。对民爆物品安全管理认识不到位，未严格加强辖区企业安全生产工作管理，对涉爆单位日常安全检查少。

⑨ C市道路运输管理处。执行有关法规政策不严格，对Q运输有限公司未能在承诺期限内完善车辆手续问题，未及时按照要求撤销其行政许可；对D县运管所日常监管不力的问题失察。

4.1.8 事故防范和整改措施建议

① 从事民爆物品生产、运输、储存、使用的各企业单位要深刻吸取D县“4·10”爆炸事故教训，始终牢记“人命关天，发展决不能以牺牲人的生命为代价”，牢固树立安全第一，生命至上理念，全面贯彻落实企业安全管理主体责任，企业法人及主要负责人要认真履行第一责任人责任，严格遵守《安全生产法》《民用爆炸物品安全管理条例》《道路危险货物运输管理规定》等法律法规和行业标准，建立健全安全生产责任制，完善安全管理机构、配齐人员，深化安全隐患排查整改长效机制建设，自觉依法开展生产经营活动，坚决遏制各类安全事故发生。

② 民爆储存、爆破企业严格执行民爆货物出、入库登记装卸制度，禁止违反规定将雷管、炸药混装配送；退库雷管、炸药必须按规定及时入库；杜绝违规组织车对车进行倒装作业；未穿戴防静电服和安全护具人员不得从事民爆物

品运输、装卸作业；存在故障配送车辆在安全隐患未排除前一律不得投入运输使用。

③ 民爆运输企业必须严格驾驶员、押运员的管理、审核、培训、备案，不具备资质人员一律不得从事驾驶和押运工作；禁止以收费联营模式违规挂靠车辆；有效加强GPS监控平台管理，对违反行驶线路、超速、违规停靠等行为及时制止、纠正，严处重罚，直至开除，防止监管脱节；对违规组织车对车倒装危爆物品作业行为坚决抵制。

④ 民爆生产企业销售部门要按照规定程序调度使用的危货运输车辆；严格驾驶员、押运员资格审核，对不符合审批、备案资格的有关人员不准从事相关工作；未穿戴防静电和劳动防护服人员一律不准进入易爆危险货物装卸作业区装载危爆物品。

⑤ 加强危险货物运输企业资质许可管理，交通运管部门严格依法依规审核行政许可材料，并实地核实申请企业情况，对不符合条件的，坚决不予许可；在核发危险货物运输车辆道路运输证时，要严格按照行业技术标准对车辆进行审核，根据车型许可运输范围；加强危险货物运输企业监督检查，对违规运输、装卸、降低安全条件等违法违规行为依法严肃处理。

⑥ 严格民用爆炸物品购买许可证和运输许可证的许可，公安机关要采取就近购买原则进行审批，尽量避免跨省、市长途运输民用爆炸物品安全风险；在发放购买许可证时，对申请购买单位实际库存情况进行核实，根据实际库存发放购买许可证；在发放运输许可证时，对承运企业、运输车辆、驾驶员、押运员等资料严格审查；加强对企业的监督检查，对擅自改变行驶路线、调换押运员、超速、超载、违规停靠等行为严处重罚，直至限制审批或吊销有关资质。

⑦ 强化安全培训教育，纵观每一起生产安全事故的发生，都有从业人员违规操作行为的因素。各相关单位要充分认识安全教育培训的重要性，严格落实特殊岗位从业资格制度和三级教育培训制度，不具备从业资格或未经三级教育培训的人员，不得上岗作业；着重加强从业人员的日常教育和管理，监督检查一线岗位人员的安全知识和操作技能，强化安全法治意识，用严格的法规制度约束培养员工法治素养，自觉营造全员懂法、守法、护法、用法的安全生产环境。

⑧ 各级党委、政府要深入贯彻落实党的精神和《中共中央　国务院关于推进安全生产领域改革发展的意见》，坚决执行《地方党政领导干部安全生产责任制规定》，坚持“党政同责、一岗双责、齐抓共管、失职追责”和“管行业必须管安全、管业务必须管安全、管生产经营必须管安全”的原则，加强组织领导，夯实属地管理责任，完善体制机制，落实隐患排查治理体系，按照高质量发展

要求，推动安全生产依法治理，综合运用巡查督查、考核考察、激励惩戒等措施，督促各级各部门领导干部切实承担“促一方发展、保一方平安”的政治责任，有效防范安全生产风险，坚决遏制各类生产安全事故，为全市追赶超越发展营造良好的安全生产环境。

4.2 某化工企业危险化学品乙醇运输环节事故

4.2.1 事故总体情况

2014 年 7 月 19 日 2 时 57 分，A 省 B 市境内沪昆高速公路 1309.033km 处，一辆自东向西行驶运载乙醇车牌号为湘 A3××××轻型货车，与前方停车排队等候车牌号为闽 BY××××大型普通客车（以下简称大客车）发生追尾碰撞，轻型货车运载的乙醇瞬间大量泄漏起火燃烧，致使大客车、轻型货车等 5 辆车被烧毁，造成 54 人死亡、6 人受伤（其中 4 人因伤势过重医治无效死亡），直接经济损失 5300 余万元。

事故发生后，党中央、国务院领导高度重视，副总理和国务委员等领导先后作出重要批示，要求做好事故救援和善后工作，尽力减少人员伤亡，尽快查明事故原因，依法依规严肃追责，要汲取事故教训，采取有力措施，进一步加强道路交通安全和危化品运输安全监管，全面排查整治安全隐患，严防重特大事故发生。

遵照党中央、国务院领导的重要批示要求，依据《安全生产法》和《生产安全事故报告和调查处理条例》等有关法律法规规定，2014 年 7 月 21 日，国务院批准成立了由国家安全监管总局、公安部、监察部、交通运输部、全国总工会、湖南省人民政府有关负责同志等参加的国务院沪昆高速湖南 A 段“7・19”特别重大道路交通危化品爆燃事故调查组（以下简称事故调查组），开展事故调查工作。事故调查组邀请最高人民检察院派员参加，并聘请了公安、交通、消防、车辆、质检、化工、塑料加工等方面的专家参加事故调查工作。

事故调查组按照“四不放过”和“科学严谨、依法依规、实事求是、注重实效”的原则，通过现场勘验、调查取证、检测鉴定、研究试验、专家论证、综合分析等，查明了事故发生的经过、原因、人员伤亡和直接经济损失情况，认定了事故性质和责任，提出了对有关责任人和责任单位的处理建议，并针对事故原因及暴露出的突出问题，提出了事故防范措施建议。

4.2.2 事故基本情况

(1) 事故车辆和驾驶人情况

① 湘 A3××××轻型货车及其驾驶人。

a. 车辆情况。肇事车辆湘 A3××××轻型货车，《道路机动车辆生产企业及产品公告》中其车辆类型为篷式运输车。机动车登记所有人为周××，注册登记日期为 2013 年 3 月 22 日，登记时载明车辆类型为轻型仓栅式货车，检验有效期至 2015 年 3 月 31 日。2013 年 3 月 26 日在 C 市 D 区交通运输局办理道路运输证，经营范围为普通货运，有效期至 2014 年 4 月 10 日，事故发生时已过期，未取得危险货物道路运输资格。该车实际使用人为周××的儿子，即 E 化工有限公司（以下简称 E 公司）法定代表人周×。

该车辆在购进时仅有货车二类底盘，未随车配备货厢，后在 F 货柜加工厂加装了右侧有一扇侧开门的货厢，同时将后轴钢板弹簧厚度从 11mm 增加到 13mm，在货厢前部设置有一个容积为 1.06m^3 的夹层水槽，在货厢左侧下部前、后各安装一个方形箱体并在箱体内加装了卸料泵和阀门，前方形箱体的阀门与夹层水槽连接；在货厢下部加装了与夹层水槽及方形箱体内的阀门连接的铁管，后方形箱体的阀门通过铁管与夹层水槽连通。为运输乙醇，周×在 G 塑料厂定制了一个长、宽、高分别约为 3.5m、1.5m、1.8m 的用聚丙烯板材焊接的方形罐体，用方钢框架将罐体加固置于货厢内。车辆前侧及货厢左右两侧、后部均喷涂有“洞庭渔业”的字样。

b. 驾驶人情况。刘×，湘 A3××××轻型货车驾驶人（在事故中死亡）。其于 2011 年 5 月 13 日在湖南省某市公安局交通警察支队初次取得机动车驾驶证，准驾车型 B2，有效期至 2017 年 5 月 13 日；2011 年 5 月 28 日在某市道路运输管理处取得道路运输从业资格证，从业资格类别为普通货物运输，有效期限至 2017 年 5 月 27 日；未取得道路危险货物运输从业资格证。

② 闽 BY××××大客车及其驾驶人。

a. 车辆情况。闽 BY××××大客车厂牌型号为宇通牌 ZK××××，核载 53 人，事发时实载 56 人（其中儿童 3 名、幼儿 1 名）。机动车登记所有人为 H 汽车运输股份有限公司 I 分公司（以下简称 I 分公司），注册登记日期为 2010 年 10 月 21 日，检验有效期至 2014 年 10 月 31 日。2010 年 10 月 22 日，该车在 J 省 K 市交通运输局办理道路运输证，有效期至 2014 年 12 月 31 日，经营范围为省际班车客运、省际（旅游）包车客运，经营线路为 J 省 K 市×汽车总站至四川 L 客运站，沿途无停靠站点。I 分公司根据 H 汽车运输股份有限公司（以下简称 H 公司）授权将该车及 J 省 K 市至四川 L 市线路承包给余×，承包期限自

2010年10月28日至2014年10月31日。

b. 驾驶人情况。贾×（在事故中受伤，后因伤势过重于2014年8月11日医治无效死亡），1996年4月30日在四川省L市公安局交通警察支队初次取得机动车驾驶证，准驾车型A1、A2，有效期至2015年4月30日。2008年5月4日在L市公路运输管理处取得道路运输从业资格证，有效期至2014年5月3日。

彭×（在事故中死亡），1988年10月13日在四川省L市公安局交通警察支队初次取得机动车驾驶证，准驾车型A1、A2，有效期至2015年10月13日。2008年4月22日在四川省M市交通运输管理处取得道路运输从业资格证，有效期至2014年4月22日。

按照四川省交通运输厅道路运输管理局《关于道路运输从业人员从业资格证有效期延期的通知》，由于从业资格证编码规则的调整，为不影响道路运输从业人员的正常从业活动，将原从业资格证有效期延长，贾×、彭×从业资格有效期分别延长至2014年11月3日和2014年10月22日。

(2) 事故单位情况

① E公司。该公司成立于2009年8月3日，法定代表人周×，具有乙醇等危险化学品的经营许可资格，有效期至2015年12月1日，经营方式为批发（无自有储存和运输）。公司共有员工15名，其中安全管理人员1名。该公司自2013年3月份开始一直使用湘A3××××轻型货车运输乙醇。

② H公司。该公司成立于2002年，具有从事道路旅客运输的运营资质，公司下设I分公司等21个二级单位。闽BY××××大客车隶属于I分公司，I分公司不具备独立法人资格，由H公司授权独立经营，至2014年11月，公司有客运车辆71台、客运线路26条。

(3) 相关涉事单位情况

① N化工原料有限公司。该公司成立于2002年4月23日，法定代表人李×，实际控制人戴×，具有乙醇等危险化学品的经营许可资格，有效期至2015年10月23日，经营方式为储存经营。公司共有员工50名，其中安全管理人员6名。该公司无自有储存场所，自2005年4月起租赁C市O发展有限公司的场地及储存设施，储存乙醇、甲醇、酮类等物料。该次事故中轻型货车所运乙醇系E公司从该公司购买并充装。

② P股份有限公司Q汽车厂（以下简称Q汽车厂）。该厂成立于2006年10月20日，是P股份有限公司（以下简称P公司）直属的商用车制造工厂，经营范围包括制造、销售轻型汽车、低速货车、农用机械、拖拉机及配件、模具、冲压件、机械电气设备，以及进出口业务等。该次事故中肇事的轻型货车用于

加装货厢的货车二类底盘系在该厂生产。

③ R汽车销售有限公司。该公司成立于2012年9月7日，法定代表人刘×，经营范围包括汽车（不含小轿车）、农用车、机械设备及配件的销售，代办机动车上牌，不包括货车二类底盘的销售。该次事故中肇事的轻型货车用于加装货厢的货车二类底盘系该公司出售。

④ F货柜加工厂。该厂系民营企业，经营者为彭×，经营范围包括货柜加工、销售及维修服务。该厂未列入《道路机动车辆生产企业及产品公告》，不得从事汽车生产及改装。该事故中肇事的轻型货车在该厂进行了加装货厢、更换钢板弹簧等改装。

⑤ G塑料厂。该厂是一家无照经营的私营塑料罐体加工厂，经营者为唐×，肇事轻型货车所用的聚丙烯材质方形罐体系在该厂制作。

⑥ S机动车辆检测有限公司。该公司2013年2月7日变更为S机动车辆检测有限公司，法定代表人为喻×，具有原A省质量技术监督局颁发的计量认证证书和机动车安全技术检验机构检验资格许可证，检验产品/类别为机动车安全技术检验（四轮及四轮以上）。2013年3月18日，肇事轻型货车在该公司进行了注册登记检验，整车检验结论为“合格（建议维护）”。

⑦ T汽车检测站有限公司。该公司成立于1994年3月26日，法定代表人为龚×，具有原A省质量技术监督局颁发的计量认证证书。

(4) 事故道路情况

事故发生路段位于A省B市境内沪昆高速公路1309.033km处，东西走向，双向四车道，水泥混凝土路面，小客车限速120km/h，其他车辆限速100km/h。事故发生地点在由东向西车道，第一、第二行车道宽均为3.7m，应急车道宽2.9m，道路线形为左向转弯，弯道半径2000m，超高值2%，自东向西下坡坡度0.5%。

事发地点2014年7月19日凌晨1时至4时为晴天，能见度20～10.5km，温度24.0～24.9℃，空气湿度90%～95%。凌晨3时风速为2.5m/s，风向为东北风。

4.2.3 事故发生经过和事故应急处理情况

(1) 事故发生前路段状况

2014年7月19日1时12分（该次事故发生前1小时45分钟），在沪昆高速公路1312.45km处，一辆自西向东行驶的空油罐车冲过中央隔离护栏，与自东向西行驶的一辆大型客车和一辆小型客车发生剐碰并起火，造成1人死亡，双向交通中断，出现车辆排队。A省高速公路交警在自东往西方向距事故点

300m以外，实施临时交通管制，禁止车辆进入事故现场路段，并安排一辆警车在自东往西方向距离车流尾端500m外向来车方向，随滞留车辆的延长，适时移动警车，通过闪警灯、鸣警笛、喊话方式示警。至该次事故发生时，自东向西方向车道内排队车辆约400辆，排队长度约3.1km。

(2) 事故发生经过

2014年7月18日6时45分，由贾×、彭×驾驶的闽BY××××大客车载1名乘客从J省××市××镇出发（未按规定到经营路线中的J省K市×汽车总站进行安全例检和办理报班手续），车辆未按核准路线行驶，行经沈海高速、厦蓉高速，沿途在福建、江西境内上下客9次。7月18日22时26分，沿炎睦高速进入湖南省境内，此时车上共有乘客54人，后再无人员上下车。7月19日2时57分，贾×驾驶大客车到达沪昆高速公路1309.033km处时，因前方临时交通管制停于第一车道排队等候。

7月18日17时，刘×驾驶湘A3××××轻型货车在位于A省U县的N化工原料有限公司土桥仓库充装6.52t乙醇，运往某药业有限公司，行经长沙绕城高速公路、长潭西高速公路，7月18日22时45分进入沪昆高速公路。

7月19日2时57分，湘A3××××轻型货车沿沪昆高速公路由东向西行驶至1309.033km路段时，以85km/h的速度与前方排队等候通行的闽BY××××大客车发生追尾碰撞，致轻型货车运载的乙醇瞬间大量泄漏燃烧，引燃轻型货车、大客车及前方快车道上排队的车牌号为粤F××××小型越野车，右侧行车道上排队的车牌号为浙A××××的重型厢式货车和赣E××××/赣E××××挂铰接列车，当场造成大客车52人死亡、4人受伤，轻型货车2人死亡，重型厢式货车和小型越野车各1人受伤，5辆车被烧毁以及公路设施受损。

(3) 应急处置情况

事故发生后，A省高速公路交警、B市消防救援人员迅速赶到事故现场进行处置。接报后，A省人民政府主要负责同志和有关负责同志赶赴现场，成立了事故救援处置工作组，指导救援和善后处置工作。A省、B市、V县公安、消防、交通、安监、卫生等部门人员迅速赶赴现场全力开展应急处置工作。由国家安全监管总局、公安部、交通运输部有关负责同志组成的工作组，于事发当天赶到事故现场，指导协调地方政府做好事故处置和善后工作。

7月19日凌晨5时30分，现场大火被扑灭；7时30分，现场救援工作基本结束；8时，车辆借道对向车道恢复通行；7月20日凌晨5时，事故现场清理完毕，道路恢复正常通行。

接到事故情况后，J省、四川省人民政府有关负责同志带领有关部门和相关地方政府负责同志赶赴现场，协助做好事故善后和赔付工作。J省K市积极协调保险企业垫付赔偿费用，确保了赔偿金及时到位。A 省、B 市、V 县人民政府和卫生部门调集多名专家，全力救治受伤人员；B 市、V 县人民政府及有关部门全力做好死伤人员家属的接待和安抚工作，及时与全部遇难者家属签订了赔偿协议，落实赔偿事宜。事故善后工作平稳有序。

(4) 伤亡人员核查情况

事故发生后，在国务院事故调查组的督促指导下，A 省公安厅组织开展遇难人数和身份核定工作，通过现场勘查、DNA 比对、外围调查、遇难者亲属排查、技术侦查等方法反复核查比对，于 7 月 26 日确定在事故现场有 54 人遇难，并对遇难者身份全部予以确认。6 名受伤人员中，4 人因伤势过重医治无效分别于 7 月 26 日、8 月 3 日、8 月 11 日、9 月 3 日死亡。

4.2.4 事故原因和性质

(1) 直接原因

这起事故是由湘 A3××××轻型货车追尾闽 BY××××大客车致使轻型货车所运载乙醇泄漏燃烧所致。

车辆追尾碰撞的原因：刘×驾驶严重超载的轻型货车，未按操作规范安全驾驶，忽视交警的现场示警，未注意观察和及时发现停在前方排队等候的大客车，未采取制动措施，致使轻型货车以 85km/h 的速度撞上大客车，其违法行为是车辆追尾碰撞的主要原因。

贾×驾驶大客车未按交通标志指示在规定车道通行，遇前方车辆停车排队等候时，作为所在车道最末车辆未按规定开启危险报警闪光灯，其违法行为是车辆追尾碰撞的次要原因。

起火燃烧和大量人员伤亡的原因：轻型货车高速撞上前方停车排队等候的大客车尾部，车厢内装载乙醇的聚丙烯材质罐体受到剧烈冲击，导致焊缝大面积开裂，乙醇瞬间大量泄漏并迅速向大客车底部和周边弥漫，轻型货车车头右前部碰撞变形造成电线短路产生火花，引燃泄漏的乙醇，火焰迅速沿地面向大客车底部和周围蔓延将大客车包围。经调查和现场勘验，事故路段由东向西下坡坡度 0.5%，事发时段风速 2.5m/s，风向为东北风，经专家计算，火焰从轻型货车车头处蔓延至大客车车头，将大客车包围所需时间不足 7 秒，最终仅有 6 人从大客车内逃出，其中 2 人下车后被大火烧死，4 人被严重烧伤（烧伤面积均在 90%以上），轻型货车上 2 人死亡，小型越野车和重型厢式货车各 1 人受伤。

(2) 间接原因

① E 公司、N 化工原料有限公司违法运输和充装乙醇。

E 公司违反《危险化学品安全管理条例》规定，从 2013 年 3 月份以来一直使用非法改装的无危险货物道路运输许可证的肇事轻型货车运输乙醇。N 化工原料有限公司违反《危险化学品安全管理条例》规定，安全管理制度不落实，未查验承运危险货物的车辆及驾驶员和押运员的资质，多次为肇事轻型货车充装乙醇。

② H 公司安全生产主体责任落实不到位。

H 公司对承包经营车辆管理不严格，对事故大客车在实际运营中存在的站外发车、不按规定路线行驶、凌晨 2 时至 5 时未停车休息等多种违规行为未能及时发现和制止。开展道路运输车辆动态监控工作不到位，未能运用车辆动态监控系统对车辆进行有效管理。

③ R 汽车销售有限公司和 Q 汽车厂违规出售汽车二类底盘和出具车辆合格证。

R 汽车销售有限公司不具备二类底盘销售资格，超范围经营出售车辆二类底盘，并违规提供整车合格证。Q 汽车厂向经销商提供货车二类底盘后，在对整车状态未确认的情况下违规出具整车合格证。

④ F 货柜加工厂、G 塑料厂非法从事车辆改装和罐体加装。

F 货柜加工厂无汽车改装资质，违规为本事故中肇事的轻型货车进行了加装货厢、更换钢板弹簧等改装。G 塑料厂在明知周×有意使用塑料罐体运输乙醇的情况下，为轻型货车制作和加装了聚丙烯材质的方形罐体。

⑤ S 机动车辆检测有限公司和 T 汽车检测站有限公司对机动车安全技术性能检验工作不规范、管理不严格。

在 S 机动车辆检测有限公司对肇事轻型货车进行机动车注册登记前的安全技术性能检验中，外观查验员无检验资格；未保存《机动车安全技术检验记录单（人工检验部分）》；检验报告中底盘动态检验、车辆底盘检查无检验员签字、无送检人签字；检验报告中车辆的转向轴悬架形式标为“独立悬架”，与车辆实际特征不符。T 汽车检测站有限公司为肇事的轻型货车进行机动车年度检验前的安全技术性能检验中，未发现和督促纠正整车质量 5.873t 大于最大设计总质量 4.495t 的问题；检验报告上的批准人不具有授权签字人资格且无送检人签字。

⑥ A 省交通运输部门履行道路货物运输安全监管职责不得力，J 省 K 市交通运输部门履行道路客运企业安全监管职责不到位。

a. A 省、C 市和 C 市 D 区交通运输部门对道路货物运输安全日常监管、打击无资质车辆非法运输危险化学品工作不得力。

C 市 D 区交通运输局对肇事轻型货车普通道路货物运输证年审把关不严，

违反规定为该车办理了年审手续；对普通道路货物运输安全监管不得力，对无资质车辆运输危险化学品行为打击不力。

C市货物运输管理局对D区交通运输局指导不力，对N化工原料有限公司长期容许无资质车辆运输危险化学品监管不力，对无资质运输危险化学品车辆违法行为监管不严。

C市交通运输局对C市货物运输管理局和D区交通运输局履行危险货物运输安全监管职责督促检查不到位，组织开展道路货运“打非治违”工作不力。

A省交通运输厅及道路运输管理局贯彻落实相关道路运输安全法律法规不到位，对交通运输部门开展道路货物运输“打非治违”工作督促检查不到位。

b. J省K市、K市I区交通运输部门对道路客运企业安全监管不到位。

K市I区运输管理所督促事故企业落实客运安全管理主体责任不到位，对企业长途营运车辆动态监控工作监督检查不力，督促企业落实凌晨2时至5时停车休息制度不力，未及时发现和查处事故企业的客车站外发车、不按规定路线行驶等违规行为。

K市I区交通运输局对I区运输管理所履行客运安全监管工作督促指导不力，对长途营运车辆动态监控监督检查不到位。

K市运输管理处对事故企业客运安全监督检查不到位，督促指导I区交通运输局及运输管理所开展安全监督检查和隐患排查治理不力。

K市交通运输局对K市运输管理处和I区交通运输局履行客运行业安全监管职责督促指导不到位，对基层运管部门工作人员培训指导不够。

⑦ A省公安交警部门履行事故处置、路面执法管控、机动车检验审核等职责不力。

a. A省高速交警部门进行事故处置、查处长途客车凌晨2时至5时违规运行不得力。

A省交警总队高速公路管理支队W大队V中队对前一起交通事故实施临时交通管制措施后，车辆尾端示警工作不力，未按规定采取车辆分流措施。

A省交警总队高速公路管理支队W大队对前一起道路交通事故处置工作指挥不力。

A省交警总队高速公路管理支队对处置前一起道路交通事故的工作指导不力，对长途客车违反凌晨2时至5时落地休息规定的行为查处管控不到位。

b. C市交警部门开展机动车检验审核和路面执法管控工作不得力。

C市交警支队车管所五中队（城西分所）开展机动车检验审核工作不严格，未发现和纠正机动车检测站工作人员不具备资质问题，为肇事轻型货车进行查验的民警资格证已经到期；违规由检测站工作人员代替查验民警填写《机动车查验记录表》意见和签注“合格”。

C 市交警支队车管所远程监管中心对机动车年检监督不得力，未能发现和督促纠正肇事轻型货车整车质量与行驶证载明整备质量存在明显差异、检验报告批准人不具备授权签字人资格、车辆私自改装等问题，对检验报告单审核把关不严。

C 市交警支队车管所落实上级要求不严格，对城西分所、远程监管中心等下属单位工作督促指导不力，未及时发现和解决下属单位工作中存在的问题。

C 市交警支队×区大队打击货车违法运输行为不力，未能发现并查处肇事轻型货车超载运输危险化学品的违法行为。

C 市交警支队车辆管理监督管理职责落实不得力，对下属单位在办理注册登记、查验工作中存在的问题检查指导不力；打击货车严重交通违法行为的工作开展不力，路面执法管控存在薄弱环节。

c. A 省交警总队贯彻落实国家关于道路交通安全相关法律法规不到位，对高速支队道路交通事故处置指导不力；对 C 市公安交警部门车辆管理、打击货车违规行为等工作监督检查不到位。

⑧ A 省安全监管部门履行危险化学品经营企业安全监管职责不到位。

C 市 D 区安全监管局对 E 公司进行行政许可延期（换证）申请现场核查把关不严，未发现企业主要负责人及专职安全员的危险化学品经营安全生产管理人员资格证书过期问题；对企业危险化学品经营活动监管不到位。

C 县安全监管局未及时纠正 N 化工原料有限公司危险物品管理台账中未按要求填写危险化学品运输车辆车号、运输资质证号等基本信息问题，对公司未按规定查验承运危险货物单位资质、提货车辆证件、运输车辆驾驶员和押运员资质等情况监督检查不得力。

C 市安全监管局对 D 区、C 县安全监管局开展危险化学品经营企业日常监管工作督促指导不力。

A 省安全监管局贯彻落实国家关于危险化学品经营安全相关法律法规不到位，对 C 市安全监管部门履职督促检查不到位。

⑨ 原 A 省质监部门履行机动车检测企业行政许可、日常监管职责不到位，Y 省 Z 市质监部门对车辆生产环节质量把关不严。

原 C 市质量技术监督局对 S 机动车辆检测有限公司、T 汽车检测站有限公司监督检查不力，未有效督促企业对监督检查中发现的问题整改到位。

原 A 省质量技术监督局贯彻落实国家关于机动车检测机构监督管理相关法律法规不到位，对经营许可申请审查把关不严，对原 C 市质量技术监督局的机动车检验机构监管工作督促指导不到位。

原Y省a市质量技术监督局执行法律法规不到位，对国家关于汽车产品质量管理的法律法规理解认识存在偏差，对辖区内汽车生产企业产品质量管理监督检查不到位。

原Z市质量技术监督局对原a市质量技术监督局督促指导不到位。

⑩ C市工商部门对企业超范围经营等问题监管不严。

C县工商行政管理局b工商所未及时查处C汽车世界违规销售货车二类底盘的问题。C县工商行政管理局对R汽车销售有限公司超范围经营货车二类底盘问题监管不得力，对b工商所督促指导不力。

C市D区工商行政管理局d工商所未对F货柜加工厂超许可范围经营进行查处。D区工商行政管理局e工商所未及时发现并查处辖区内无照经营的G塑料厂。D区工商行政管理局对d、e工商所监管不到位。

⑪ 有关地方组织开展安全生产工作不到位。

C市D区委对本级人民政府及相关部门落实安全生产监管责任督促指导不力。C市D区人民政府组织开展安全生产"打非治违"和督促有关部门落实监管责任工作不得力。

C县委对本级人民政府及相关部门落实安全生产监管责任督促指导不力。C县人民政府组织开展危险化学品经营"打非治违"和督促有关部门加强危险化学品经营管理工作不得力。

C市人民政府组织开展安全生产"打非治违"工作不力，未有效督促有关部门落实"管行业必须管安全、管业务必须管安全、管生产经营必须管安全"的总体要求。

K市f区人民政府贯彻落实国家道路客运安全相关法律法规不到位，对有关部门道路客运安全监管督促指导不力。

(3) 事故性质

经调查认定，沪昆高速A省B段"7·19"特别重大道路交通危化品爆燃事故是一起生产安全责任事故。

4.2.5 事故防范和整改措施

(1) 进一步强化安全生产红线意识

各地区特别是A、J两省及有关地方人民政府和部门要深刻吸取沪昆高速A省B段"7·19"特别重大道路交通危化品爆燃事故的沉痛教训，认真贯彻落实总书记、总理等党中央、国务院领导同志关于安全生产工作的一系列重要指示批示精神，牢固树立科学发展、安全发展理念，始终坚守"发展决不能以牺牲人的生命为代价"这条红线，建立健全"党政同责、一岗双责、齐抓共管，失职追责”的安全生产责任体系，坚持“管行业必须管安全、管业务必须管安全、管生产经营必须管安全”的原则，推动实现责任体系“三级五覆盖”，进一步落实地方属地管理责任和企业主体责任。要认真贯彻落实党的精神，加大对新《安全生产法》和相关法律法规的宣贯力度，推进依法治安，强化依法治理，从严执法监管。要高度重视道路交通尤其是危险货物运输和道路客运安全，深刻吸取此次事故的教训，认真研究事故防范和工作改进措施，强化危险货物运输和道路客运监管，坚决避免类似事故重复发生。

(2) 加大道路危险货物运输“打非治违”工作力度

各地区特别是 A 省及其有关地方人民政府和部门要切实加大危险货物道路运输“打非治违”工作力度，形成对非法违法运输行为的高压态势。各部门要注重协调配合，加强联合执法，搞好日常执法，形成联动机制，打击危险化学品非法运输行为，整治无证经营、充装、运输，非法改装、认证，违法挂靠、外包，违规装载等问题。公安交警部门要进一步加大路面执法力度，加强对危险化学品运输车辆的检查和对无资质车辆运载危险货物行为的排查，依法查处危险化学品运输车辆不符合安全条件、超载、超速和不按规定路线行驶等违法行为，并将信息及时通报交通运输部门。交通运输部门要进一步加强对危险化学品运输车辆和人员的监督检查，严查无资质车辆非法运输危险化学品以及驾驶人、押运人不具备危险货物运输资格等行为，加强对危险化学品运输车辆动态监管，发现超限超载等违法行为及时查处。安全监管部门要强化综合监管，加强指导协调，推动各主管部门落实行业监管责任，组织公安、交通运输等有关部门开展定期、不定期的危险货物道路运输联合执法检查，形成监管合力。

(3) 进一步加大道路客运安全监管力度

各地区特别是 J、A 两省及其有关地方人民政府和部门要认真贯彻落实《国务院关于加强道路交通安全工作的意见》(国发〔2012〕30 号)，加大道路客运安全监管力度，推动客运企业落实安全生产主体责任。要对存在挂靠经营或变相挂靠经营的客运车辆进行彻底清理，理顺客运营运车辆的产权关系，对清理后仍然不符合规定经营方式的客运车辆，要取消其经营资格，禁止新增进入客运市场的车辆实行挂靠经营。要严查客运车辆不按规定进站安全例检和办理报班手续、不按批准的客运站点停靠或者不按规定的线路行驶、沿途随意上下客等行为。要督促道路客运企业严格落实长途客运车辆凌晨 2 时至 5 时停止运行或实行接驳运输制度，并充分运用车辆动态监控手段严格落实驾驶人停车换人、落地休息等制度。公安、交通运输等部门要将道路运输车辆动态监控系统记录的交通违法信息作为执法依据，依法查处客车违法违规行为。

(4) 加强对车辆改装拼装和加装罐体行为的监管

各地区特别是A省及其有关地方人民政府和部门要严厉打击车辆非法改装拼装和非法加装罐体行为。公安、工业和信息化、交通运输、工商、市场监督管理等部门要建立机动车安全隐患排查的联动机制，各司其职，以机动车生产企业、销售企业、改装企业、维修企业、车辆管理所、安全技术检验机构、报废汽车回收拆解企业为重点，对机动车生产、销售、改装、检验、登记、维修、报废等各个环节进行全面治理。工商部门要坚决取缔未经批准擅自进行机动车改装的非法企业；依法查处机动车生产、销售企业违规销售车辆二类底盘等行为。市场监督管理部门要加强对获得强制性产品认证车辆生产企业的监管，防止企业拼装改装汽车。公安、市场监督管理部门要严肃处理车辆管理所、机动车安全技术检验机构为不符合国家标准的车辆办理注册登记、不按规定查验车辆、降低检验标准、减少检验项目、篡改检验数据、伪造检验结果，或者不检验、检验不合格即出具检验合格报告的行为。公安、交通运输部门要严厉查处车辆非法改装、加装罐体从事危险货物运输行为，禁止使用移动罐体（罐式集装箱除外）从事危险货物运输，全面清理查处罐体不合格、罐体与危险货物运输车不匹配的安全隐患。与此同时，要强化路面巡查监管，对查纠到的非法改装车要查明改装途径，对涉及的企业要移交有关部门依法严肃处理。要对货运企业和货运场站进行全面监督检查，严厉查处非法改装车辆从事货物运输的行为。

(5) 加大危险化学品安全生产综合治理力度

针对事故调查过程中发现的危险化学品储存和经营环节监管工作出现的漏洞和问题，A省及有关地方人民政府和安全监管部门要认真查找出现问题和漏洞的深层次原因，强化安全监管。要依法整顿危险化学品经营市场，积极推动危险化学品经营企业进入危险化学品集中市场进行经营，加快实现专门储存、统一配送、集中销售的危险化学品经营模式。要严格安全生产许可工作，现场审核必须严格按照有关规定和要求进行，委托下一级安全监管部门许可的，要研究制定保证许可质量的制度措施。要制定监督检查规定，规范监督检查工作，发现企业存在问题和隐患的，要安排专人跟踪督促整改，直至问题和隐患全部整改到位。要将危险化学品生产、经营、使用企业许可情况定期通报同级交通运输部门，共同加强危险化学品运输源头监管。要督促危险化学品储存经营企业建立健全并严格执行发货和装载的查验、登记、核准等安全管理制度和管理台账，如实记录危险化学品储量、销量和流向。要督促危险化学品企业配备熟悉相关法规标准和装卸工艺并经专门培训的安全管理人员、装卸人员等，在开具提货单据前查验车辆资质证件、驾驶人员和押运人员从业资格证件，查验车辆及罐体与行驶证照片是否一致，查验危险化学品警示灯具和标志是否齐全、有效，严格按照提货单据载明的品种、数量和对应的车辆实施装载，并对查验和装载情况进行详细登记。

(6) 进一步加强道路交通和危险货物运输应急管理

A 省及其有关地方人民政府和部门要高度重视道路交通和危险货物运输事故应急管理工作。要不断完善道路交通和危险货物运输应急预案体系，做好各地区、各部门之间应急预案的配套衔接，加强动态管理，经常性地组织开展各类预案的演练，针对发现的问题及时修订完善预案。公安交警部门要不断提高道路交通事故应急处置能力，严格按照交通事故处理工作规范要求划定警戒区，放置反光锥筒、警告标志、告示牌，停放警车示警等。同时，针对危险货物运输的特点，要依托相关企业和单位，建立专兼职应急救援队伍，配备专门的装备和物资，加强实战训练，切实提高应急处置能力和水平。

4.3 某运输有限公司危险化学品汽油运输环节事故

4.3.1 事故总体情况

2015 年 1 月 16 日 17 时 52 分许，A 高速 B-C 段 D 大桥上发生一起 4 车相撞的重大道路交通事故，造成 12 人死亡、6 人受伤，4 辆车不同程度损毁，直接经济损失约 1100 万元。

事故发生后，中央领导同志和省委、省政府高度重视，王×国务委员作出重要批示，要求做好伤员救治和事故处理，吸取教训，进一步做好冬季道路交通特别是危化品运输安全防护工作，严防重特大事故发生。国家安监总局、公安部、交通运输部领导也分别作出批示，并派员赶赴现场指导工作。姜×书记、郭×省长批示要求做好现场处理、伤员救治、事故善后，切实加强道路交通安全管理，防止此类事故再次发生。于×副省长带领省公安厅、交通运输厅、省安监局负责同志连夜赶赴事故现场，指导抢救伤员、处置现场、善后处理、事故调查、舆论引导等工作。

依据《生产安全事故报告和调查处理条例》（国务院令第 493 号）和《E 省生产安全事故报告和调查处理办法》（省政府令第 236 号）、《E 省重大道路交通事故责任调查处理工作意见（试行）》等法规文件规定，2015 年 1 月 17 日，省政府批准成立了由省安监局、省监察厅、省公安厅、省交通运输厅、省总工会、

B 市政府有关负责同志等参加的省政府荣乌高速 B-C 段“1·16”重大道路交通事故责任调查组（以下简称事故调查组），开展事故调查工作。事故调查组邀请省检察院派员参加，聘请了公安、交通、消防、车辆、质监等方面的专家参加事故责任调查工作。

事故调查组按照“四不放过”和“科学严谨、依法依规、实事求是、注重实效”的原则，通过现场勘验、调查取证、检测鉴定、专家论证、综合分析等，查明了事故发生的经过、原因、人员伤亡和直接经济损失情况，认定了事故性质和责任，提出了对有关责任人和责任单位的处理建议，并针对事故原因及暴露出的突出问题，提出了防范措施建议。

4.3.2 事故基本情况

(1) 事故车辆和驾驶人等情况

① 鲁 YM××××号“五菱牌”小型面包车及驾驶人。

a. 车辆情况。车辆登记证所有人为李×。车辆核定载人数 8 人，事故时实载 5 人。车辆检验有效期止于 2016 年 7 月 31 日。车辆缴纳交强险、50 万第三者责任险、1 万×8 座车上人员责任险，终止日期为 2015 年 7 月 4 日。

b. 驾驶人情况。曹×，男，准驾车型 C1。2011 年 8 月 16 日初次领取驾驶证，驾龄 3 年，驾驶证状态正常。

该车于 2015 年 1 月 16 日 14 时许，由王×驾驶从 F 市 G 区上高速，在 H 服务区换曹×驾驶继续行驶，后转 A 高速前往 B 市 I 地，至事发路段停车。

② 冀 JR××××号解放牌重型罐式货车及驾驶人、押运人。

a. 车辆情况。登记证所有人为 J 运输有限公司。车辆实际所有人为崔×，使用性质为危化品运输。车辆核定载质量 16230kg，事故时实载 21920kg，超载约 35%。交强险终止日期为 2015 年 12 月 8 日；50 万第三者责任险，终止日期为 2015 年 6 月 1 日；50 万×3 人意外身故、伤残险、5 万×3 人意外医疗费用，终止日期为 2015 年 12 月 9 日。该车于 2014 年 12 月 17 日取得危险货物运输证；经营范围为危险货物运输（第 3 类）汽柴油；发证机关为 K 市道路运输管理所。该车罐体于 2014 年 12 月 10 日经 L 特种设备检测有限公司检验合格，下次检验日期为 2015 年 12 月 9 日。经 M 交通司法鉴定中心鉴定，事故时车速为 62～69km/h。

该车系崔×联系 N 汽车有限公司罐车部、O 机械设备有限公司李×购买。该车销售单位为 P 车辆销售服务有限公司（出具整车合格证和整车销售发票）。该车罐体是 O 机械设备有限公司以 N 汽车有限公司名义生产，罐体规格为 9160mm×2450mm×1600mm，容积 24.5m^3，罐体材质为 Q235。经委托 H 市计量测试所鉴定，该车罐体可实际装水 30.74t，实际容积大于 $30m^3$。该车罐体由 N 汽车有限公司（出具销售发票）销售给 P 车辆销售服务公司。

崔×提车后，将车辆挂靠登记在 J 运输有限公司。双方签有挂靠服务合同，每年向挂靠公司缴纳挂靠费、二级维护费及 GPS 服务费等。

b. 驾驶人情况。柳×，男，准驾车型为 A2；初次领取驾驶证日期为 2006 年 10 月 16 日，驾驶证状态为正常。其于 2009 年 12 月 23 日取得道路普货、危货运输驾驶员从业资格证，有效期至 2018 年 4 月 9 日；2012 年 9 月 20 日取得道路危险货物运输押运从业资格证，有效期至 2018 年 9 月 20 日。

c. 押运人情况。崔×，男。2013 年 3 月 27 日取得道路危险货物运输押运人员资格证，有效期至 2019 年 3 月 27 日。该证系通过邮寄资金、邮寄送达方式购买。证件显示的发证机关为 Q 市交通局。

该车于 2015 年 1 月 16 日下午 3 时许，从 R 炼油厂装载汽油出发，从 S 镇收费站上 T 高速，转 A 高速，前往 U 加油站，至事发路段停车。

③ 鲁 F2××××号大型普通客车及驾驶人。

a. 车辆情况。登记证所有人为 V 公司；使用性质为公路客运；注册登记日期为 2011 年 6 月 7 日。车辆核定载人数 47 人，事故时实载 14 人。车辆检验有效期至 2015 年 6 月 30 日。交强险终止日期为 2015 年 5 月 30 日；每次事故每座 60 万的乘员险，终止日期为 2015 年 6 月 1 日；V 公司投保的 65.9 万车辆损失互助，50 万第三者责任互助险，保险终止日期为 2015 年 5 月 30 日。车辆道路运输证号为鲁交运管×字 37061210××××号；经营许可证号为 37000600××××，经营范围为市际班车客运，发证日期为 2014 年 6 月 13 日。经 M 交通司法鉴定中心鉴定，事故时车速为 35～39km/h。

b. 驾驶人情况。鲁 F2××××号大型普通客车驾驶人王×，男，准驾车型为 A1、A2。从业资格证件号为 3706020010202０××××；从业资格类别为道路旅客运输驾驶员，有效期至 2019 年 12 月 20 日。

该车于 2015 年 1 月 16 日 15 时 30 分，从 W 市汽车总站发车，从 T 高速 W 收费站进入高速公路，转入 A 高速前往 B，至事发路段停车。

④ 鲁 K9××××号小型越野客车及驾驶人。

a. 车辆情况。登记所有人为 X 餐饮管理有限公司；注册登记日期为 2012 年 6 月 13 日。车辆核定载人数 5 人，事故时实载 2 人。车辆检验有效期至 2016 年 6 月 30 日。车辆缴纳交强险、50 万第三者责任险、2 万×5 座车上人员责任险，终止日期为 2015 年 6 月 10 日。经 M 交通司法鉴定中心鉴定，事故时车速约为 65km/h。

b. 驾驶人情况。李×，男，准驾车型为 A2。1994 年 4 月 10 日初次领取驾驶证，驾驶证状态正常。

该车于2015年1月16日16时，从Y出发，从A高速公路Z收费站上高速前往a，至事发路段停车。

(2) 事故单位情况

① J运输有限公司。法定代表人刘×；实际控制人张×。经营范围为普通货运、货物专用运输（集装箱、罐式容器）、危险货物运输（2类1项、2类2项、2类3项、第3类、4类1项、4类3项、5类1项、6类1项、第8类）。营业期限为2014年8月27日至2034年8月26日。

② V公司。法定代表人王×。经营许可证号为×交运管许可×字37000600××××号；经营许可证有效期至2018年8月5日。经营范围包括县内班车客运、县际班车客运、市际班车客运、省际班车客运、县内包车客运、县际包车客运、市际包车客运、省际包车客运。V公司购买车辆后，将车划拨到b运输分公司运营。

③ V公司b运输分公司。负责人为董×；经营范围为县内班车客运、县际班车客运、市际班车客运、省际班车客运、县内包车客运、县际包车客运、市际包车客运、省际包车客运。经营许可证有效期至2018年8月5日。

④ X餐饮管理有限公司。法定代表人为韩×；经营范围包括餐饮管理、咨询。营业期限自2000年10月18日至2050年10月17日。

(3) 相关涉事单位情况

① N汽车有限公司。法定代表人为郑×；经营范围包括专用货车、专用作业车、通用货车挂车（以上凭许可经营）、汽车配件、冶金矿山设备、电站设备、建筑机械、锻压设备的制造、销售；汽车销售；工矿配件、铸锻件、钢结构件的加工、销售；科学技术咨询；中介服务；进出口业务。营业期限为2004年3月3日至2020年3月2日。

② O机械设备有限公司。法定代表人为于×；经营范围包括金属机械加工；模具设计、加工、制造、销售；罐体及车厢的加工、销售（不含特种设备）；汽车零部件、钢材销售等。

③ P车辆销售服务有限公司。法定代表人为史×；经营范围包括二类汽车维修（大型车辆整车修理维护、总成修理、维修救援）；机动车辆保险业务（仅限解放品牌）；销售汽车（不含九座以下乘用车）、工程机械及零配件、机械设备、电子产品、汽车装具；为销售商提供汽车仓储服务。

④ L特种设备检测有限公司。法定代表人为杨亮；营业期限为长期。经营范围为道路运输液体危险货物罐式车辆金属常压罐体检测（有效期以许可证为准）。计量认证证书编号为201315××××L，有效期至2016年11月3日。

⑤ C石油化工集团有限公司。法定代表人为李志国；经营范围包括生产销售汽油、柴油、液化气、丙烯、聚丙烯、硫磺、沥青、丙烷、焦油、苯乙烯、甲苯、甲基叔丁基醚（MTBE）、石脑油、粗苯（混合苯）、丙苯（有效期限以许可证为准），生产销售重油、橡塑制品、油田助剂、轻工机电制品（不含小轿车），销售油浆、渣油、石油焦，经核准的自营进出口业务。

(4) 事故道路情况

事故发生地点位于A高速公路305.5km处，H市至B市方向，C境内D大桥上。沥青路面，东西走向，双向四条行车道，两条应急车道，路面单向机动车道宽（由北向南）依次为3.75m、3.75m、3.6m。中间护栏为波形防撞护栏，高0.85m，中心隔离带宽4.1m，中心隔离带中间镂空，波形防撞护栏上装有防眩板，防眩板高1.58m。桥两侧为水泥边护栏，高0.95m，宽0.5m。D大桥长686.76m，距地高18.3m，从大桥西侧至事故现场中心（大客车停驶位置）为480m，系缓慢坡，坡度为1.15%，从桥南水泥护墩到现场中心护栏坡度为2%，桥梁位于竖曲线中，曲线半径5500m。事发路段小型车辆限速120km/h，大型车辆限速100km/h。

(5) 事故当日天气情况

2015年1月16日，C市白天以多云间阴天气为主，平均气温为0.2℃。其中，17时气温为－1.3℃、地面温度0.1℃，18时气温为－1.6℃、地面温度0.1℃。主导风向为西北风，最大风速为5.1m/s。据C市气象局观测，自15时56分开始降雪，17时24分结束，降雪总量为1.0mm，达不到启动气象灾害应急预案的启动标准。发生事故时，降雪结束，D大桥上已形成冰雪路面，路面附着系数为0.2～0.25（正常为0.7～0.8）。

4.3.3 事故发生经过和应急处置情况

(1) 事故发生经过

2015年1月16日17时52分许，驾驶人曹×驾驶鲁YM××××号五菱牌小型面包车沿A高速公路由西向东行驶至305.44913km处（D大桥），因路面结冰，小型面包车失控，与中央隔离带钢板护栏碰撞后停在应急车道上，驾驶人下车查看情况后，向保险公司报警。之后驾驶人柳×驾驶冀JR××××号解放牌重型罐式货车行驶至305.409km处，车辆发生侧滑，后尾部与桥南侧水泥护栏发生碰撞剐擦，向前行驶中撞到鲁YM××××号五菱牌小型面包车左后尾部，共行驶71.55m后，货车的左前部又与中央隔离带钢板护栏剐擦后，车辆向右后方移动2.98m，斜向停于左侧车道和右侧车道。之后行驶至此的驾驶人王×驾驶鲁F2××××号大型普通客车右前侧与冀JR××××号解放牌重型罐式货车的左后尾部发生碰撞，车体朝东北方向停在左侧车道、右侧车道和应急车道上，碰撞造成罐式货车卸油口损坏，所载汽油泄漏（约 2t）。驾驶人李×驾驶鲁 K9××××号小型越野客车行驶至此，小型越野客车的右前部撞到鲁 F2××××号大型普通客车左侧中前部，撞击产生的火花引起冀 JR××××油罐车泄漏的汽油蒸气与空气的混合物爆燃，引燃 4 辆事故车辆，造成 12 人死亡（8 人烧死，4 人跳车坠桥死亡）、6 人受伤，重型罐式货车的后尾部烧损，其他三辆车烧毁的重大事故。

(2) 应急处置情况

2015 年 1 月 16 日 17 时 55 分，C 市公安局 110 接处警中心接到群众报警：在 E 省 C 市 A 高速距 C 服务区 1km（H-B 方向）处油罐车起火。接警后，110 指挥中心立即指令消防大队和交警大队赶赴现场处置。C 市公安局迅速启动重大事故应急指挥处置工作预案，立即调度消防、治安、交警、刑侦赶赴现场进行处置；同步通报 120、市卫生局、公路局等 110 联动单位参与处置。B 市委、市政府和 C 市委、市政府主要负责同志、分管负责同志及有关部门负责同志迅速赶赴现场指挥现场处置和救援工作。B 市和 C 市两级公安、消防、卫生、交通、安监等部门迅速赶赴现场进行处置。消防部门先后出动 6 辆消防车辆，分别从现场西侧、东侧、北侧进行灭火，在扑灭明火的同时，持续对油罐车实施物理降温，防止发生次生灾害。卫生部门到达现场，立即搜救受伤人员，并及时送往医院，B 市和 C 市抽调医疗专家成立专家组，对受伤人员进行全力抢救。公安机关调动刑警、治安、交警等赶赴现场，划定警戒区域，对现场进行警戒，维护现场交通秩序，全力搜救人员，并迅速开展现场勘查和调查取证工作。1 月 16 日 20 时 31 分，现场大火被扑灭；1 月 16 日 21 时 30 分，现场伤亡人员搜救工作基本结束；1 月 17 日 4 点 34 分，事故罐车中的汽油被倒罐转移至安全区域；事故现场于 1 月 17 日 7 时 10 分清理完毕。

(3) 伤亡人员核查及善后处理情况

通过现场勘查、周边搜救、DNA 比对、外围调查、技术侦查等方法反复核查比对，确定事故现场有 12 人死亡、6 人受伤，遇难者身份全部确认。其中，7 名死者为车祸着火烧死；1 名死者为车祸着火、逃生时高处坠落致重要脏器损伤并烧死；4 名死者为车辆起火逃生后，高处坠落致颅脑、重要脏器损伤死亡。

事故发生后，C 市政府组成 4 个工作组全力做好死伤人员家属的接待安抚和善后处理工作，V 公司等相关单位筹集充足的资金，确保赔偿金及时到位。至 2015 年 6 月 8 日，12 名遇难者善后赔偿完毕，6 名受伤人员中，2 名已康复出院，4 名住院治疗，病情稳定。事故善后工作平稳有序，社会舆情平稳。

4.3.4　事故原因

(1) 直接原因

冀 JR××××号解放牌重型罐式货车超载并在冰雪路面超速行驶，驾驶员操作失误造成车辆失控，向右侧滑后，又向左偏驶，在向左偏驶的过程中追尾碰撞鲁 YM××××号五菱牌小型面包车后，继续向左偏驶，在剐擦中央隔离带钢板护栏停车后，后溜 2.98m，停在左侧车道和右侧车道内，堵塞了由西向东行驶的行车道。后方驶来的鲁 F2××××号大型普通客车在冰雪路面超速行驶，驾驶员操作不当，客车右前角与冀 JR××××号解放牌重型罐式货车左后角相撞，并向右旋转，尾部碰撞南侧水泥护栏停车。冀 JR××××号解放牌重型罐式货车押运员违反油罐车安全操作规范，未关闭紧急切断阀，在与鲁 F2××××号大型普通客车碰撞中，货车罐体卸料口损坏，所装货物（汽油）泄漏。

鲁 K9××××号小型越野客车在冰雪路面超速行驶，驾驶人发现鲁 F2××××号客车和冀 JR××××号解放牌货车停在路面后，采取措施过晚，直接撞在大型普通客车的左侧中前部，产生火花，引起冀 JR××××货车罐体泄漏的汽油蒸气与空气的混合物爆燃，造成 12 人死亡，6 人受伤，4 车损毁。这次事故导致多人伤亡是多种因素叠加的结果，主要原因是油罐车押运员在非装卸时未关闭紧急切断阀，违反了紧急切断阀操作规程，导致油罐车泄漏了大量汽油。

(2) 间接原因

① J 运输有限公司危险货物运输安全生产主体责任不落实。安全管理制度形同虚设，日常安全管理严重缺失，所登记车辆全部为挂靠车辆并放任其自由运行，对挂靠车辆挂而不管，对挂靠车辆驾驶员未进行安全教育培训，致使肇事重型罐式货车长期存在重大安全隐患。

② V 公司及其 b 运输分公司客运安全生产主体责任落实不到位。对驾驶员安全教育培训不力，对肇事客车在冰雪路面超速行驶、驾驶员应急处置管理不到位。肇事客车未完全按照规定线路行驶。

③ X 餐饮管理有限公司交通安全主体责任落实不到位。所属车辆安全管理制度不健全，车辆使用安全管理不到位，对肇事越野车驾驶员安全教育不到位。

④ N 汽车有限公司、O 机械制造有限公司未取得强制性产品认证，非法生产并销售肇事重型罐式货车罐体。N 汽车有限公司在没有取得强制性产品认证的情况下，由 O 机械制造有限公司租借本公司厂房、以本公司名义生产并销售肇事重型罐式货车罐体。O 机械设备有限公司没有取得强制性产品认证，违法

生产肇事重型罐式货车罐体，且罐体实际容积大于公告要求的容积，属“大罐小标”。

⑤ P车辆销售服务有限公司违规销售肇事重型罐式货车，违规提供肇事重型罐式货车整车合格证并开具整车销售发票。

⑥ L特种设备检测有限公司违法出具虚假检验合格报告。在未对肇事重型罐式货车罐体容积进行实际测量的情况下，违规出具罐体容积符合要求的虚假报告。

⑦ c石油化工集团有限公司履行危险货物充装安全生产主体责任不到位。公司装卸管理人员不具备从业资格，未严格落实危险化学品充装查验制度，违规为肇事重型罐式货车超载充装汽油。

⑧ A高速公路C管理处履行高速公路巡查和清雪防滑职责不力。雨雪天气巡查频次和力度不够，除雪防滑工作开展不力、针对性不强，未及时开展事发地点D大桥等重点路段除雪除冰。

⑨ C市公安局对高速公路交通安全隐患处置不到位。对巡逻发现的事发地点D大桥桥面结冰情况，未及时采取有效应急处置措施，提醒警示过往车辆降低车速、安全驾驶，安全防范不到位。

⑩ B市交通运输管理部门履行客运企业安全管理工作职责不到位。B市交通运输管理处对V公司落实客运安全管理主体责任督促检查不到位。d区道路运输管理处对V公司b运输分公司落实客运安全管理主体责任督促检查不到位。

⑪ 原F市e区质量技术监督局履行强制性产品认证监管职责不到位，未发现N汽车有限公司在不具备生产资质的情况下违规生产肇事重型罐式货车罐体。

⑫ F市e区工商行政管理局f工商所履行监管职责不到位，未发现N汽车有限公司违规销售没有合格证的不合格罐体问题。

⑬ 原g市质量技术监督局履行机动车检验机构监管工作职责不到位，未发现和查处L科特种设备检查有限公司违规为肇事重型罐式货车出具罐体虚假检验报告问题。

⑭ W市道路运输管理处履行道路危险货物运输装卸管理人员从业资格监管职责不到位，未开展道路危险货物运输装卸管理人员的资质认定和监督检查工作。

4.3.5 事故性质

经调查认定，A高速B-C段“1·16”重大道路交通事故是一起道路交通生产安全责任事故。

4.3.6　事故防范和整改措施

（1）进一步强化安全生产红线意识

各地区特别是B市、F市、a市、W市、g市等有关地方人民政府和部门要深刻吸取A高速B-C段“1·16”重大道路交通事故的沉痛教训，认真贯彻落实总书记、总理等中央领导同志关于安全生产工作的一系列重要指示精神，牢固树立科学发展、安全发展理念，始终坚守“发展决不能以牺牲人的生命为代价”这条红线，建立健全“党政同责、一岗双责、齐抓共管，失职追责”的安全生产责任体系，坚持“管行业必须管安全、管业务必须管安全、管生产经营必须管安全”的原则，推动实现责任体系“五级五覆盖”，进一步落实地方属地管理责任和企业主体责任。要加大对《安全生产法》和相关法律法规的宣贯力度，推进依法治安，从严执法监管。高度重视道路交通尤其是危险货物运输和客运安全，认真研究事故防范措施，强化安全监管，坚决避免类似事故重复发生。

（2）加大道路危险货物运输整治和综合监管工作力度

在全省深入开展道路危险化学品运输违法行为专项整治行动。省交安委要制订具体方案，对危化品运输企业、运输车辆、各类从业人员资质、改装车辆及罐体管理、路况管理和路面管控等各个方面，都要依据部门职责，落实监管责任，推进综合治理。各级各部门要加强协调，实施联合执法，形成合力，彻底整治各类隐患，消除不安全因素。要始终保持高压态势，依法严查严处、坚决打击危险货物非法违法运输行为。公安交警部门要进一步加大路面执法力度和集中发车区的管控，加强对危险化学品运输车辆的检查，依法查处超载、超速和不按规定路线行驶等违法行为，并将信息及时通报交通运输部门。交通运输部门要按规定落实货运源头单位派驻或巡查制度，监督货物装载行为，对车辆的装载情况依法实施检查，严防超限超载车辆驶离源头单位。要加强对营运车辆驾驶人、押运人员及危险货物装卸人员的培训，提高作业人员按规程、规范操作的意识和能力。进一步加强对危险化学品运输车辆和人员的监督检查，加强对危险化学品运输车辆动态监管，及时发现并查处超限超载等违法行为。

（3）进一步加大道路客运安全监管力度

各级政府及其有关部门要认真贯彻落实《国务院关于加强道路交通安全工作的意见》（国发〔2012〕30号），加大道路客运安全监管力度，推动客运企业落实安全生产主体责任。要督促客运企业增加驾乘人员培训频次，加强对乘客逃生教育，在客车上设置明显的逃生通道指示标志，发生紧急情况时及时引导乘客逃生。要指导企业进一步完善应对恶劣天气及路况的措施和预案，确保特殊气象条件和路况下的安全行驶。各客运企业要加强车辆管理，所有客运车辆必须按照规定线路行驶，需要进行线路调整的，须报经许可部门同意后，方可实施。

(4) 进一步加强对车辆生产改装和车辆检验检测环节的监管

各级政府和有关部门要严厉打击车辆非法生产、改装和“大吨小标”行为。公安、经信、交通运输、工商、市场监督管理等部门要建立机动车安全隐患排查的联动机制，各司其职，以机动车生产企业、销售企业、改装企业、安全技术检验机构等为重点，对机动车生产、销售、改装、检验、登记等各个环节进行全面治理。经信部门要加强对专用汽车生产企业的监管，严禁企业生产和销售未获得许可认证的产品。市场监督管理部门要加强对获得强制性产品认证生产企业的监管，严厉打击非法生产强制性认证产品行为，防止企业拼装改装汽车或生产不符合国家相关标准的车辆、罐体等。要严肃处理检验机构为不符合国家标准的车辆办理不检验、检验不合格即出具检验合格报告的行为。公安、交通运输、经信、市场监督管理等部门要严厉查处车辆非法改装、罐体“大吨小标”从事危险货物运输行为。要强化路面巡查，对检查发现的“大吨小标”等油罐车辆，以及其他违法违规车辆，要查明原因，清本溯源；对涉及的生产和销售企业要依法严肃处理，并追究相关部门的管理责任。要对货运企业和货运场站、货物集散地进行全面检查，从源头上杜绝“大吨小标”车辆从事货物运输行为。

(5) 进一步加强道路交通和危险货物运输应急管理

B市及其他各级地方政府和有关部门要高度重视道路交通和危险货物运输事故应急管理，不断完善应急预案，做好各部门之间应急预案的配套衔接，加强动态管理，经常性地组织开展应急演练，不断提高道路交通事故应急处置能力。严格按照交通事故处理工作规范要求划定警戒区，放置反光锥筒、警告标志、告示牌，停放警车示警等。要排查高速公路桥梁等特殊路段状况，根据需要在高速公路桥梁两侧安装遮挡板或防护网，在中央隔离带镂空处安装防护网，防止事故逃生人员坠桥。

第 5 章 危险化学品装卸环节案例

5.1 某化工贸易有限公司危险化学品装卸环节事故

5.1.1 事故总体概况

2021 年 6 月 12 日 0 时 10 分许，A 化工贸易有限公司（以下简称 A 公司）租赁的位于 B 经济技术开发区 C 村三组的生产、储存危险化学品作业场所，在运输罐车卸料过程中发生甲酸甲酯混合液挥发蒸气泄漏中毒和窒息较大事故，造成 9 人死亡、3 人受伤，直接经济损失 1084 万元。

事故发生后，国务委员，应急管理部党委书记、部长先后作出重要批示，并派出应急部工作组立即赶赴事故现场指导事故处置工作。省委书记、省人大常委会主任，省委副书记、省长作出重要批示，提出明确要求。省委副书记、省长等省领导先后赶赴现场，指挥抢险救援，对善后工作提出要求，并立即组织召开全省电视电话会议，部署开展危险化学品行业领域排查整治工作。

根据应急部、省人民政府主要领导的重要指示要求，省人民政府决定对该起事故提级调查。依据《中华人民共和国安全生产法》《生产安全事故报告和调查处理条例》等法律法规规定，经省人民政府同意，2021 年 6 月 13 日，成立了由省应急厅牵头，省公安厅、省工业和信息化厅、省市场监管局、省总工会、省消防救援总队、省交通运输综合行政执法监督局和 D 市人民政府有关负责同志参加的 D 经济技术开发区“6·12”较大中毒和窒息事故调查组（以下简称事故调查组），开展事故调查工作。事故调查组下设管理组（综合组）和技术组，同时聘请 8 名化工、特种设备专家参加事故调查，并邀请省纪委、省监委及时介入调查。

调查认定，B经济技术开发区“6·12”较大中毒和窒息事故是一起因非法生产、储存危险化学品，违规卸料导致甲酸甲酯混合液挥发蒸气泄漏，引发人员中毒和窒息伤亡的较大生产安全责任事故。

5.1.2 事故基本情况

(1) 事故发生地基本情况

① B经济技术开发区（以下简称B经开区）。位于D市南部，地处D市二环和三环之间。1993年3月，E省人民政府批准同意在D市F辖区内划定9.55km²的规划范围建立B经开区，列为省级开发区。2000年2月升格为国家级经济技术开发区，同年建立市辖行政区（D市G区）。2000年至2012年，B经开区与原G区实行“两块牌子、一套人马”的管理体制。2012年底，根据《国务院关于同意E省调整D市部分行政区划的批复》，撤销H区、G区，以原H区、G区的行政区域设立新的H区，将原G区相关社会事务交由新H区管理，B经开区作为D市委、市人民政府派出机构，在新组建的H区行政区划内独立运行。B经开区实际管辖面积为101.3km²（含托管的H区六个行政村），辖内有4个街道办事处，总人口数33万。经D市人民政府明确，B经开区范围内的安全生产和打击非法违法“小化工”工作的属地责任单位为B经开区管委会。

② H区I街道（以下简称I街道）。辖区面积60.9km²，下辖17个村居，常住人口为64547人，流动人口数为23838人，总计88385人。

③ H区I街道C村（以下简称C村）。辖区面积约1.3km²，为少数民族聚集村，苗族、布依族、汉族各占三分之一。截至2021年7月15日，全村户籍人口960人，流动人口370人，出租房屋69户，出租客69人。

④ 事故发生的地块情况。该地块在《省人民政府关于D市2012年度城市建设农用地转用和土地征收第九批次实施方案的批复》的用地范围内，2013年通过挂牌方式出让（现状土地条件），出让用途为工业用地，由J房地产开发有限公司取得，并于2013年12月5日取得国有土地使用权证。由于J房地产开发有限公司在取得土地使用权后相继受K大道修建和L路改造提升的影响，没有按照出让合同约定时间开工。目前，B经开区管委会明确由区属平台公司与J房地产开发有限公司协商有偿收回土地，拟收回后按规划用途重新组织供地。

⑤ 事故发生场地建筑物情况。事故场地位于C村三组39＃、40＃民房建筑负一层和东朝向门前露天院坝。该场地东临L路（道路呈南北向），南临M路，西临N路，北临O公路。其中，39＃建筑为C村村民陈某某自建的3层砖混结构民房，每层建筑面积约120m²，共3层。40＃建筑为其父自建的3层砖混结构

民房，每层建筑面积约 $100m^2$，共3层。根据卫星影像图对比和现场核实，建造时间约为2011年。2栋建筑物相连建造，负一层内部相贯通，均为坐西朝东向开门。建筑东朝向门前露天院坝，面积约 $400m^2$。2018年2月，陈某某将39#、40#建筑物负一层及露天院坝以实际价格23000元/a出租给P公司使用，出租时间为5年。

(2) 事故发生企业基本情况

① 证照资质情况。2015年5月27日，P公司在原R区工商局登记注册，企业类型为有限责任公司（自然人独资）；法定代表人为黄某某；有效期限至2025年5月27日；经营范围包括批发油漆、稀释剂、二甲苯、甲缩醛、工业酒精。2015年5月27日，P公司在原R区安全生产监督管理局取得危险化学品经营许可证，经营方式为批发，有效期至2018年5月26日。2020年6月17日，P公司在R区应急管理局取得危险化学品经营许可证，经营方式为批发（无储存设施，禁止储存），有效期至2023年6月16日。P公司危险化学品经营许可证在2018年5月27日至2020年6月16日期间处于失效状态。

② 合伙人情况。P公司由黄某某、张某、李某3人于2015年合伙创办，注册地为D市R区，实际经营地在B经开区S村，三人约定收益均分。黄某某为法定代表人，张某负责经营管理、运输销售，李某主要负责技术支撑、货源及销售。

2018年4月，三人将位于S村的厂房转让，转让所得80万元由三人平分。2018年2月，张某租用C村三组39#、40#民房建筑负一层和东朝向门前露天院坝场地，建设成为P公司储存危险化学品物料及生产稀释剂（俗称“香蕉水”）的作业场所，持续生产、储存至事故发生。

③ 公司从业人员情况。P公司2015年工商注册登记从业人员有3人。从2018年2月至事故发生日，实际从业人员8人。2021年6月11日，有6名从业人员在P公司位于C村三组的生产、储存场所，事发前有4名从业人员正在院坝储存场所进行危险化学品的卸载作业。

(3) 涉及事故的其他企业基本情况

① T化工有限公司（以下简称T公司）。2019年5月20日，在U区应急管理局取得危险化学品经营许可证，经营单位负责人为李某，经营方式为票据式经营，经营范围包括甲苯、丙酮、甲基乙基酮、正丁醇、乙酸乙酯、溶剂油、乙酸正丁酯、环己酮、甲醇［工业用］、乙醇［无水］、异丙醇、1,2-二甲苯、二氯甲烷、环己烷、乙酸甲酯、乙二醇、石油醚、乙酸正丙酯、二甲氧基甲烷、1,1-二氯乙烷、苯、2-丁酮、苯乙烯（稳定的）、碳酸二甲酯、石脑油、*N*,*N*-二甲基甲酰胺、甲酸甲酯、含易燃溶剂的合成树脂、油漆、辅助材料、涂料等制

品（闭杯闪点≤60℃），有效期为2019年5月20日至2022年5月19日。

2019年6月10日，在U区市场监管局登记注册，企业类型为有限责任公司（自然人投资），法定代表人为李某，公司实际控制人为吴某某，无其他员工。

② V化工股份有限公司（以下简称V公司）。2020年11月11日，在W省X市市场监督管理局登记注册；企业类型为股份有限公司（非上市、自然人投资或控股）；法定代表人为李某某。涉事甲酸甲酯混合液为V公司合成氨原料结构调整及60万吨/a乙二醇建设项目试生产的副产品，该项目分为一期和二期建设，分别于2017年9月25日、2018年1月23日经W省Y市发展和改革局备案。一期项目于2018年2月6日通过原W省X市安全生产监督管理局安全条件审查，二期项目于2018年7月31日通过原W省X市安全生产监督管理局安全条件审查；并于2018年7月16日经原W省X市安全生产监督管理局同意，一期和二期合并设计。安全设施设计专篇于2019年5月8日经W省X市应急管理局审查同意。该项目于2021年2月编制了试生产方案并报W省Y市应急管理局，事故发生时正处于试生产期间。

③ Z物流有限公司（以下简称Z公司）。2011年6月17日，在W省a市市场监督管理局登记注册；企业类型为有限责任公司（自然人投资或控股）；法定代表人为徐某某；营业期限为2011年6月17日至长期。2018年3月27日，该公司取得W省a市道路运输管理处核发的道路运输经营许可证，经营范围为道路普通货物运输、经营性道路危险货物运输，有效期为2018年3月27日至2022年3月26日。截至事故发生时，该公司有道路危险货物运输车辆386辆，其中牵引车180辆，半挂车196辆，其他危化品运输车辆10辆。

5.1.3 事故现场作业条件及安全管理情况

(1) 事故现场周边环境情况

事故现场地处低洼、窝风地带，东面低于L路护坡约3.5m，西面低于居民自建房群约4m，北面低于现场进口约2m。事故现场泄漏点（即1＃卧式储罐顶部人孔位置）与东面L路边缘的距离约为46.4m，与西面的N路边缘的距离约为24.3m，与涉事运输罐车的距离约为21.2m，与邻近41＃民宅中心位置的距离约为27.9m。

(2) 事故场所和生产工艺情况

事故场所为非法生产、储存危险化学品场所，未经审批和安全设施“三同时”审查，安全条件不符合法律法规和标准规定。原料储存于1＃～7＃罐和其他原料容器中，用压力泵将原料储罐（1＃～7＃罐）和其他原料容器中原料输送至 4 个调配桶（1＃～4＃ 桶）中，采用人工调配混合后分装为成品出售。

① 储存场所及违规情况。该场所设于院坝，面积约 400m^2，东面设有一出入通道（宽约 3.5m）连接至 L 路，供物料进出，未安装大门，东、南、北面设有 2m 高围墙。院坝当中设置 1＃～7＃卧式金属原料储罐（1＃罐为 ϕ3m×6m，2＃罐、4＃罐、7＃罐均为 ϕ2.5m×4.5m，3＃罐、5＃罐、6＃罐均为 ϕ2.2m×4.5m）和其他原料容器（200L 塑料桶 257 个、200L 铁桶 71 个、20L 塑料桶 702 个）用于非法储存危险化学品。其中，1＃卧式储罐安置于负一层生产作业场所门口东朝向；2＃～7＃卧式储罐集中安置于院坝内北侧，罐体底部少许埋入地坑中；其他原料容器堆放于院坝中 2＃～7＃原料储罐周围。1＃卧式储罐与民房建筑中心垂直距离违反有关安全标准规定，分别为：距离 41＃民房 27.9m，距离 40＃民房 16.9m，距离 39＃民房 11.5m。

② 生产场所及违规情况。该场所设于 39＃、40＃民房建筑负一层，面积约 200m^2，设有生产调配桶 4 个（2 个塑料桶、2 个金属桶）、起重叉车 1 辆、压力泵 1 台、计量秤 1 台。生产作业场所、成品库房和员工宿舍、办公场所同设于负一层，且未保持安全距离。该场所内未设置机械通风设施、未设置可燃气体探测器和有毒气体探测器等。违反《建筑防火设计规范（2018 年版）》（GB 50016—2014）第 5.4.2 条规定，在 39＃、40＃民房建筑负一层内设置有危险化学品生产车间和库房；违反《建筑防火设计规范（2018 年版）》（GB 50016—2014）第 4.1.4 条规定，储罐区未与装卸区、辅助生产区及办公区分开布置。

(3) 相关设施设备违规情况

一是违反《石油化工可燃气体和有毒气体检测报警设计标准》（GB/T 50493—2019）第 3.0.1 条规定，在生产或使用可燃气体及有毒气体的生产设施及储运设施的区域内，未设置相应介质的可燃气体探测器和有毒气体探测器。二是违反《石油化工企业设计防火标准（2018 年版）》（GB 50160—2008）相关规定，未对可燃液体的储罐设液位计和高液位报警器，未设自动联锁切断进料设施。三是储罐区未履行安全设施“三同时”规定。

(4) 卸车作业违规情况

事发前，卸车作业人员违反有关安全标准规定直接将卸料软管插入 1＃卧式储罐顶部人孔进行敞开式卸料。一是违反《化工企业安全卫生设计规范》（HG 20571—2014）第 4.5.2 条第 3 款规定，有毒、有害液体装卸未采用密闭操作技术，未加强作业场所通风，未配置局部通风和净化系统及残液回收系统。二是违反《石油化工企业设计防火标准（2018 年版）》（GB 50160—2008）第 6.2.24 条“储罐的进料管应从罐体下部接入；若必须从上部接入，宜延伸至距罐底 200mm 处”规定。三是违反《危险化学品储罐区作业安全通则》（AQ

3018—2008）第 4 条规定，未落实危险化学品储罐区作业安全基本要求。

5.1.4 涉事甲酸甲酯混合液及其交易运输情况

（1）涉事甲酸甲酯混合液情况

① 备案情况。涉事甲酸甲酯混合液系 V 公司合成氨原料结构调整及 60 万吨/a 乙二醇建设项目处于试生产期间的副产品，该建设项目于 2018 年 1 月 23 日经 W 省 Y 市发展和改革局批准备案。

② 成分鉴定情况。2021 年 6 月 30 日，经 E 省分析测试研究院应用中心司法鉴定中心对鄂 N0××××-鄂 N××××挂运输罐车内剩余物质进行物理危险性鉴定和司法鉴定，其主要成分为甲酸甲酯（49.8%）、甲醇（27.2%）、甲缩醛（10.8%）、亚硝酸甲酯（7%）、碳酸二甲酯（1%），属危险化学品。

③ 甲酸甲酯合格品标准。根据《工业用甲酸甲酯》（GB/T 33105—2016）第 3.2 条规定，符合技术要求的甲酸甲酯合格品含量≥94%。

综上所述，V 公司生产、销售的涉事甲酸甲酯混合液属于危险化学品，未进行物理危险性鉴定，不符合《工业用甲酸甲酯》（GB/T 33105—2016）合格品标准要求。

（2）涉事甲酸甲酯混合液交易情况

涉事的 25t 甲酸甲酯混合液，由 P 公司通过张某某（无业人员）向 T 公司提出购买需求，经 T 公司向 V 公司购买并委托 Z 公司运输到 P 公司位于 C 村三组的非法生产、储存作业场所。

（3）涉事甲酸甲酯混合液运输过程

2021 年 6 月 10 日 17 时 32 分，Z 公司安排持有有效的 A1A2D 型驾驶证和危险货物运输驾驶员、押运员从业资格证的张某某、刘某某 2 人驾驶的鄂 N0××××-鄂 N××××挂运输罐车，到达 W 省 Y 市 b 工业园 V 公司装运 25t 涉事甲酸甲酯混合液，6 月 10 日 23 时离场往 E 省 D 市出发。鄂 N0××××-鄂 N××××挂运输罐车经 C 高速、绕城高速（D 市东至 d）于 2021 年 6 月 11 日 22 时 20 分 46 秒从××收费站驶出高速，途经××大道、××路、L 路、C 大桥，6 月 11 日 22 时 44 分从 C 公路路口转入 C 村。

5.1.5 事故发生经过、应急救援及应急评估情况

（1）事故发生经过

2021 年 6 月 11 日中午，张某在 P 公司位于 C 村的生产、存储作业场所安排公司员工陆某某、何某某、张某某、蒲某某 4 人先将院坝里面 1# 储罐与运输罐车停车位置之间的卸料软管连接好，将卸料软管一端直接插入 1# 卧式储罐顶

部人孔。21 时许，张某某、蒲某某 2 人即回 40＃房屋负一层房间睡觉。23 时许，李某某驾驶一辆黑色轿车到该生产、存储场所。23 时 5 分，张某某驾驶鄂 N0××××-鄂 N××××挂运输罐车开始从 C 村 C 公路路口驶入 P 公司在 C 村三组的生产、存储场所。23 时 13 分，运输罐车倒车到 C 村 39＃、40＃民房门口院坝前。23 时 23 分，张某、李某某、陆某某、何某某 4 人走到运输罐车车尾部位，运输罐车的从业人员张某某、刘某某 2 人从驾驶室下车。23 时 40 分，在陆某某、何某某的帮忙下，刘某某垫好密封垫片，张某某将卸料软管另一端与运输罐车液相快装接头对接牢固，并打开运输罐车液相阀阀门开始卸载罐体内甲酸甲酯混合液，张某某、刘某某便回运输罐车驾驶室休息。

约一两分钟后，张某、李某某、陆某某、何某某 4 人发现 1＃ 储罐上部导入孔口有白雾状气体冒出来，张某、李某某用一个塑料杯装来用鼻子闻，未发现异常，便扔掉杯子不予理会并继续卸载。在卸载甲酸甲酯混合液过程中，张某某、刘某某 2 人在运输罐车驾驶室内休息，陆某某、何某某 2 人在运输罐车和 1＃储罐之间，张某、李某某 2 人在运输罐车车尾附近。卸载约 10min 后，整个院坝就像起雾一样，居住在隔壁 C 村三组 41＃民房内的王某某从屋里出来走到运输罐车尾部对张某、李某某 2 人说："赶紧关了，气味太重了，人受不了"，张某答复："快了，忍耐一下，还有十多分钟就放完了"，并没有关闭运输罐车液相阀阀门。王某某见张某、李某某 2 人不关闭运输罐车液相阀阀门，便往 41＃民房方向走回去。

2021 年 6 月 12 日 0 时 2 分，王某某在离开运输罐车车尾大约七八米远的地方倒地昏迷；张某、李某某 2 人发现后走过去查看情况，并叫喊陆某某去关闭运输罐车液相阀阀门，陆某某将运输罐车阀门关闭好后，在驾驶室内休息的张某某听到车外喊声便从驾驶室下来往张某、李某某、王某某 3 人所在位置方向走过去。0 时 6 分，正在试图将王某某拖离现场的张某、李某某 2 人相继倒地昏迷，接着刚走到何某某附近的张某某也跟着倒地昏迷。

(2) 事故报告情况

陆某某、何某某 2 人发现王某某、张某、李某某和张某某 4 人相继倒地昏迷，便立即跑到 L 路上，陆某某爬到人行天桥上后立即拨打 120 和 110 电话报警。接到事故报告后，D 市人民政府、B 经开区管委会按规定向上级报告事故情况，并立即启动应急救援预案。

(3) 应急救援及现场处置情况

事故发生后，省委副书记、省长等省领导率领相关部门有关负责人赶赴现场组织开展应急救援处置工作。D 市人民政府成立了以副市长为指挥长的现场指挥部，组织开展事故后续处置及善后处置等工作。应急管理部派出工作组赶到事故现场指导事故救援、现场处置和勘查评估等工作。

① 应急救援工作情况。2021年6月12日0时12分，D市公安局经开区分局接到报警电话，迅速安排救援力量赶往事故现场开展处置工作，并立即向B经开区工管委、D市公安局和D市H区政法委等报告。0时22分，D市消防救援支队指挥中心接到D市公安局经开区分局报警后，立即启动危化品事故处置预案，第一时间调集救援力量前往处置。0时33分，120救护车到达事故现场。0时36分，d派出所和B经开区消防救援大队e路消防救援站救援力量同时到达事故现场。0时37分，D市公安局经开区分局巡特警救援力量到达事故现场。0时40分，B经开区消防救援大队f消防站救援力量到达事故现场。1时10分，D市消防救援支队全勤指挥部到达事故现场。1时18分，D市消防救援支队特勤大队危化品事故处置专业队增援力量到达事故现场。应急救援过程中，消防救援力量共投入消防车25辆、救援人员89人，公安机关共出动救援车辆60辆、警力110人，现场救援力量组织3个攻坚组，于6月12日0时41分至0时55分搜救出11人。6月13日上午，搜寻到最后1名死亡人员，经全面排查，未再发现其他伤亡和失联人员。

② 现场处置工作情况。2021年6月12日上午，现场指挥部召开会议就现场存留的甲酸甲酯混合液等危险化学品废液废物处置情况进行安排部署，委托具有危化品处置资质的公司对事发现场进行全面评估，并做好其余储罐、料桶等转移和处置工作。6月13日，将涉事运输罐车（罐体存有原液20t）转移到处置场地。截至6月21日，事故现场化工原料及其包装物、固定式储罐及储存介质等物料、设备，已全部妥善转移并按照危险废物处置流程进行处理。事故发生当日疏散的周边居民返回家中正常生活。

③ 伤亡人员善后处置。事故发生后，B经开区组建了6个工作组开展伤亡群众家属安抚工作。截至2021年7月10日，9名死亡人员遗体已送回原籍安葬，3名伤者全部出院，善后处置工作平稳有序。

(4) 环境处置情况

自2021年6月12日凌晨开始，生态环境部门采取筑堰、活性炭等方式开展治理，同时分别在事故点、L路中段××路口公交车站和事故现场周围的居民点布设监测点监测环境污染情况，各监测点位均未检测出可疑挥发性有机物，环境指标正常。

(5) 事故应急处置评估

事故发生后，D市人民政府领导第一时间组织有关部门赶赴现场，立即成立了现场救援指挥部，并启动应急响应，科学制订救援处置方案，及时开展救援处置工作，未发生事故扩大和次生事故。评估认为，此次事故应急救援和现场处置及时，领导重视、靠前指挥，科学施救、高效有序。

5.1.6　事故直接原因与管理原因

（1）事故的直接原因与泄漏部位认定

未经危险化学品生产、储存许可的 P 公司作业点 6 名作业人员违规作业，将卸料软管一端连接至运输罐车阀门，另一端直接插入危险化学品储罐顶部人孔进行敞开式卸料，卸入储罐内的甲酸甲酯混合液挥发蒸气从顶部人孔溢出并在地势低洼、窝风的作业现场沉积蔓延，致使现场作业人员和相邻民宅人员中毒和窒息死亡。

① 经 B 经开区公安分局调查，结合事故现场勘查和相关视频资料分析，可以排除恐怖犯罪、刑事犯罪等人为故意破坏因素。

② 经事故调查组专家事后勘查表明，未发现 1＃～7＃卧式储罐罐体、卸料软管、运输罐车罐体等其他部位存在泄漏现象，可以排除罐体及卸料软管自身因素引发泄漏的可能。

③ 通过调查询问事发当晚现场作业员工、调取分析位于 P 公司事发地作业场所的监控视频、开展现场勘验、提取对比现场痕迹物证等，认定事故泄漏部位为 B 经开区 C 村三组 39＃、40＃民房建筑东朝向露天院坝内安设的 1＃卧式储罐顶部人孔，漏孔公称直径为 400mm。

人员中毒和窒息原因分析如下。

① 人的因素。卸车作业人员违规直接将卸料软管插入 1＃卧式储罐顶部人孔进行敞开式卸料，卸料过程中 1＃卧式储罐内大量甲酸甲酯混合液挥发形成蒸汽从储罐顶部人孔溢出扩散蔓延。

② 物的因素。事故调查组从 1＃卧式储罐中取样品送由相应资质机构做物理危险性鉴定和司法鉴定，经鉴定由运输罐车卸入 1＃卧式储罐内的甲酸甲酯混合液属于危险化学品，其毒性与甲酸甲酯合格品差异较大，是使人中毒窒息的主要原因。

③ 环境的因素。一是事故场地环境。事故场所地处低洼、窝风地带，东面低于 L 路护坡约 3.5m，西面低于自建房群约 4m，北面低于现场进口约 2m。甲酸甲酯混合液蒸气比空气密度大。事发时段无风（静风，风速 0m/s），导致泄漏的有毒蒸汽大量积聚不易扩散。二是气象状况。B 经开区 2021 年 6 月 11 日 20 时至 12 日 20 时温度为 20.3～30.1℃。事故现场 1＃卧式储罐露天布置，无遮阳遮雨设施，甲酸甲酯混合液属易挥发物质，环境温度较高和罐内有限空间加速甲酸甲酯混合液的挥发。

（2）事故的管理原因

① P 公司。

a. 未经许可，非法生产、储存危险化学品。

一是违反《危险化学品安全管理条例》第十二条、第十四条，《安全生产许可证条例》第二条规定，在C村未经许可非法建设生产、储存危险化学品场所，非法进行危险化学品生产、储存。二是违反《危险化学品安全管理条例》第三十三条规定，未取得危险化学品经营许可证从事危险化学品仓储经营。

b. 作业场所及设施设备不具备安全生产条件。

一是作业场所选址及布置不符合安全标准。生产、储存危险化学品场所选址、总平面布置违反有关安全标准的规定。未远离城镇、居住区、村庄，生产、储存危险化学品场所未处于通风地带。甲、乙类液体储罐区，未与装卸区、辅助生产区及办公区分开布置。二是违法设置作业场所。违反《安全生产法》（2014 版）第三十九条第一款规定，生产、储存危险物品的生产车间、储存仓库与员工宿舍设置在C村三组 39＃、40＃民房建筑的负一层内，且未与员工宿舍保持安全距离。违反《安全生产法》（2014 版）第三十九条第二款规定，生产经营场所和员工宿舍未设符合紧急疏散需要、标志明显、保持畅通的出口。三是违法设置危险化学品专用仓库。违反《危险化学品安全管理条例》第二十六条规定，生产场所内的危险化学品专用仓库不符合国家标准、行业标准的要求，未设置明显的标志。四是未设置安全设施、设备。违反《危险化学品安全管理条例》第二十条规定，未根据其生产、储存的危险化学品的种类和危险特性，在作业场所设置相应安全设施、设备。五是作业人员个体防护缺失。违反《安全生产法》（2014 版）第四十二条规定，未为从业人员提供符合安全标准的劳动防护用品。六是警示标志缺失。违反《安全生产法》（2014 版）第三十二条规定，未在有较大危险因素的生产场所和有关设施、设备上设置明显的安全警示标志。七是应急预案和应急物资欠缺，不具备救援能力。违反《安全生产法》（2014 版）第七十八条规定，未制订危险化学品事故应急救援预案，未定期组织应急救援演练。违反《生产安全事故应急条例》第十三条第二款规定，未配备必要的应急救援器材、设备。

c. 安全管理混乱。

ⅰ. 未设置安全管理机构。一是违反《安全生产法》（2014 版）第二十一条规定，未设置安全生产管理机构，未配备专职安全生产管理人员。二是违反《安全生产法》（2014 版）第三十六条规定，未建立专门的安全管理制度，未采取可靠的安全措施。

ⅱ. 主要负责人不履职。违反《安全生产法》（2014 版）第十八条规定，未建立健全并落实本单位全员安全生产责任制；未组织制定并实施本单位安全生产规章制度和操作规程；未组织制定并实施本单位安全生产教育和培训计划；

未督促、检查本单位的安全生产工作，及时消除生产安全事故隐患；未组织制定并实施本单位的生产安全事故应急救援预案。

ⅲ. 未依法开展安全生产教育培训。一是违反《安全生产法》（2014 版）第二十五条规定，未对公司从业人员进行安全生产教育和培训，未如实告知有关的安全生产事项，未如实记录安全生产教育和培训情况。二是违反《安全生产法》（2014 版）第四十一条规定，未向从业人员如实告知作业场所和工作岗位存在的危险因素、防范措施以及事故应急措施。三是违反《安全生产法》（2014 版）第二十七条规定，公司特种作业人员未经专门的安全作业培训，未取得相应资格即上岗作业。

ⅳ. 未开展风险隐患排查治理。一是违反《安全生产法》（2014 版）第三十八条规定，未建立事故隐患排查治理制度。二是违反《贵州省安全生产条例》相关规定，未建立安全生产风险分级管控制度。

ⅴ. 卸车作业严重违规。违反《危险货物道路运输安全管理办法》第三十九条规定和《危险化学品储罐区作业安全通则》等国家有关安全标准规定，卸车作业现场无监护人员，企业负责人、卸车人员不熟悉危险化学品理化特性，且卸车未在装卸管理人员的现场指挥或者监控下进行。

② V 公司。

一是违反《化学品物理危险性鉴定与分类管理办法》第八条和第十七条规定，未对生产、销售的甲酸甲酯混合液进行物理危险性鉴定，并根据鉴定结果编制化学品安全技术说明书和安全标签。二是违反《安全生产法》（2014 版）第三十六规定和《危险化学品安全管理条例》第三十三条规定，未取得危险化学品经营许可证或危险化学品安全生产许可证经营甲酸甲酯混合液（危险化学品）。

③ T 公司。

一是违反《危险化学品安全管理条例》第三十七条规定，向未经许可经营危险化学品的 V 公司采购甲酸甲酯混合液。二是违反《危险化学品安全管理条例》第六十三条规定，未向承运人（Z 公司）说明甲酸甲酯混合液的危险特性以及发生危险情况的应急处置措施。

④ Z 公司。

一是违反《危险货物道路运输安全管理办法》第二十三条规定，鄂 N0××××-鄂 N××××挂运输罐车未按照移动式压力容器使用登记证上限定的介质范围承运危险货物（登记运输证范围为液化石油气）。二是违反《危险化学品安全管理条例》第四十五条规定，鄂 N0××××-鄂 N××××挂运输罐车未根据承运的危险化学品危险特性采取相应的安全防护措施，未配备必要的防护用品和应急救援器材。三是违反《危险货物道路运输安全管理办法》第二十四条和第四十四条第二款规定，鄂N0××××-鄂N××××挂运输罐车未随车携带危险货物运单、安全卡。

5.1.7 事故主要教训与事故防范及整改措施建议

(1) 事故主要教训

① 事故企业严重非法违法违规生产经营。P公司法治意识、安全意识淡薄，无视国家安全生产法律法规，只顾经济利益、不顾生命安全，未取得危险化学品生产、经营（储存）许可，利用承租民房长期非法违法违规生产、储存、经营危险化学品。作业场所不具备基本安全生产条件，安全管理混乱，直接造成此次较大中毒和窒息事故。

② 属地安全生产工作责任落实不到位。B经开区管委会对上级政府部署的非法违法“小化工”专项整治重视不够，对下级人民政府及相关职能部门履行“小化工”专项整治、安全生产监管履职情况督促检查不力。未针对经开区行政管理特点和安全生产实际，分析安全监管存在的短板，推动解决安全生产重大问题。与H区的管理权责交织、边界不清，导致经开区与街道、村的安全生产衔接不畅、工作断档；负有安全监管职责的有关部门之间缺乏统筹协调，打击重点领域安全生产非法违法行为不力。未建立安全生产巡查制度，未全面推行安全生产网格化动态监管机制，未督促街道、村落实安全生产风险分级管控与隐患排查治理工作。

③ 重大安全风险隐患漏管失控。村委会、基层派出所、消防救援机构相继对事故发生场所开展了监督检查，对事故企业危险化学品经营许可证已过有效期限、经营单位住所和实际经营地址不一致、营业执照注册地址和实际经营地址不一致等问题，没有及时向属地政府和有关部门报告或移送。B经开区建设管理局作为全区危险化学品企业安全监督管理部门，对P公司长期在辖区内非法生产、储存危险化学品失管失察。经开区、街道和村树立“人民至上、生命至上”理念不牢，对安全生产工作的极端重要性认识不足，在落实“管行业必须管安全、管业务必须管安全、管生产经营必须管安全”上压力传导不够，安全监管层层漏管、层层失守，重大安全隐患一直长期存在，最终酿成事故。

④ 未形成安全生产齐抓共管工作合力。B经开区建设管理局作为安全生产综合监督管理部门，承担全区安全生产领导小组日常工作，未组织开展非法违法“小化工”专项整治；未建立完善跨区域、跨行业的安全生产“打非治违”工作制度，未形成上下联动、部门联合的长效工作机制；全区联合执法、专项督查、成员联席会议等安全生产重要活动组织协调不到位；在指导协调、监督检

查、巡查考核本级政府有关部门和下级政府安全生产工作方面不到位；在安全生产重大问题沟通协调、部门执法信息共享、案情移送、行刑衔接等方面的工作机制不健全，没有形成安全生产监管合力。

(2) 事故防范及整改措施建议

① 强化安全生产红线意识和底线思维。D市和B经开区要深入贯彻落实总书记关于安全生产重要论述和视察E省的重要讲话精神，自觉提高政治站位，增强政治敏锐性，牢固树立“人民至上、生命至上”的理念，坚守“发展决不能以牺牲人的生命为代价”这条红线，坚决落实党中央、国务院和省委、省政府关于安全生产工作的各项决策部署，统筹好发展和安全两件大事，全力防范化解重大安全风险，确保人民群众生命财产安全，以实际行动和实际效果做到“两个维护”。各级党政领导干部要自觉强化使命担当，严格落实“党政同责、一岗双责、齐抓共管、失职追责”和“管行业必须管安全、管业务必须管安全、管生产经营必须管安全”的要求，厘清监管事权，加强管控，消除监管盲区，确保属地政府领导责任、部门监管责任、企业主体责任落实到位。要深刻吸取事故教训，进一步理顺开发区行政管理体制，加强对街道、村（社区）安全生产工作的指导督促，定期分析面临的突出安全风险，并研究部署对策措施，强化安全综合监管队伍建设，提升安全监管保障，健全安全生产考核巡查机制，督促推动各级政府和有关部门守土有责、守土尽责，牢牢守住安全底线。

② 切实加大“打非治违”工作力度。D市和B经开区要按照《关于全面加强危险化学品安全生产工作的意见》《国务院关于进一步加强企业安全生产工作的通知》《非法违法“小化工”专项整治方案》要求，严格落实属地政府和乡镇(街道)、村（社区）责任，强化部门间“打非治违”协同联动，加强对公众非法违法危害性的宣传教育，加大举报奖励力度，构建非法违法“小化工”专项整治长效机制，做好危险化学品生产、储存、使用、经营、运输、废弃处置等各环节的安全监管。D市交通运输部门要针对此次事故暴露出的问题，研究和加强外省过境、入境危险货物运输车辆的监督管理，强化全过程动态监管。

③ 加强各类开发区安全监管能力建设。D市要从政策、经费、人员、培训等方面，强化安全监管机构建设，配齐配强安全监管队伍，充实基层专业监管力量，严防安全监管力量层层弱化，确保监管责任不悬空、监管工作不断档。要进一步总结分析辖区内各类开发区近年来生产安全事故教训，针对安全监管机制不健全的短板，从市级层面做好对各类开发区安全生产工作的指导督促；特别是对地域交叉、管理重叠、职责边界不清的区域，要协调好各类开发区与相关县（区）在公共服务和安全监管方面的职责权限，确保权责明晰、衔接畅通。要加强对各类开发区安全生产的考核巡查，督促开发区切实将安全生产作

为重要工作来抓。B经开区要针对事故调查指出的安全生产存在的问题，切实加强安全生产工作，坚决防止类似事故再次发生。

④ 深入推进安全生产网格化监管。B经开区要按照国务院安委会办公室和E省关于加强基层安全生产网格化监管工作要求，整合利用好社会治理网格或其他既有资源，以村（居）民小组为基本网格，根据网格内生产经营单位性质、规模、危险性，合理配备网格员。明确网格员岗位职责，按照“先培训后上岗”的原则，做好网格人员集中培训，确保网格人员会检查、会记录、会报告。合理确定网格员待遇保障，建立完善网格员考核机制，充分调动网格员工作积极性。

5.2 某石化有限公司危险化学品装卸环节事故

5.2.1 事故总体概况

2017年6月5日凌晨1时左右，A石化有限公司储运部装卸区的一辆液化石油气运输罐车在卸车作业过程中发生液化气泄漏，引起重大爆炸着火事故，造成10人死亡、9人受伤，直接经济损失4468万元。

事故发生后，国务院、国家安全监管总局和山东省委、省政府高度重视，各级领导同志分别作出重要批示，要求全力救治伤员，切实查明原因，严肃追责，从严排查安全隐患，坚决防止重特大事故发生。国务院安委会下发《重大生产安全事故查处挂牌督办通知书》，对该起事故查处实行挂牌督办。国家安全监管总局迅速派员赶赴事故现场，指导事故处置和调查工作。省安监局、省公安厅等有关部门派出工作组指导、协助事故抢险救援、伤员救治和善后处理等工作。

依据《生产安全事故报告和调查处理条例》和《山东省生产安全事故报告和调查处理办法》等法规规定，省政府于2017年6月6日批准成立了由省安监局牵头的A石化有限公司“6·5”罐车泄漏重大爆炸着火事故调查组，省监察厅、省公安厅、省总工会、省经信委、省交通运输厅、省质监局和B市政府派员参加。事故调查组下设技术组、管理组、综合组、责任追究组，邀请省检察院派员参加，同时聘请化工安全、设计、生产、自控仪表等专业的有关专家组成专家组，开展事故调查工作。

事故调查组按照“四不放过”和“科学严谨、依法依规、实事求是、注重实效”的原则，通过周密细致的现场勘察、鉴定试验、调查取证、综合分析和反复论证，查明了事故发生的经过、原因、应急处置、人员伤亡和直接经济损失情况，认定了事故性质和责任，提出了对有关责任人员和责任单位的处理及事故防范措施建议。

5.2.2 事故基本情况

(1) 事故企业基本情况

① C 物流有限公司。该公司成立于 2012 年 7 月 6 日，公司类型为有限责任公司，法定代表人马×，2012 年 7 月 2 日取得 B 市运输管理处颁发的道路运输经营许可证，经营范围为危险货物运输（2 类 1 项、3 类），2013 年 7 月 26 日、2016 年 6 月 29 日换发，有效期至 2020 年 7 月 2 日。该公司自有危险货物运输车辆 20 辆。自 2013 年起，该公司先后将 D 货物运输有限公司所属的 40 辆 E 籍危险货物运输车辆纳入公司日常管理，履行实际管理职责；C 物流有限公司的各有关岗位人员均按照岗位职责参与对 E 籍车辆的日常管理，具体负责 E 籍车辆的经营管理、调度调配、维修保养等事项。该公司实际管理的 40 辆 E 籍车辆除每年回 E 省 F 县进行车辆年检和办理相关手续外，生产经营活动起讫点主要是在 B 市 G 经济开发区，围绕 A 石化有限公司的生产经营开展运输配送服务，不面向社会经营。事发时 C 物流有限公司共有 128 名驾驶员和押运员，其中包括肇事车辆驾驶员唐×和押运员陈×。上述人员的招聘录用、教育培训、工资福利、人员保险、岗位管理、考核奖惩等事项都由该公司全权负责。因该公司管理的车辆既有 E 籍牌照的，又有 H 籍牌照的，具体根据业务经营和运输计划统筹安排使用驾驶员和押运员，其中，唐×在 2017 年春节前驾驶该公司 H 籍车辆，春节后驾驶 E 籍车辆。

② A 石化有限公司。该公司成立于 2010 年 6 月，位于 B 市 G 经济开发区化工园区东区，公司西墙外为项目预留空地，被用作 C 物流有限公司临时停车场。其法定代表人为马×，现有员工 176 人，主要产品包括丙烷、异丁烷、精制液化气、戊烷油、醚后碳四、异辛烷、硫酸等，于 2014 年 7 月 31 日取得危险化学品安全生产许可证，有效期至 2017 年 7 月 30 日。事发时，该公司有三套主要生产装置及配套公辅设施，分别是：8 万吨/a 液化气深加工装置（一期项目）；20 万吨/a 液化气深加工装置（二期项目）；4 万吨/a 废酸回收装置（三期项目，事发时正处于设备调试期）。该公司设有生产技术部、安全环保部、综合部、财务室等机构。生产技术部下设生产车间、储运部（车间）和质检部。储运部（车间）主要负责储罐区和装卸区的日常管理。储罐区位于厂区西半部，包括液化气球罐 18 台和丙烷、异丁烷、戊烷卧式罐 27 台，异辛烷储罐 6 台，硫

酸储罐4台，储存能力总计71860m³。装卸区主要有两处，分别是：东侧液化气装卸区，设有15个装卸栈台，17组装卸臂，14台压缩机；西侧异辛烷装卸区，设有3个装卸栈台和4个装卸臂。发生液化气泄漏的事故现场位于东侧液化气装卸区，是一期8万吨/a液化气深加工装置的配套装卸设施。

③ D货物运输有限公司。该公司成立于2004年11月，公司类型为有限责任公司，法定代表人马×，2015年7月29日取得河南省I市道路运输管理机构颁发的道路运输经营许可证，经营范围为危险货物运输（2类1项、3类），有效期至2026年3月1日。该公司拥有的40辆E籍危险货物运输车辆由C物流有限公司实际经营管理。该公司实际留守工作人员4名，留守人员主要负责与当地政府及交通运输、原质监等主管部门协调联络。40辆E籍危险货物运输车辆的日常维护保养、驾驶员和押运员培训等工作，都在B市当地开展，相关保养、培训记录传至D货物运输有限公司后，由其向当地政府及交通运输、原质监等部门报备或接受各项检查。

(2) 事故车辆和驾驶员情况

① 事故车辆情况。发生液化气泄漏的事故车辆为液化气体运输半挂车，由重型半挂牵引车和重型罐式半挂车组成。牵引车为J汽车集团有限责任公司制造，于2015年12月24日合格出厂；半挂车制造厂为K特种飞行器有限公司，于2015年12月15日制造，压力容器产品质量证明文件齐全。E省I市公安局交警支队、E省I市道路运输管理处、原E省I市质量技术监督局分别为该车颁发了中华人民共和国机动车行驶证、中华人民共和国道路运输证、移动式压力容器使用登记证，并按期年审、检验。该车具备液化气运输装卸安全技术条件，装卸方式为下装下卸，卸车装置主要包括气相、液相连接管口（即快接口），卸车球阀，排气（排液）阀和紧急切断阀（含开启泵）。

② 驾驶员情况。唐×（事故中死亡），2004年3月15日考取机动车驾驶证，准驾车型A2，驾驶证有效期至2026年3月15日，发证机关为H省B市公安局交通警察支队。2008年11月5日取得危货驾驶员从业资格；2011年10月21日取得危货押运员从业资格（类别为货运、危货驾驶员、危货押运员，2015年11月4日换发后有效期到2017年10月21日），发证机关为B市交通运输局。

(3) 建设项目设计、工程监理、安全评价情况

① L石油化工设计有限公司。原企业名称为M石油化工设计有限公司。该公司成立于2001年6月18日，经济性质为有限责任公司。2016年7月19日换证取得工程设计资质证书，有效期至2021年7月19日，资质等级为化工石化医药行业（化工工程、石油及化工产品储运）专业甲级，发证机关为中华人民共和国住房和城乡建设部。法定代表人为王×，副总经理（主持工作）为张×，

技术负责人为陈×。该公司为A石化有限公司一期8万吨/a液化气深加工建设项目施工设计单位。

② N城市建设监理有限责任公司。该公司成立于1997年1月14日，经济性质为有限责任公司。2013年9月22日换证取得工程监理资质证书，有效期至2018年9月22日，资质等级为房屋建筑工程监理甲级、市政公用工程监理甲级，发证机关为中华人民共和国住房和城乡建设部。法定代表人为毛×，总经理为董×，副总经理为王×，技术负责人为徐×。现有职工170多人，其中注册监理工程师28人。该公司为A石化有限公司一期8万吨/a液化气深加工建设项目（除设备安装工程外）工程监理单位。

③ O安全评价有限公司。该公司成立于2002年12月27日，经济性质为有限责任公司（自然人投资或控股的法人独资），法定代表人姜×，该公司是P石油化工设计院下属的国有全资子公司，为国家安全监管总局认定的安全评价甲级资质机构，资质证书有效期至2020年2月26日。安全评价业务范围为石油加工业，化学原料、化学品及医药制造业，金属冶炼业。该公司为A石化有限公司二期20万吨/a液化气深加工建设项目安全设施竣工验收评价单位。

④ Q安全评价有限公司。该公司成立于2005年11月，法人代表徐×。该公司于2007年11月取得乙级安全评价机构资质证书。该公司为A石化有限公司一期8万吨/a液化气深加工建设项目安全设施竣工验收评价单位。

（4）建设项目有关审批情况

① A石化有限公司一期8万吨/a液化气深加工建设项目。该项目于2011年4月开始建设，2011年4月27日经B市R区经发局备案；2011年6月26日取得建设用地规划许可证，2011年9月16日取得建设工程规划许可证，2011年11月25日取得建设工程施工许可证；2010年11月26日取得B市安监局出具的《安全条件审查意见书》，2011年4月8日取得B市安监局出具的《安全设施设计审查意见书》，2014年7月28日取得B市安监局出具的《安全设施竣工验收审查意见书》；2011年10月27日取得《B市消防支队建设工程消防设计审核意见书》；2012年3月30日经B市环保局批复，2014年8月18日通过B市环保局验收。

② A石化有限公司二期20万吨/a液化气深加工建设项目。该项目于2012年12月开始建设，2013年9月20日经B市R区经发局技改备案；2013年6月2日取得建设用地规划许可证，2013年11月2日取得建设工程规划许可证，2013年12月27日取得建设工程施工许可证；2014年7月7日取得省安监局出具的《安全条件审查意见书》，2015年2月3日取得省安监局出具的《安全设施设计审查意见书》；2016年3月7日取得《B市消防支队建设工程消防设计审核

意见书》，2016 年 9 月 6 日取得《B 市消防支队建设工程消防验收意见书》；按照《H 省清理整顿环保违规建设项目工作方案》的要求，由 B 市 R 区环保分局进行环保备案。

③ A 石化有限公司三期 4 万吨/a 废酸回收建设项目。该项目于 2016 年 8 月开始建设，于 2015 年 11 月 26 日取得建设用地规划许可证，2016 年 12 月 20 日取得建设工程规划许可证；2016 年 3 月 24 日取得 B 市安监局出具的《安全条件审查意见书》，2016 年 8 月 26 日取得 B 市安监局出具的《安全设施设计审查意见书》。事发时，该项目未办理建设工程施工许可证，未经消防设计审核擅自施工，未依法履行环保设施“三同时”手续。

(5) 建设项目进入化工园区情况

2009 年 7 月，B 市人民政府设立 S 管委会。2010 年 5 月 7 日，S 管委会与 A 石化有限公司签订投资合同，建设一期 8 万吨/a 液化气深加工建设项目。2010 年 6 月 20 日，S 管委会设立绿色化学产业园，范围包括 A 石化有限公司所在地 8 个村。2010 年 10 月，H 省人民政府批复设立 B 市 G 经济开发区。2012 年 2 月 14 日，B 市 G 经济开发区管委会在 R 区南部设立化工园区，3 月 19 日决定将原绿色化学产业园调整为精品特钢园区，在保留 A 石化有限公司项目的同时，禁止新化工项目落地。A 石化有限公司项目所在区域范围即称老化工园区或化工园区东区。2012 年 7 月 16 日，B 市人民政府批复《BG 新区（经济开发区）总体规划（2011—2030 年）》，批复中同意在 R 区南部新规划化工园区。因此，A 石化有限公司项目系新老化工产业园规划调整中的项目，且项目在新园区规划前已落地，配套产业链条相对完整，属于化工园区东区保留企业。

5.2.3 事故发生经过和应急处置情况

(1) 事故发生经过

2017 年 6 月 5 日 0 时 58 分，C 物流有限公司驾驶员唐×驾驶豫 J9×××× 液化气运输罐车经过长途奔波、连续作业后，驾车驶入 A 石化有限公司并停在 10 号卸车位准备卸车。

唐×下车后先后将 10 号装卸臂气相、液相快接管口与车辆卸车口连接，并打开气相阀门对罐体进行加压，车辆罐体压力从 0.6MPa 上升至 0.8MPa 以上。6 月 5 日 0 时 59 分 10 秒，唐×打开罐体液相阀门一半时，液相连接管口突然脱开，大量液化气喷出并急剧气化扩散。正在值班的 A 石化有限公司韩×等现场作业人员未能有效处置，致使液化气泄漏长达 2 分 10 秒，很快与空气形成爆炸性混合气体，遇到点火源发生爆炸，造成事故车及其他车辆罐体相继爆炸，罐体残骸、飞火等飞溅物接连导致 $1000m^3$ 液化气球罐区、异辛烷罐区、废弃槽罐车、厂内管廊、控制室、值班室、化验室等区域先后起火燃烧。现场 10 名人员撤离不及当场遇难，9 名人员受伤。

（2）应急处置情况

事故发生后，企业员工立即拨打 119、120 报警，迅速开展自救互救，疏散撤离厂区人员，紧急关闭装卸物料的储罐阀门、切断气源等。B 市委、市政府和 S 管委会主要领导接到事故报告后，立即启动重大事故应急预案，赶赴事故现场，成立了由 B 市市长任总指挥的事故救援指挥部，下设现场救援、后勤保障、安抚救治、事故调查、新闻发布五个工作组，迅速协调组织专业救援队伍、技术专家和救援设备等各方面力量科学施救、稳妥处置，全力做好冷却灭火、人员疏散与搜救、伤员救治、处置保障、道路管控、环境监测、舆情导控等处置工作。省公安厅、省消防总队、省安监局等省有关部门负责人连夜赶赴事故现场，调集救援力量，研究防范措施，指导救援工作。省消防总队共调集了 8 个消防支队，组成 13 个石油化工编组和 23 个灭火冷却供水编队，动用 189 辆消防车、7 套远程供水系统、76 门移动遥控炮、244t 泡沫液、958 名官兵到场处置，经过 15 个小时的救援，罐区明火被扑灭，未造成任何次生灾害事故发生。

明火扑灭后，现场指挥部迅速组织有关专家认真分析、研判事故现场情况，科学制订失联人员搜救和应急处置方案，立即组织力量展开援救工作，截至 6 月 6 日 10 时，共找到 10 具遇难者遗骸。至此，事故遇难人数达到 10 人，经过 DNA 比对，于 6 月 7 日全部确认身份。

5.2.4　事故伤亡人员核查和报告情况

（1）事故造成的人员伤亡和直接经济损失

该起事故共造成 10 人死亡、9 人受伤，其中，1 人重伤，8 人轻伤。在 10 名死亡人员中，5 人为 A 石化有限公司职工，5 人为运输罐车驾驶员。事故造成的直接经济损失约 4468 万元。

（2）事故对周边的破坏情况

经现场勘查，事故造成企业内外 500m 范围内的建筑物及其门窗不同程度损坏。其中控制室、机柜间、配电室、办公室、化验室、值班室、仓库等厂区内建筑物墙体断裂或坍塌，装卸区夷为平地，水泥地面被烧成琉璃状，车辆铝合金轮毂被熔融，现场到处是散落的车体、罐体、管道、零散金属构件和部件；事故罐车及周边多台车辆完全解体，装卸设施、厂内管廊、压缩机等设备设施变形烧毁，装置设备外保温材料全部撕开、悬挂。受运输罐车罐体爆炸飞出的残片、残骸、飞火等影响，距离装卸区爆炸中心 160m 处一台 $1000m^3$ 液化气球罐坍塌、180m 处 3 台停运的液化气运输半挂车烧毁，205m 处 5000m³ 消防水罐砸坏，312m 处两台 2000m³ 异辛烷储罐烧毁，6 台 1000m³ 液化气球罐全部过火。除此之外，周边 500m 以外的建筑物也受到爆炸冲击波的影响。

经计算，该次事故释放的爆炸总能量为 31.29t TNT 当量，产生的破坏当量为 8.4t TNT 当量（最大一次爆炸）。

5.2.5 事故原因和性质

(1) 直接原因

肇事罐车驾驶员长途奔波、连续作业，在午夜进行液化气卸车作业时，没有严格执行卸车规程，出现严重操作失误，致使快接口与罐车液相卸料管未能可靠连接，在开启罐车液相球阀瞬间发生脱离，造成罐体内液化气大量泄漏。现场人员未能有效处置，泄漏后的液化气急剧气化，迅速扩散，与空气形成爆炸性混合气体达到爆炸极限，遇点火源发生爆炸燃烧。液化气泄漏区域的持续燃烧，先后导致泄漏车辆罐体、装卸区内停放的其他运输车辆罐体发生爆炸。爆炸使车体、罐体分解，罐体残骸等飞溅物击中周边设施、物料管廊、液化气球罐、异辛烷储罐等，致使 2 个液化气球罐发生泄漏燃烧，2 个异辛烷储罐发生燃烧爆炸。

事故车辆行驶的 GPS 记录显示，肇事罐车驾驶员唐×驾驶豫 J9×××× 车辆，从 2017 年 6 月 3 日 17 时到 6 月 4 日 23 时 37 分，近 31 小时只休息了 4 小时，其间等候装卸车 2 小时 50 分钟，其余近 24 小时均在驾车行驶和装卸车作业。押运员陈×没有驾驶证，行驶过程都是唐×在驾驶车辆。6 月 5 日凌晨 0 时 57 分，车辆抵达 A 石化有限公司后，唐×安排陈×回家休息，自己实施卸车作业。在极度疲惫状态下，操作出现严重失误，装卸臂快接口两个定位锁止扳把没有闭合，致使快接口与罐车液相卸料管未能可靠连接。

据分析，引发第一次爆炸可能的点火源是 A 石化有限公司生产值班室内在用的非防爆电器产生的电火花。

(2) 间接原因

① C 物流有限公司未落实安全生产主体责任。

a. 超许可违规经营。违规将 D 货物运输有限公司所属 40 辆危化品运输罐车纳入日常管理，成为实际控制单位，安全生产实际管理职责严重缺失。

b. 日常安全管理混乱。该公司安全检查和隐患排查治理不彻底、不深入，安全教育培训流于形式，从业人员安全意识差。该公司所属驾驶员唐×（肇事罐车驾驶员）装卸操作技能差，实际管理的 E 牌照道路运输车辆违规使用未经批准的停车场。

c. 疲劳驾驶失管失察。对实际管理的 E 牌照道路运输车辆未进行动态监控，对所属驾驶员唐×驾驶该公司实际管理的豫 J9×××× 车辆的疲劳驾驶行为未能及时发现和纠正，导致所属驾驶员唐×在长期奔波、连续作业且未得到充分休息的情况下，卸车出现严重操作失误。

d. 事故应急管理不到位。未按规定制订有针对性的应急处置预案，未定期组织从业人员开展应急救援演练，对驾驶员应急处置教育培训不到位。这致使该公司所属驾驶员唐×出现泄漏险情时未采取正确的应急处置措施，直接导致事故发生并造成本人死亡；致使该公司管理的其余 3 名驾驶员在事故现场应急处置能力缺失，出现泄漏险情时未正确处置及时撤离，造成该 3 名驾驶员全部死亡。

e. 装卸环节安全管理缺失。对装卸安全管理重视程度不够，装卸安全教育培训不到位，未依法配备道路危险货物运输装卸管理人员，肇事豫 J9×××× 罐车卸载过程中无装卸管理人员现场指挥或监控。

② A 石化有限公司未落实安全生产主体责任。

a. 安全生产风险分级管控和隐患排查治理主体责任不落实，企业安全生产意识淡薄，对安全生产工作不重视。未依法落实安全生产物质资金、安全管理、应急救援等保障责任，安全生产责任落实流于形式；未认真落实安全生产风险分级管控和隐患排查治理工作，对企业存在的安全风险，特别是卸车区叠加风险辨识、评估不全面，风险管控措施不落实；从业人员素质低，化工专业技能不足，安全管理水平低，安全管理能力不能适应高危行业需要。

b. 特种设备安全管理混乱。企业未依法取得移动式压力容器充装资质和工业产品生产许可资质，违法违规生产经营。储运区压力容器、压力管道等特种设备管理和操作人员不具备相应资格和能力，32 人中仅有 3 人取得特种设备作业人员资格证，不能满足正常操作需要；事发当班操作工韩×未取得相关资质无证上岗，不具备相应特种设备安全技术知识和操作技能，未能及时发现和纠正司机的误操作行为。特种设备充装质量保证体系不健全，特种设备维护保养、检验检测不及时；未严格执行安全技术操作规程，卸载前未停车静置十分钟，对快装接口与罐车液相卸料管连接可靠性检查不到位，对流体装卸臂快装接口定位锁止部件经常性损坏更换维护不及时。

c. 危化品装卸管理不到位。连续 24 小时组织作业，10 余辆罐车同时进入装卸现场，超负荷进行装卸作业，装卸区安全风险偏高，且未采取有效的管控措施；液化气装卸操作规程不完善，液化气卸载过程中没有具备资格的装卸管理人员现场指挥或监控。

d. 工程项目违法建设。该公司一期 8 万吨/a 液化气深加工建设项目、二期

20 万吨/a 液化气深加工建设项目和三期 4 万吨/a 废酸回收建设项目在未取得规划许可、消防设计审核、环境影响评价审批、建筑工程施工许可等必需的项目审批手续之前，擅自开工建设并使用非法施工队伍，未批先建，逃避行政监管。

e. 事故应急管理不到位。未依法建立专门应急救援组织，应急装备、器材和物资配备不足，预案编制不规范，针对性和实用性差；未根据装卸区风险特点开展应急演练，应急教育培训不到位，实战处置能力不高。出现泄漏险情时，现场人员未能及时关闭泄漏罐车紧急切断阀和球阀，未及时组织人员撤离，致使泄漏持续超过 2 分钟直至遇到点火源发生爆燃，造成重大人员伤亡。

③ D 货物运输有限公司未落实安全生产主体责任。

a. 对所属车辆处于脱管状态。对长期在 B 市运营的危化品运输罐车管理缺位，仅履行资质资格手续办理和名义上的管理职责，欺瞒监管。

b. 未履行异地经营报备职责。所属车辆运输线路以 B G 经济开发区为起讫点累计 5 年以上，未按照道路危险货物运输管理相关规定向经营地 B 市交通运输主管部门进行报备并接受其监管。

c. 车辆动态监控不到位。未按规定对危化品运输罐车进行动态监控，未按规定使用具有行驶记录功能的卫星定位装置，未及时发现豫 J9××××罐车驾驶员疲劳驾驶行为并予以制止。

d. 移动式压力容器管理不到位。对公司所属 40 辆危化品罐车，未按规定配备移动式压力容器安全管理人员和操作人员。

④ 中介技术服务机构未依法履行设计、监理、评价等技术管理服务责任。

a. 设计单位责任。L 石油化工设计有限公司，作为 A 石化有限公司一期 8 万吨/a 液化气深加工建设项目设计单位，未严格按照石油化工控制室房屋建筑结构设计相关规范对控制室进行设计，建设单位聘用的非法施工队伍又未严格按照设计进行施工，导致控制室墙体在爆炸事故中倒塌，造成控制室内一名员工死亡。

b. 工程监理单位责任。N 城市建设监理有限责任公司，作为 A 石化有限公司一期 8 万吨/a 液化气深加工建设项目（除设备安装工程外）工程监理单位，未依法履行建筑工程监理职责，未发现建设单位 A 石化有限公司和非法施工队伍冒用 U 建筑工程有限公司房屋建筑工程施工资质进行施工作业，未发现控制室墙体材料施工时违反设计要求，导致控制室墙体在爆炸事故中倒塌，造成控制室内一名员工死亡。

c. 安全评价单位责任。O 安全评价有限公司，作为 A 石化有限公司二期 20 万吨/a 液化气深加工建设项目安全设施竣工验收评价单位，出具的评价报告风险分析前后矛盾，评价结论严重失实，厂内各功能区之间风险交织，未提出有效的防控措施，且事故发生造成重大人员伤亡和财产损失。Q 安全评价有限公司，作为 A 石化有限公司一期 8 万吨/a 液化气深加工建设项目安全设施竣工验收评价单位，出具的安全评价报告中的评价结论失实，且事故发生造成重大人员伤亡和财产损失。

⑤ 交通运输部门未依法履行危险化学品运输安全监管职责。

a. B 市交通运输局 G 经济开发区分局。

ⅰ. 工作失职，对 C 物流有限公司存在超越许可事项经营管理 E 籍 40 辆危化品运输车辆的违法违规问题，未采取有效监管措施；对 D 货物运输有限公司自 2013 以来在 B 市异地经营未向交通运输主管部门备案并接受其监管的违法行为，监督检查失职。

ⅱ. 工作失职，对 A 石化有限公司多年以来作为年发送量超过 20 万吨（达 30 多万吨）的道路货物运输源头单位，未加强货物运输源头管理，未派驻现场管理人员。

ⅲ. 监督不力，未依法履行道路危险货物运输车辆动态监管职责，对 C 物流有限公司未按规定使用卫星定位监控平台、监控终端的行为监管监察不力，对 C 物流有限公司未及时发现纠正肇事豫 J9××××罐车驾驶员疲劳驾驶行为检查督导不力。

ⅳ. 监督不力，对 C 物流有限公司道路危险货物运输装卸安全监管失察，对其未依法配备使用道路危险货物运输装卸管理人员、未健全执行装卸作业安全作业制度规程失察，对肇事豫 J9××××罐车卸载过程中无装卸管理人员现场指挥监控违规的行为监督不力。

ⅴ. 监督不力，对 C 物流有限公司安全教育和业务技能培训不到位等问题监管失察，对该公司应急救援体系不健全问题监管失察，对该公司未依法开展事故应急演练、提高从业人员应急处置和逃生互救能力监督督促不力。

b. B 市交通运输局。

ⅰ. 疏于管理，对 C 物流有限公司超许可经营管理 E 籍 40 辆危化品运输车辆的违法违规问题失察，对该公司驾驶员唐×疲劳驾驶、安全意识差、业务技能不足以及该公司未配备装卸管理人员等问题监管失察；对 A 石化有限公司多年以来未纳入道路货物运输源头单位管理的问题监管失察；对 D 货物运输有限公司自 2013 以来在 B 市异地经营未向交通运输主管部门备案的问题监管失察。

ⅱ. 指导不力，未按规定监督和指导 B 市交通运输局 G 经济开发区分局履行危险化学品运输安全监管职责，对 B 市交通运输局 G 经济开发区分局未按规定开展危险化学品运输安全执法检查、相关监管工作流于形式等问题失察。

⑥ 原质监部门未依法履行特种设备安全监察职责。

a. B市G经济开发区市场监管局。

ⅰ. 工作失职，两次发现A石化有限公司未取得移动式压力容器充装资质擅自从事充装活动行为，虽下达处罚决定，未依法予以取缔并放任非法充装活动行为长期存在，监管不力。

ⅱ. 监督不力，发现A石化有限公司未取得工业产品生产许可证擅自生产危险化学品行为后，未及时制止并督促整改。

ⅲ. 监督不力，未发现A石化有限公司储运区部分压力容器及压力管道等特种设备管理和操作人员未取得特种设备作业人员资格证从事相关作业的行为，特别是对当班操作工韩×未取得相关资质行为严重失察，对该公司特种设备相关操作人员安全技术知识不足、操作技能差等问题监管失察。

ⅳ. 监督不力，对A石化有限公司未建立健全特种设备充装质量保证体系及特种设备安全管理混乱等问题监管失察，对该公司特种设备从业人员违规操作监督检查不到位，发现A石化有限公司部分特种设备超期未检后未采取有效监管措施。

b. 原B市质监局。

ⅰ. 疏于管理，对A石化有限公司特种设备安全管理混乱的问题监管失察，对该公司未取得移动式压力容器充装许可证、未取得工业产品生产许可证等问题监管失察。

ⅱ. 指导不力，对B市G经济开发区市场监管局履行特种设备安全监察职责指导不力，督促B市G经济开发区市场监管局开展特种设备日常安全监管、隐患排查治理、从业人员持证上岗检查等工作不力。

⑦ 安监部门未依法履行危险化学品安全监管综合工作职责。

a. 原B市G经济开发区安监局。

ⅰ. 未认真履行危险化学品安全监管综合工作职责，未有效指导督促各负有危险化学品安全监督管理职责的部门依法履行安全监管职责。

ⅱ. 监督不力，组织开展危险化学品行业安全生产隐患大排查快整治严执法集中行动不扎实，对A石化有限公司安全生产风险分级管控和隐患排查治理体系建设落实不到位监管不力，对A石化有限公司安全意识淡薄、从业人员安全素质低、化工专业技能不足等问题监管失察。

b. 原B市安监局。

ⅰ. 疏于管理，组织开展危险化学品行业安全生产隐患大排查快整治严执法集中行动不扎实，对A石化有限公司安全生产风险分级管控和隐患排查治理体系建设、应急救援体系建设、安全教育培训等工作开展不深入、不扎实等问题监管失察。

ⅱ. 指导不力，指导督促各负有危险化学品安全监督管理职责的其他部门依法履行安全监管职责不力，指导督促原 B 市 G 经济开发区安监局履行危险化学品安全监管综合工作职责不力。

⑧公安消防机构未依法履行消防安全监管和工程项目消防审批职责。

a. B 市公安消防支队 G 经济开发区大队。

ⅰ. 工作失职，对 A 石化有限公司 8 万吨/a 液化气深加工建设项目和 20 万吨/a 液化气深加工建设项目都存在的消防未批先建，项目建设完成后补办消防设计审核和消防验收手续的行为监管失察；对 4 万吨/a 废酸回收建设项目未经消防设计审核擅自施工行为失察。

ⅱ. 监督不力，未正确履行 A 石化有限公司火灾高危单位监督管理职责，对 A 石化有限公司消防日常安全监督检查不到位，对该公司值班室内使用的电气产品不符合消防安全质量要求失察。

ⅲ. 监督不力，未及时发现 A 石化有限公司未定期组织综合性消防演练的违法行为，对该公司消防宣传教育、消防应急演练和处置及逃生互救能力指导督促不力。

ⅳ. 监督不力，对 A 石化有限公司内部防火管理工作不到位监管失察，未及时发现该公司未委托消防设施检测机构定期进行全面功能检测的违法行为，对该公司未委托消防安全评估机构对公司消防安全管理运行情况进行评估并备案的违法行为失察。

b. B 市公安消防支队。

ⅰ. 疏于管理，对 A 石化有限公司 8 万吨/a 液化气深加工建设项目和 20 万吨/a 液化气深加工建设项目都存在消防未批先建的违法行为监管失察，对 4 万吨/a 废酸回收建设项目未经消防设计审核擅自施工的违法行为监管失察，对该公司作为火灾高危单位存在消防安全条件不完备、消防应急救援体系不健全等问题失察。

ⅱ. 指导不力，对 B 市 G 经济开发区消防大队履行火灾高危单位日常消防安全监管职责指导不力，对 B 市 G 经济开发区消防大队查处建设项目消防设施未批先建等违法行为督促不力。

⑨ 经信部门未依法履行化工行业主管部门职责。

a. B 市 G 经济开发区经济发展局。

ⅰ. 工作不力，未按照危险化学品生产、储存行业规划和布局要求，推动 A 石化有限公司新建的液化气深加工项目进入符合标准的化工园区。

ⅱ. 工作失职，未按照“管行业必须管安全、管业务必须管安全、管生产经营必须管安全”要求认真履行化工行业主管部门安全生产监管职责，对 A 石化有限公司开展化工行业安全生产综合管理工作不力。

ⅲ. 监督不力，对加强安全环保节能管理开展化工产业转型升级工作推进不力，对辖区内化工行业建设项目进区入园把关上重项目轻安全、重发展轻安全。对A石化有限公司一期8万吨/a液化气深加工建设项目和二期20万吨/a液化气深加工建设项目未取得立项、备案手续违规建设行为监管失察。

ⅳ. 监督不力，不依法履行化工行业主管部门日常安全生产监管职责，未对A石化有限公司开展安全生产监督检查，日常监管严重缺失。

b. B市经信委。

ⅰ. 工作不力，对全市开展化工产业转型升级工作推进不力；未按照危险化学品生产、储存行业规划和布局要求，推动B市G经济开发区新建危险化学品建设项目进入符合标准的化工园区；未按照“管行业必须管安全、管业务必须管安全、管生产经营必须管安全”要求，认真履行化工行业主管部门安全生产监管职责。

ⅱ. 指导不力，指导B市G经济开发区经济发展局履行化工行业主管部门职责不力，督促G经济开发区经济发展局对A石化有限公司安全生产检查、隐患排查治理等工作不力。

⑩ 住建部门未依法履行建设工程安全监管职责。

B市G经济开发区建设局：

a. 工作失职，对A石化有限公司一期8万吨/a液化气深加工建设项目和二期20万吨/a液化气深加工建设项目未取得建设工程施工许可证擅自施工的行为监管失察。在该项目建设过程中补办建设工程施工许可证，且在该项目施工图设计文件未按规定审查合格，未按规定办理工程质量、安全监督手续的情况下，违法违规进行审批。对该公司未办理施工许可证擅自施工建设的行为查处不力，致使违法建设行为一直持续到施工许可证办理完毕。

b. 工作失职，未发现A石化有限公司一期8万吨/a液化气深加工建设项目、二期20万吨/a液化气深加工建设项目未按规定办理工程质量、安全监督手续，施工图设计文件未按规定审查合格的违法行为，未对该工程履行日常的工程质量、安全监督等监管职责。

c. 工作失职，未按规定履行建设工程监督检查职责，未发现一期8万吨/a液化气深加工建设项目的设计单位L石油化工设计有限公司未按照工程建设强制性标准进行设计的违法行为，未发现一期8万吨/a液化气深加工建设项目的建设单位A石化有限公司和非法施工队伍冒用T建筑工程有限公司房屋建筑工程施工资质进行基础工程施工的违法行为，未发现一期8万吨/a液化气深加工建设项目（除设备安装工程外）工程监理单位N城市建设监理有限责任公司未依照法律法规和工程建设强制性标准实施工程监理的违法行为。

⑪ 环保部门未依法履行工程项目环保审批职责。

B市环保局G经济开发区分局：

a. 工作失职，贯彻落实国家环境法律法规不到位，对B市G经济开发区大量化工建设项目未取得环评批复擅自开工建设的突出问题长期监管失控，导致环保违法行为大量存在。

b. 工作失职，对A石化有限公司一期8万吨/a液化气深加工项目和二期20万吨/a液化气深加工建设项目在未获得环境影响评价报告批复情况下擅自开工建设并投产的违法行为长期监管失察。

⑫ 规划部门未依法履行工程项目规划审批职责。

B市G经济开发区规划局：工作失职。对A石化有限公司一期8万吨/a液化气深加工建设项目、二期20万吨/a液化气深加工建设项目在未取得建设用地规划许可、建设工程规划许可的情况下擅自开工建设，并在该项目建设过程中补办建设用地规划许可证、建设工程规划许可证的行为失察。对三期4万吨/a废酸回收项目建设工程规划许可未批先建，并在该项目建设过程中补办建设工程规划许可证的行为失察。

⑬ 地方党委、政府未依法履行安全生产属地监管职责。

a. B市G经济开发区U镇党委、政府贯彻落实相关法律法规和上级安排部署不到位，履行安全生产属地管理责任不力，对辖区企业安全生产工作组织领导不力，督促交通运输、特种设备、化工等行业领域的企业落实安全生产主体责任不到位。

b. B市G经济开发区党工委、管委会贯彻落实相关法律法规和上级安排部署不到位，对安全生产工作不够重视，产业布局不合理，化工企业进区入园工作推动不力，对交通运输企业落实主体责任管理不到位，对辖区内存在的E籍等异地危化品运输车辆长期在本地运输经营行为监管严重失职，对交通运输、特种设备、化工等行业领域的企业审批、安全监管、执法检查等方面督导执行不严不实；履行安全生产属地管理责任不力，督促指导有关职能部门和U镇党委、政府落实安全、审批监管责任不到位。

c. B市政府贯彻落实相关法律法规和上级安排部署不到位，组织全市安全生产工作不到位，产业布局不合理，对交通运输、特种设备、化工等行业领域的企业审批、安全监管、执法检查等方面督导执行不严不实；督促指导有关职能部门和G经济开发区党工委、管委会落实安全、审批监管责任不到位。

(3) 事故性质

经调查认定，B市G经济开发区A石化有限公司“6・5”罐车泄漏重大爆炸着火事故是一起生产安全责任事故。

5.2.6 事故防范措施建议

针对这起事故暴露出的突出问题，为深刻吸取事故教训，进一步加强危险化学品生产、储存、运输等行业安全生产工作，有效防范类似事故重复发生，提出如下措施建议。

(1) 进一步强化安全生产红线意识

B市、G经济开发区党委、政府及其有关部门要深刻吸取事故教训，认真贯彻落实总书记、总理等中央领导同志关于安全生产工作的一系列重要指示精神，牢固树立科学发展、安全发展理念，始终坚守“发展决不能以牺牲人的生命为代价”这条红线，建立健全“党政同责、一岗双责、齐抓共管，失职追责”的安全生产责任体系，坚持“管行业必须管安全、管业务必须管安全、管生产经营必须管安全”的原则，推动实现责任体系“五级五覆盖”，进一步落实地方属地管理责任和企业主体责任。要针对本地区化工行业快速发展的实际，实施安全发展战略，把安全生产与转方式、调结构、促发展紧密结合起来，逐步调整化工行业产业布局，从根本上提高安全发展水平。要研究制定相应的政策措施，增强安全监管力量，加强危险化学品安全管理，强化生产、经营、储存、运输、使用等环节的管控，切实防范危险化学品事故发生。

(2) 加快推进风险分级管控和隐患排查治理体系建设

全省危险化学品企业要切实履行安全生产主体责任，强化风险管控的理念，牢固树立风险意识。按照H省安全风险管控和隐患排查治理体系建设要求，组织广大职工全面排查、辨识、评估安全风险，落实风险管控责任，采取有效措施控制重大安全风险，对风险点实施标准化管控；健全完善隐患排查治理体系，按照管控措施清单，全面排查、及时治理、消除事故隐患，对隐患排查治理实施闭环管理；严格落实化工企业安全承诺公告制度，对当日重点生产储存装置设施和主要作业活动的安全风险、运行和安全可控状态，层层进行承诺公告。

(3) 进一步加强危险化学品装卸环节的安全管理

危险化学品生产、经营、运输企业要建立并执行发货和装载查验、登记、核准制度，按照强制性标准进行装载作业。各地区要深刻吸取事故教训，要以涉及液化气体生产企业、储存企业和装卸环节为重点，督促企业定期检查液化气体装卸设施是否完好、功能是否完备，是否建立装卸作业时接口连接可靠性确认制度，装卸场所是否符合安全要求，是否建立安全管理制度并严格执行，安全管理措施是否到位，应急预案及应急措施是否完备，装卸管理人员、驾驶人员、押运人员是否具备从业资格，装卸人员是否经培训合格上岗作业，运输车辆是否符合国家标准要求等。对发现的问题，要立即整改，一时难以整改的，依法责令企业立即停产停业整改；对整治工作不认真的，依法依规严肃追究责任。

(4) 进一步加强危险化学品建设项目的安全管理

各级政府和部门，要加强对辖区内危险化学品建设项目的安全管理，严把立项审批、初步设计、施工建设、试生产（运行）和竣工验收等关口，及时纠正和查处各类违法违规建设行为；建立完善公开曝光、挂牌督办、处分与行政处罚、刑事责任追究相结合的责任监督体系，对不按规定履行安全批准和项目审批、核准或备案手续擅自开工建设的，发现一处，查处一起，并依法追究有关单位和人员的责任。

(5) 进一步加强对第三方服务机构的监管

危险化学品建设项目应当由具备相应资质的单位进行勘察、设计、施工、监理以及安全评价。建设、勘察、设计、施工、监理和安全评价单位对建设工程的质量和安全负责，要树立规范管理意识，完善内部管理制度，健全质量和安全管理保证体系，严格执行国家有关法律法规标准，确保危险化学品生产装置、储存设施的本质安全。有关部门要认真履行监管职责，强化相关资质管理，加强机构从业行为常态化监督检查，规范第三方服务行为。要建立安全评价、工程设计、施工监理等第三方服务机构信用评定和公示制度，对弄虚作假、不负责任、有不良记录的，纳入“黑名单”，依法降低资质等级或者吊销资质证书，追究相关责任并在媒体曝光。

(6) 进一步强化企业应急培训演练

有关化工和危险化学品企业以及危险货物运输企业要针对本企业存在的安全风险，有针对性地完善应急预案，强化人员应急培训演练，尤其是事故前期应急处置能力培训，配齐相关应急装备物资，提高企业应对突发事故事件特别是初期应急处置能力，有效防止事故后果升级扩大。要准确评估和科学防控应急处置过程中的安全风险，坚持科学施救，当可能出现威胁应急救援人员生命安全的情况时，及时组织撤离，避免发生次生事故。各部门要将企业应急处置能力作为执法检查重点内容，督促企业主动加强应急管理。

(7) 积极推进危险化学品安全综合治理工作

危险化学品易燃易爆、有毒有害，危险化学品重大危险源特别是罐区储存量大，一旦发生事故，影响范围广、救援难度大，易产生重大社会影响，后果十分严重。各级人民政府要进一步提高对危险化学品安全生产工作重要性的认识，积极推进危险化学品安全综合治理工作，加强组织领导协调，加快推进风险全面排查管控工作，突出企业主体责任落实，推动政府及部门监管责任落实，确保不走过场、取得实效。

第 6 章 危险化学品使用环节事故案例

6.1 某校“12 · 26”较大爆炸事故

6.1.1 事故总体情况

2018 年 12 月 26 日，A 学校实验室内学生进行垃圾渗滤液污水处理科研试验时发生爆炸。

2018 年 12 月 26 日 15 时许，B 消防通报，A 大学实验室爆炸事故致 3 名参与实验的学生死亡。2019 年 2 月 13 日，A 大学实验室爆炸事故调查报告公布。

6.1.2 事故基本情况

2018 年 12 月 26 日，A 大学市政与环境工程系学生在学校东校区 2 号楼环境工程实验室，进行垃圾渗滤液污水处理科研试验期间，在使用搅拌机对镁粉和磷酸搅拌、反应过程中，料斗内产生的氢气被搅拌机转轴处金属摩擦、碰撞产生的火花点燃爆炸，继而引发镁粉粉尘云爆炸，爆炸引起周边镁粉和其他可燃物燃烧，造成现场 3 名学生死亡。

6.1.3 事故单位情况

(1) 事故现场情况

事故现场位于 A 大学东校区东教 2 号楼。该建筑为砖混结构，中间两层建筑为市政与环境工程实验室（以下简称“环境实验室”），东西两侧三层建筑为电教教室（内部与环境实验室不连通）。环境实验室一层由西向东依次为模型室、综合实验室（西南侧与模型室连通）、微生物实验室、药品室、大型仪器平台；二层由西向东分别为水质工程学Ⅱ实验室、水质工程学Ⅰ实验室、流体力学实验室、环境监测实验室；一层南侧设有 5 个南向出入口；一、二层由东、西两个楼梯间连接；一层模型室和综合实验室南墙外码放 9 个集装箱。

（2）事发项目情况

事发项目为 A 大学垃圾渗滤液污水处理横向科研项目，由 A 大学所属 C 创新科技中心和 D 环保科技有限公司合作开展，目的是制作垃圾渗滤液硝化载体。该项目由原 A 大学土木建筑工程学院市政与环境工程系教授李×申请立项，经学校批准，并由李×负责实施。

2018 年 11 月至 12 月期间，李×与 D 环保科技有限公司签订技术合作协议；C 创新科技中心和 D 环保科技有限公司签订销售合同，约定 15 天内制作 $2m^3$ 垃圾渗滤液硝化载体。D 环保科技有限公司按照与李×的约定，从 E 公司购买 30 桶镁粉（1t、易制爆危险化学品），并通过互联网购买项目所需的搅拌机（饲料搅拌机）。李×从 F 化工厂购买了项目所需的 6 桶磷酸（0.21t、危险化学品）和 6 袋过硫酸钠（0.2t、危险化学品）以及其他材料。

垃圾渗滤液硝化载体制作流程分为两步：第一步，通过搅拌镁粉和磷酸反应，生成镁与磷酸镁的混合物；第二步，在镁与磷酸镁的混合物内加入镍粉等其他化学物质生成胶状物，并将胶状物制成圆形颗粒后晾干。

（3）实验室和危险化学品管理情况

① 实验室管理情况　A 大学对校内实验室实行学校、学院、实验室三级管理。学校层级的管理部门为国资处、保卫处、科技处等；学校设立实验室安全工作领导小组，领导小组办公室设在国资处。发生事故的环境实验室隶属于 A 大学土木建筑工程学院，学院层级管理部门为土木建筑工程学院实验中心，日常具体管理为环境实验室。

② 危险化学品管理情况　A 大学保卫处是学校安全工作的主管部门，负责各学院危险化学品、易制爆危险化学品等购置（赠予）申请的审批、报批，以及实验室危险化学品的入口管理；国资处负责监管实验室危险化学品、易制爆危险化学品的储存、领用及使用的安全管理情况；科技处负责对涉及危险化学品等危险因素科研项目风险评估；学院负责本院实验室危险化学品、易制爆危险化学品等危险物品的购置、储存、使用与处置的日常管理。事发前，李×违规将试验所需镁粉、磷酸、过硫酸钠等危险化学品存放在一层模型室和综合实验室，且未按规定向学院登记。

事发后经核查，土木建筑工程学院登记科研用危险化学品现有存量为 160.09L 和 30.23kg，未登记易制爆危险化学品；登记本科教学用危险化学品现有存量 43.5L 和 8.68kg，未登记易制爆危险化学品。

6.1.4 事故发生经过

2018 年 2 月至 11 月期间，李×先后开展垃圾渗滤液硝化载体相关试验 50 余次。2018 年 11 月 30 日，事发项目所用镁粉运送至环境实验室，存放于综合实验室西北侧；12 月 14 日，磷酸和过硫酸钠运送至环境实验室，存放于模型室东北侧；12 月 17 日，搅拌机被运送至环境实验室，放置于模型室北侧中部。

12 月 23 日 12 时 18 分至 17 时 23 分，李×带领刘某辉、刘某轶、胡某翠等 7 名学生在模型室地面上，对镁粉和磷酸进行搅拌反应，未达到试验目的。

12 月 24 日 14 时 09 分至 18 时 22 分，李×带领上述 7 名学生尝试使用搅拌机对镁粉和磷酸进行搅拌，生成了镁与磷酸镁的混合物。因第一次搅拌过程中搅拌机料斗内镁粉粉尘向外扬出，李×安排学生用实验室工作服封盖搅拌机顶部活动盖板处缝隙。当天消耗约 3～4 桶（每桶约 33kg）镁粉。

12 月 25 日 12 时 42 分至 18 时 02 分，李×带领其中 6 名学生将 12 月 24 日生成的混合物加入其他化学成分混合后，制成圆形颗粒，并放置在一层综合实验室实验台上晾干。其间，两桶镁粉被搬运至模型室。

12 月 26 日上午 9 时许，刘某辉、刘某轶、胡某翠等 6 名学生按照李×安排陆续进入实验室，准备重复 12 月 24 日下午的操作。经视频监控录像反映：当日 9 时 27 分 45 秒，刘某辉、刘某轶、胡某翠进入一层模型室；9 时 33 分 21 秒，模型室内出现强烈闪光；9 时 33 分 25 秒，模型室内再次出现强烈闪光，并伴有大量火焰，随即视频监控中断。

事故发生后，爆炸及爆炸引发的燃烧造成一层模型室，综合实验室和二层水质工程学Ⅰ、Ⅱ实验室受损。其中，一层模型室受损程度最重。模型室外（南侧）邻近放置的集装箱均不同程度过火。

6.1.5 事故应急处置情况

2018 年 12 月 26 日 9 时 33 分，市消防总队 119 指挥中心接到 A 大学东校区东教 2 号楼发生爆炸起火的报警。报警人称现场实验室内有镁粉等物质，并有人员被困。119 指挥中心接警后，共调集 11 个消防救援站、38 辆消防车、280 余名指战员赶赴现场处置。

12 月 26 日 9 时 43 分，G、H 消防站先后到场。经侦查，实验室爆炸起火并引燃室内物品，现场有 3 名学生失联，实验室内存放大量镁粉。现场指挥员第一时间组织两个搜救组分别从东西两侧楼梯间出入口进入建筑内搜救被困人员，并成立两个灭火组设置保护阵地堵截实验室东西两侧蔓延火势。9 时 50 分，搜救组在模型室与综合实验室连接门东侧约 1～2m 处发现第一具尸体，并将其抬到西侧楼梯间；随后，陆续在模型室的中间部位发现第二具尸体，在模型室与综合实验室连接门西侧约 1m 处发现第三具尸体。

在救援过程中，实验室内存放的镁粉等化学品连续发生爆炸，现场指挥部进行安全评估后，下达了搜救组人员全部撤出的命令。同时，在实验室南北两侧各设置 4 个保护阵地，使用沙土、压缩空气干泡沫对实验室内部进行灭火降温，并在外围控制火势向二楼蔓延。12 月 26 日 11 时 45 分，现场排除复燃复爆危险后，救援人员进入建筑内部开展搜索清理，抬出三具尸体移交医疗部门，并用沙土、压缩空气干泡沫清理现场残火。12 月 26 日 18 时，现场清理完毕，H 消防站人员留守现场看护，其余消防救援力量返回。

6.1.6　事故伤亡及经济损失情况

死亡人员情况：

a. 刘某辉，男，28 岁，A 大学博士生，经 I 市公安司法鉴定中心鉴定符合烧死。

b. 刘某轶，女，30 岁，A 大学博士生，经 I 市公安司法鉴定中心鉴定符合烧死。

c. 胡某翠，女，24 岁，A 大学硕士生，经 I 市公安司法鉴定中心鉴定符合烧死。

6.1.7　事故原因及性质

(1) 直接原因

① 排除人为故意因素　公安机关对涉事相关人员和各种矛盾的情况进行了全面排查，并对死者周边亲友、老师、同学进行了走访，结合事故现场勘查、相关视频资料分析，以及尸检报告、爆炸燃烧形成痕迹等，排除了人为故意纵火和制造爆炸案件的嫌疑。

② 确定爆炸中心位置　经勘查，爆炸现场位于一层模型室，该房间东西长 12.5m、南北宽 8.5m、高 3.9m。事故发生后，模型室内东北部（距东墙 4.7m、距北墙 2.9m）发现一台金属材质搅拌机，其料斗安装于金属架上。搅拌机料斗顶部的活动盖板呈鼓起状，抛落于搅拌机东侧地面，出料口上方料斗外壁有明显物质喷溅和灼烧痕迹。搅拌机料斗顶部的活动盖板与固定盖板连接的金属铰链被爆炸冲击波拉断。上述情况表明：爆炸中心位于搅拌机处，爆炸首先发生于搅拌机料斗内。

③ 爆炸物质分析　通过理论分析和实验验证，磷酸与镁粉混合会发生剧烈

反应并释放出大量氢气和热量。氢气属于易燃易爆气体，爆炸极限范围为4%～76%，最小点火能为0.02mJ，爆炸火焰温度超过1400℃。

因搅拌、反应过程中只有部分镁粉参与反应，料斗内仍剩余大量镁粉。镁粉属于爆炸性金属粉尘，遇点火源会发生爆炸，爆炸火焰温度超过2000℃。

模型室视频监控录像显示，12月26日9时33分21秒至25秒之间室内出现两次强光。第一次强光光线颜色发白，符合氢气爆炸特征；第二次强光光线颜色泛红，符合镁粉爆炸特征。综上所述，爆炸物质是搅拌机料斗内的氢气和镁粉。

④ 点火源分析　经勘查，料斗内转轴盖片通过螺栓与转轴固定，搅拌机转轴旋转时，转轴盖片随转轴同步旋转，并与固定的转轴护筒（以上均为铁质材料）接触发生较剧烈摩擦。运转一定时间后，转轴盖片上形成较深沟槽，沟槽形成的间隙可使转轴盖片与转轴护筒之间发生碰撞，摩擦与碰撞产生的火花引发搅拌机内氢气发生爆炸。

⑤ 爆炸过程分析　在搅拌过程中，搅拌机料斗内上部形成了氢气、镁粉、空气的气固两相混合区；料斗下部形成了镁粉、磷酸镁、氧化镁（镁与水反应产物）等物质的混合物搅拌区。

转轴盖片与转轴护筒摩擦、碰撞产生的火花，点燃了料斗内上部氢气和空气的混合物并发生爆炸（第一次爆炸）。爆炸冲击波超压作用到搅拌机上部盖板，使活动盖板的铰链被拉断，并使活动盖板向东侧飞出。同时，冲击波将搅拌机料斗内的镁粉裹挟到搅拌机上方空间，形成镁粉粉尘云并发生爆炸（第二次爆炸）。爆炸产生的冲击波和高温火焰迅速向搅拌机四周传播，并引燃其他可燃物。

专家组对提取的物证、书证、证人证言、鉴定结论、勘验笔录、视频资料进行系统分析和深入研究，结合爆炸燃烧模拟结果，确认事故直接原因为：在使用搅拌机对镁粉和磷酸搅拌、反应过程中，料斗内产生的氢气被搅拌机转轴处金属摩擦、碰撞产生的火花点燃爆炸，继而引发镁粉粉尘云爆炸，爆炸引起周边镁粉和其他可燃物燃烧。

（2）间接原因

违规开展试验、冒险作业，违规购买、违法储存危险化学品，对实验室和科研项目安全管理不到位是导致该起事故的间接原因。

一是事发科研项目负责人违规试验、作业，违规购买、违法储存危险化学品，违反《A大学实验室技术安全管理办法》等规定，未采取有效安全防护措施；未告知试验的危险性，明知危险仍冒险作业。事发实验室管理人员未落实校内实验室相关管理制度；未有效履行实验室安全巡视职责，未有效制止事发项目负责人违规使用实验室，未发现违法储存的危险化学品。

二是 A 大学土木建筑工程学院对实验室安全工作重视程度不够；未发现违规购买、违法储存易制爆危险化学品的行为；未对申报的横向科研项目开展风险评估；未按学校要求开展实验室安全自查；在事发实验室主任岗位空缺期间，未按规定安排实验室安全责任人并进行必要培训。土木建筑工程学院下设的实验中心未按规定开展实验室安全检查，对实验室存放的危险化学品底数不清，报送失实；对违规使用教学实验室开展试验的行为，未及时查验、有效制止并上报。

三是 A 大学未能建立有效的实验室安全常态化监管机制；未发现事发科研项目负责人违规购买危险化学品，并运送至校内的行为；对土木建筑工程学院购买、储存、使用危险化学品、易制爆危险化学品情况底数不清、监管不到位；对实验室日常安全管理责任落实不到位，未能通过检查发现土木建筑工程学院相关违规行为；未对事发科研项目开展安全风险评估；未落实《教育部科技司关于开展 2017 年度高校科研实验室安全检查工作的通知》有关要求。

（3）事故性质

鉴于上述原因分析，事故调查组认定，该起事故是一起责任事故。

6.1.8　事故经验教训

（1）涉事单位主体责任层面

A 大学必须牢固树立安全红线意识，深刻汲取此次事故教训，全面排查学校各类安全隐患和安全管理薄弱环节，加强实验室、科研项目和危险化学品的监督检查，采取有针对性的整改措施，着力解决当前存在的突出问题。

一是全方位加强实验室安全管理。完善实验室管理制度，实现分级分类管理，加大实验室基础建设投入；明确各实验室开展试验的范围、人员及审批权限，严格落实实验室使用登记相关制度；结合实验室安全管理实际，配备具有相应专业能力和工作经验的人员负责实验室安全管理。

二是全过程强化科研项目安全管理。健全学校科研项目安全管理各项措施，建立完备的科研项目安全风险评估体系，对科研项目涉及的安全内容进行实质性审核；对科研项目试验所需的危险化学品、仪器器材和试验场地进行备案审查，并采取必要的安全防护措施。

三是全覆盖管控危险化学品。建立集中统一的危险化学品全过程管理平台，加强对危险化学品购买、运输、储存、使用管理；严控校内运输环节，坚决杜绝不具备资质的危险品运输车辆进入校园；设立符合安全条件的危险化学品储存场所，建立危险化学品集中使用制度，严肃查处违规储存危险化学品的行为；

开展有针对性的危险化学品安全培训和应急演练。

(2) 行业监管层面

B地区各高校要深刻吸取事故教训，举一反三，认真落实B地区普通高校实验室危险化学品安全管理规范，切实履行安全管理主体责任，全面开展实验室安全隐患排查整改，明确实验室安全管理工作规则，进一步健全和完善安全管理工作制度，加强人员培训，明确安全管理责任，严格落实各项安全管理措施，坚决防止此类事故发生。

(3) 社会层面

涉及学校实验室危险化学品安全管理的教育及其他有关部门和属地政府，按照工作职责督促学校使用危险化学品安全管理主体责任的落实，持续开展学校实验室危险化学品安全专项整治，摸清危险化学品底数，加强对涉及学校实验室危险化学品、易制爆危险化学品采购、运输、储存、使用、保管、废弃物处置的监管，将学校实验室危险化学品安全管理纳入平安校园建设。

6.2 某医药化工有限公司“11·17”事故

6.2.1 事故总体情况

2020年11月17日，位于A省B市C经济技术开发区（以下简称经开区）D工业园的E医药化工有限公司（以下简称E公司）发生爆炸事故，造成3人死亡、5人受伤。事故的直接原因是：R303釜处理的对甲苯磺酰脲废液中含有溶剂氯化苯，操作工使用真空泵转料至R302釜时，因R302釜刚蒸馏完前一批次物料尚未冷却降温，废液中的氯化苯受热形成爆炸性气体，转料过程中产生静电引起爆炸。

6.2.2 事故基本情况

(1) 事故车间基本情况

103车间建成于2004年，为地上单层砖混结构，屋顶为钢梁和彩钢板，长为30m，宽为13m，总高7m；车间面积为390m^2。事故发生前，车间有19台釜（单釜容积为2000L），按南北分列；釜体呈贯穿楼板形式悬挂设置，釜体在楼板上下各约1/2。2017年，该公司通过新增部分设备和循环套用150t/a对甲苯磺酰脲的部分设备将103车间六甲基磷酰三胺50t/a的产能扩大为1000t/a。

2020 年 7 月，因新的 101 车间建成投用，103 车间 1000t/a 六甲基磷酰三胺生产线停用，六甲基磷酰三胺开始在 101 车间生产，103 车间开始停用。2020 年 8 月初，E 公司未经相关部门审批同意开始对 103 车间进行设备管线改造，并虚报用途开始购入生产偶氮二甲酸二乙酯的原材料（包括剧毒化学品氯甲酸乙酯、易制爆化学品水合肼和双氧水）。2020 年 9 月中旬起，E 公司在 103 车间非法生产偶氮二甲酸二乙酯，直至 2020 年 11 月 17 日发生爆炸。

（2）事故装置基本情况

生产偶氮二甲酸二乙酯的生产装置为生产对甲苯磺酰脲装置和原生产六甲基磷酰三胺的部分装置（企业编号为 R301～R313 的 2000L 反应釜）。根据原设计单位提供的设备安装图，103 车间 2008 年验收批复为生产对甲苯磺酰脲；2017 年变更设计为对甲苯磺酰脲和六甲基磷酰三胺的生产线；2020 年 7 月六甲基磷酰三胺迁至 101 车间生产，原有装置开始闲置。事故单位未经安全生产“三同时”，擅自改变危险化学品生产装置用途、生产工艺，非法生产偶氮二甲酸二乙酯。

（3）事故企业行政许可有关情况

① E 公司安全生产行政审批情况　E 公司于 2008 年 9 月 10 日首次领取了危险化学品生产企业安全生产许可证，有效期为 2017 年 10 月 20 日至 2020 年 10 月 19 日，许可范围为对甲苯磺酰脲（150t/a）、六甲基磷酰三胺（1000t/a）、美海屈林萘二磺酸盐（50t/a）、甲酸乙酯（250t/a）、环丙甲基酮（1200t/a）。发生事故时，尚未完成第四次延期。

② 事故企业购买剧毒化学品和易制爆化学品情况　2020 年 8 月 5 日，E 公司以生产叔丁基二甲基氯硅烷需要用到氯甲酸乙酯作为催化剂为由，向 F 区公安局提交申请购买剧毒品氯甲酸乙酯，分 3 次购买了氯甲酸乙酯 45t；此外，E 公司以生产美海屈林萘二磺酸盐（102 车间已许可产品）和处理高浓度废水为由，先后分四次从 G 贸易有限公司购入易制爆化学品水合肼 19t、双氧水 25t，均向 F 区公安局进行了备案。

6.2.3　事故单位情况

E 公司位于 B 市 C 经济技术开发区 D 工业园，企业性质为有限责任公司（自然人投资或控股），经营范围包括供进一步加工药品制剂所需原药的原料制造、销售及出口业务，回收甲醇、甲苯（以上不含国家法律法规有专项规定或需前置许可的项目），营业期限为 2003-11-10 至 2053-11-09。其主要产品为叔丁基二甲基氯硅烷 600t/a、环丙甲基酮 1200t/a、甲酸乙酯 250t/a、六甲基磷酰三胺 1000t/a、溴乙烷 200t/a 、美海屈林萘二磺酸盐 80t/a 、对甲苯磺酰脲 150t/a

等，主要用于医药行业。

E公司占地面积41238m²，建筑面积25049.6m²，建有101车间、102车间、103车间、104车间、105车间五个甲类车间，201、202、205三个甲类仓库，203丙类仓库，206储罐区，剧毒品仓库1个，106干燥车间，304动力车间，401办公楼。

6.2.4 事故发生经过

2020年11月16日晚上8点左右，103车间班长夏×带领班组人员接班。

11月17日1时30分左右，R302釜完成常压蒸馏后，夏×将物料转入R303釜继续减压蒸馏。

11月17日6时50分左右，R303釜完成减压蒸馏，此时，釜内有200kg左右的偶氮二甲酸二乙酯。

11月17日7时10分左右，夏×、文×、欧阳×、龚×等四人去公司食堂吃早饭，车间还有员工颜×（男，103车间主操工，已在事故中死亡）、杨×（男，103车间工人，已在事故中死亡）、郭×（男，103车间工人，在事故中受伤）三人在103车间作业，之后，颜×在R303釜旁观察釜内情况。11月17日7时21分41秒，R303釜发生爆炸。

第一次爆炸直接造成R303蒸馏釜碎裂，两名操作工死亡，车间厂房部分坍塌。在R303蒸馏釜发生爆炸后，产生的冲击波冲击了车间北面墙外用铁桶装的偶氮二甲酸二乙酯（有1200kg左右成品），引发第二次爆炸。第二次爆炸造成103车间全部坍塌，北面墙体柱钢筋裸露，并以其为中心形成直径约5m的爆炸坑。第二次爆炸的飞出物砸中动力车间附近的欧阳×（后因伤势过重不治身亡）。

6.2.5 事故应急处置情况

(1) 事故现场勘测情况

103车间在事故中基本损毁，仅残余西面部分墙体，地面有较明显的两处炸坑。位于103车间东南角R303釜正下方的炸坑长、宽各约1m，深0.3m；位于103车间北面墙体处炸坑长、宽各约5m，深0.5m。103车间北面厂区围墙坍塌，北面厂区围墙外其他企业厂房部分受损，爆炸残片四处飞溅散落。103车间南面102车间受损较重，其厂房顶部基本坍塌，北面邻近东面区域受损严重。103车间相邻105车间和106车间部分受损，厂区内其他建筑部分玻璃震毁。103车间西面设备受损较小，其位置保持且釜体完整，103车间其余反应釜均有不同程度受损，且位置散落。周边厂区和民房玻璃门窗受爆炸冲击波影响有不同程度受损。

(2) 应急处置情况

事故发生后，E 公司拨打 119 报警，组织人员启用厂内消防设施对爆炸、着火区域进行降温灭火，同时将伤者送至 B 市中医院救治，通过清点人数，发现两名 103 车间员工失联。

2020 年 11 月 17 日 7 时 29 分，B 市消防救援支队指挥中心接到报警后，出动化工专业处置队共 6 车、35 名指战员赶赴现场处置。7 时 33 分，位于 D 工业园区的 C 经开区消防大队 H 中队到达现场，立即划定警戒区域，并出动 2 支灭火枪控制外围火势。7 时 50 分，市消防救援队伍及装备陆续到达现场。8 时 30 分，现场明火被扑灭。市消防支队调集 3 条搜救犬赶赴现场搜寻失联人员，开始在厂区车间外开展地毯式搜索。10 时 34 分，在 103 车间西北角搜索到一名失联人员，已无生命体征。15 时 40 分，搜救人员在外围发现失联人员部分零碎肢体，初步判断为另一名失联人员，并于 16 时 30 分移交公安部门做 DNA 鉴定核实确认失联人员身份。

C 经开区管委会和 B 市政府先后接到事故报告后相继启动应急预案，B 市政府、C 经开区、F 区等市、区主要领导和分管领导及相关部门负责人第一时间赶赴事故现场，并成立了事故应急救援指挥部，组织开展救援工作。

现场救援结束后，事故应急救援指挥部组织有关专家认真分析、研判事故现场，研究制定了《厂区危险化学品处置方案》，督促指导经开区管委会对事故企业尚存的危险化学品进行了妥善处置，未发生次生事故和引发次生灾害。

(3) 环境污染情况

B 市、C 经开区生态环境部门接报后，立即赶赴现场，开展应急处置和应急监测工作，监测结果表明，事故现场周边大气环境中氯化氢、氢、硫酸雾、苯、甲苯、乙苯、对二甲苯、间二甲苯、邻二甲苯、苯乙烯均达到大气污染物综合排放标准（GB 16297—1996）；VOCs 达到 I 省挥发性有机物排放标准第 3 部分医药制造业标准，各项污染物浓度显著降低。爆炸事故未对周边水环境造成影响。

(4) 应急处置评估情况

事故发生后，E 公司开展了应急处置，但未能按照预案要求有序组织开展救援，救援人员应急处置反应迟缓，防毒面具和空气呼吸器等应急物资短缺，暴露出企业日常应急演练针对性不强、应急器材配备不足、区域联动不够等问题，应予以改进和完善。

市、区政府接到报告后相继启动应急预案，相关领导第一时间赶到现场指挥救援，妥善做好了现场救援和善后处置工作，未发生次生事故。

6.2.6 事故伤亡及经济损失情况

(1) 人员伤亡情况

① 颜×，男，主操工。

② 杨×，男，操作工。

③ 欧阳×，男，司炉工。

(2) 直接经济损失

依据《企业职工伤亡事故经济损失统计标准》（GB 6721—1986）等标准和规定统计，此次事故共造成直接经济损失 10277745.77 元（不含事故罚款）。

6.2.7 事故原因及性质

(1) 事故直接原因

事发前，在 R303 蒸馏釜的上部充满二氯甲烷、偶氮二甲酸二乙酯等爆炸性混合气体，同时釜内还有温度较高的易爆性化合物偶氮二甲酸二乙酯液体，操作工在取样前操作时，本应先关真空阀，降温，再通入氮气置换内部气体，停止搅拌再放空；操作工未待 R303 蒸馏釜降温、没有先通入氮气，而是错误地先开放空阀，导致蒸馏釜中进入大量空气，使得蒸馏釜中爆炸性气体浓度达到了爆炸极限，在氧气、高热和易爆性化合物都存在的条件下发生了爆炸。

(2) 事故间接原因

① 企业层面 E 公司未依法落实安全生产主体责任，安全意识、法治观念淡薄，是事故发生的主要原因。

a. 非法组织生产。在未取得危险化学品安全生产许可的情况下非法组织偶氮二甲酸二乙酯生产，违反《安全生产许可证条例》第二条；其安全生产许可证已于 2020 年 10 月 19 日过期，未及时办理延期手续，到期后继续从事生产，违反《安全生产许可证条例》第九条；未核实工艺的安全可靠性，未对偶氮化重点监管危险化工工艺进行反应安全风险评估；对相关物料性质及工艺危险性的认识严重不足，违反《中华人民共和国安全生产法》（2014 年版，本节下同）第二十六条。

b. 生产工艺及装置未经正规设计。偶氮二甲酸二乙酯生产装置未按照《危险化学品建设项目安全监督管理办法》（原国家安全监管总局令第 45 号）的要求取得安全设施“三同时”手续，也未委托专业机构进行工艺计算和施工图设计。在未采取重新校核、变更设计的情况下组织施工，安全设施不到位，无自动化控制系统、安全仪表系统、可燃和有毒气体泄漏报警系统等安全设施，工艺控制参数主要依靠人工识别，生产操作靠人工操作，不具备安全生产条件。

c. 操作人员资质不符合规定要求。偶氮化工艺作业属于《特种作业目录》

9.18 类，违反《安全生产法》第二十七条规定，事故车间生产岗位上多名从事特种作业人员未持证上岗，且绝大部分操作工均为初中及以下文化水平，不符合国家对涉及“两重点一重大”装置的操作人员必须具有高中以上文化程度的强制要求，不能满足企业安全生产的要求。

d. 安全生产教育和培训不到位。违反《安全生产法》第四十一条，未按照规定对从业人员进行安全生产教育和培训，员工操作和安全培训不到位，培训时间不足，内容缺乏针对性，事故车间员工对本岗位生产过程中存在的安全风险认识不到位，对生产操作过程接触的物料成分、性质不了解，操作人员缺乏化工安全生产基本常识和操作技能。

e. 安全管理混乱。E 公司安全生产责任制不落实，安全生产职责不清，规章制度不健全，未制订偶氮二甲酸二乙酯岗位安全操作规程，未认真组织开展安全隐患排查治理，风险管控措施缺失，对员工未按照作业要求操作检查不到位。偶氮二甲酸二乙酯是热敏性液体，对光、热和振动敏感，车间违规临时堆放偶氮二甲酸二乙酯在 103 车间北面铁皮棚内，不符合贮存要求，E 公司未能及时排查消除隐患，导致引发第二次爆炸。

f. 刻意隐瞒用途申购剧毒化学品和易制爆化学品。违反《剧毒化学品购买和公路运输许可证件管理办法》（公安部令第 77 号）第五条第一项，虚报用途。购买剧毒化学品氯甲酸乙酯用于生产叔丁基二甲基氯硅烷，购买易制爆化学品水合肼用于生产美海屈林萘二磺酸盐，购买易制爆化学品双氧水用于高浓度废水处理。实际上都是用于生产偶氮二甲酸二乙酯。

② 部门层面　负有安全生产监管，剧毒化学品、易制爆危化品监管职能的相关部门未认真履职，审批把关不严，监督检查不到位，是事故发生的重要原因。

a. C 经开区。履行属地安全监管责任不到位。督促企业落实安全生产法律法规和主体责任不到位，履行危险化学品安全生产监督检查职责不力，对 E 公司安全生产监督检查不到位，对非法违法行为打击不力。对 E 公司非法生产问题失察。

b. 其他部门。B 市公安局 F 分局未认真履行剧毒化学品监管职责，对 E 公司虚假申购剧毒化学品氯甲酸乙酯审批把关不严，对 E 公司剧毒化学品和易制爆化学品使用监督检查不到位，对 E 公司违反剧毒化学品安全管理规定问题失察。

③ 党委、政府层面　C 经济技术开发区党工委、管委会安全发展理念不牢，安全责任意识不强，地方党政领导干部安全生产责任制落实不到位。未切实加强辖区危险化学品领域安全监管工作的领导，对安全生产监管队伍建设重视不

够，危险化学品安全监管体制不健全、监管力量配备难以满足监管形势和任务需要，专业监管能力不足问题突出，在承接J经济开发区安全生产和环境保护管理职能后，未及时补充调整。未有效督促相关职能部门落实“三管三必须”，督促职能部门履行对E公司的监管职责不到位，对监管人员监督检查不到位问题失察。

(3) 事故性质

经调查认定，B市E医药化工有限公司“11·17”事故是一起较大生产安全责任事故。

6.2.8 事故经验教训

为深刻汲取事故教训，举一反三，有效防范和遏制生产安全事故发生，提出如下建议措施。

(1) 牢固树立安全发展理念

各县（市、区）尤其是C经开区要牢固树立“两个至上”理念，深入贯彻落实总书记关于安全生产的重要论述并落实到安全生产的各项工作中，时刻绷紧安全生产这根弦。要统筹好安全与发展，严格危险化学品企业安全准入。深刻吸取事故教训，举一反三，在各生产经营单位开展警示教育工作，督促企业认真吸取事故教训，落实安全生产主体责任，防止类似事故发生。

(2) 抓实企业主体责任落实

各地、各有关部门要督促企业进一步落实法定代表人、主要负责人、实际控制人的安全生产责任，切实加强化工过程安全管理，强化风险辨识和隐患排查治理。大力推进安全生产标准化建设，不断提升企业本质安全水平。进一步提升化工行业从业人员专业素质和技能，严格落实化工行业主要负责人、分管负责人、安全管理人员和关键岗位从业人员专业、学历、能力要求，并按规定配备化工相关专业注册安全工程师。

(3) 深入开展打非治违专项整治

要深刻吸取此次事故暴露的部门之间信息共享不够、工作衔接不紧等问题，建立健全应急管理、公安、环保等部门信息共享、联合执法、协作配合、定期会商研判等工作机制，从企业原料购买、生产过程监管、“危废”处理等方面掌握企业非法违法生产信息，形成监管合力。各地、各部门要按照要求，进一步建立完善政府统一领导、部门依法监管、单位全面负责、公民积极参与的安全生产领域打非治违常态化工作机制，加大打非治违工作力度，严厉打击各类非法违法建设行为。

(4) 切实提升危险化学品安全监管能力

各地、各有关部门尤其是C经开区要通过指导协调、监督检查、巡查考核等方式，推动有关部门严格落实危险化学品各环节安全生产监管责任。加强专业监管力量建设，健全安全生产执法体系，提高具有安全生产相关专业学历和实践经验的执法人员比例，确保监管力量能够满足监管任务需要。

(5) 强化精细化工安全监管

各监管部门要将精细化工企业作为监管重点，涉及重大危险源和危险化工工艺的项目要从严审批。加快推进精细化工反应安全风险评估和自动化改造，相关在役装置要根据反应安全风险评估结果，补充和完善安全管控措施，及时审查和修订安全操作规程。

6.3 某机械科技有限公司喷漆房“9·12”较大爆燃事故

6.3.1 事故总体情况

2020年9月12日16时54分左右，位于A市B区（以下简称B区）内的C机械科技有限公司的喷漆房发生爆燃事故，造成4人死亡、4人重伤、6人轻微伤，直接经济损失约2640万元。

6.3.2 事故基本情况

A市应急管理局公布了该事故的调查报告。经调查认定，A市B开发区C机械科技有限公司喷漆房“9·12”较大爆燃事故是一起生产安全责任事故。

事故调查报告中指出该事故的直接原因是喷漆房相对密闭，现场作业人员未开启废气处理设施。在面漆间清理地面时，清理人员使用的稀释剂快速挥发积聚，在喷漆房内形成爆炸性混合气体。清理时使用的铁铲与设置的钢制格栅撞击产生火花，形成点火源，致使喷漆房爆燃事故的发生。

6.3.3 事故单位情况

① C机械科技有限公司（以下简称C公司），2012年8月30日成立，法定代表人为郑×，企业类型为有限责任公司（台港澳法人独资），所属行业为专用

设备制造业，经营范围包括建筑工程用机械、矿山机械制造，机械零部件的加工，涂料、汽车零配件、钢材批发及进出口，电子元件及组件制造，销售自产产品及提供显影技术、维修服务。C公司实际控制人是陈×（公司股东会委托）。

② D机械制造有限公司（以下简称D公司），2017年4月13日成立，法定代表人为杨×，企业类型为有限责任公司（自然人独资），所属行业为批发业，经营范围包括金属加工机械制造，金属结构制造，工业自动控制系统装置制造，机械零件、零部件加工，建筑工程用机械销售，建筑工程机械与设备租赁，金属结构销售，金属材料销售，工业自动控制系统装置销售，生产线管理服务，普通货物仓储服务。

经询问C公司工作人员，事故车间在C公司内部统称为C公司新区车间。

C公司作为D公司的股东之一，两个公司之间表征人格因素（即人员、业务、财务等因素）高度混同。一是公司人员混同。D公司没有办公场所，财务、后勤、管理人员等均由C公司相关对应部门管理。二是公司业务混同。D公司的生产控制、产量统计、接受政府部门检查等均由C公司负责，D公司的生产原料、设备均由C公司提供，业务也来源于C公司。三是公司财务混同。D公司的银行账户、公章、营业执照等均保管在C公司的业务部门，工人工资发放由C公司负责。根据最高人民法院第15号指导案例裁判要旨，D公司与C公司之间人格混同，视为一体。因此，D公司虽然从形式上看属于独立的公司，但实质上为C公司所设立并控制的公司，事发车间实质上属于C公司的生产车间。

③ E科技有限公司（以下简称E公司），2015年7月28日成立，法定代表人为李×，企业类型为有限责任公司（自然人独资），所属行业为汽车制造业，经营范围包括电动车及相关配件设计、制造、组装、销售。

按照省、市有关要求，经F区环境保护违法违规建设项目清理整治领导小组研究决定，E公司年产2万辆电动车项目属于“登记一批”范畴。2017年2月，E公司进行自评并形成企业自查评估报告。按照生态环境部《排污许可管理办法（试行）》的要求，E公司于2020年7月申领排污许可证。2020年9月，A市F生态环境局受A市生态环境局授权，为E公司核发排污许可证，但排污许可证上的排污口数量及位置与企业自查评估报告不相符。

6.3.4 事故发生经过

2020年9月12日14时30分左右，李×旺在工作群通知在喷漆房的北侧空地召集约30名员工开会，安排打扫喷漆房卫生及提高生产质量工作。

9月12日15时30分左右，开始打扫清理喷漆房卫生。当时参加打扫清理人员有 20 多人，没有具体的人员分工，主要有清理漆渣、清运漆渣、换过滤棉和活性炭等工作，多人轮流、轮换作业，现场作业较乱。清扫全过程未开启废气处理设施，也未采取其他措施进行通风（从 9 月 12 日凌晨 3 点左右结束喷漆作业至清扫作业过程中，喷漆房内均未开启废气处理设施）。

9 月 12 日 16 时 50 分左右，田×向李×旺反映清理工作太热、太累，李×旺就到喷漆房查看清理情况，此时底漆间已清理完毕，面漆间即将清理结束，准备清理清漆间。

随后，田×、李×（1）、李×（2）、高×、李×飞、王×玲等从喷漆房出来，其中王×玲在喷漆房外喝完水后，又进入喷漆房。

9 月 12 日 16 时 52 分左右，季×和王×在面漆间靠近清漆间的位置。季×使用腻刀子清理漆渣，由于漆渣较难清理，季×使用装有清洗喷枪的稀释剂桶，向地面漆渣上泼稀释剂（约 10kg），软化漆渣，使其便于清理，王×使用长柄铁铲清理钢制格栅上的漆渣。

9 月 12 日 16 时 54 分 3 秒，在喷漆房面漆间靠近清漆间的位置发生爆燃，继而引燃喷漆房内的稀释剂和漆渣。

6.3.5 事故应急处置情况

事故发生后，现场工人立即拨打 110、119 报警电话和 120 急救电话。接到报警后，消防救援支队立即调派 G 路消防救援站 2 辆消防车、10 名消防员赶赴现场实施扑救，同时调派 H 消防救援站进行增援。9 月 12 日 17 时 7 分，G 路消防救援站到达现场，经现场询问侦查，获悉有 4 名人员被困。现场救援力量在控制火势的同时，第一时间成立 2 个搜救小组进行搜救。9 月 12 日 17 时 27 分，搜救出第一名被困人员，同时，喷漆房明火基本扑灭。9 月 12 日 17 时 50 分，H 消防救援站到达现场，陆续搜救出 3 名被困人员。9 月 12 日 17 时，I 公安局园区派出所和救护车先后到达现场，配合消防支队开展事故救援，受伤人员被及时送至市第一人民医院抢救治疗。

事故发生后，市委书记第一时间赶赴现场指导事故救援和善后处置工作，市长高度重视，批示要求全力做好救治伤员、善后处置、事故调查等工作，并责成 F 区深刻吸取教训，迅速组织开展安全生产大排查，同时安排副市长坐镇现场指挥救援和处置。常务副市长赴现场指导善后处置并持续跟进指挥调度。市、区两级应急、消防救援、环保等部门迅速行动，连夜成立应急处置工作指挥部，下设综合协调组、医疗救助组、善后处置组、信访维稳组、舆情防控组，以及事故调查协调与现场处置组等六个工作组，全力做好人员搜救、伤员抢救、善后处置等各项工作。至 2020 年 12 月 24 日，4 名死亡人员的赔偿已经到位，4

名重伤人员在J市第三人民医院进行治疗，6名轻微伤人员已经出院。

6.3.6 事故伤亡及经济损失情况

(1) 死亡人员情况

① 李×旺，C公司新区车间生产负责人。男，2020年9月12日在A市第一人民医院经抢救无效死亡。

② 季×，C公司新区车间喷漆工。男，2020年9月12日在A市第一人民医院经抢救无效死亡。

③ 王×，C公司新区车间喷漆工。男，2020年9月12日在A市第一人民医院经抢救无效死亡。

④ 王×玲，C公司新区车间普工。女，2020年9月12日在A市第一人民医院经抢救无效死亡。

(2) 受伤人员情况

① 鹿××，C公司新区车间喷漆工。男，至2020年12月24日，伤情稳定，在J市第三人民医院治疗。

② 许××，C公司新区车间白班班长。男，至2020年12月24日，伤情稳定，在J市第三人民医院治疗。

③ 王×，C公司新区车间喷漆工。男，至2020年12月24日，伤情稳定，在J市第三人民医院治疗。

④ 毛×，C公司新区车间喷漆工。男，至2020年12月24日，伤情稳定，在J市第三人民医院治疗。

李×(3)、韩×、李×顺、王×虎、许×思、侯×六名受轻微伤人员已治疗出院。

6.3.7 事故原因及性质

(1) 直接原因

喷漆房相对密闭，现场作业人员未开启废气处理设施。在面漆间清理地面时，清理人员使用的稀释剂快速挥发积聚，在喷漆房内形成爆炸性混合气体。清理时使用的铁铲与设置的钢制格栅撞击产生火花，形成点火源，致使喷漆房爆燃事故的发生。

(2) 间接原因

① C机械科技有限公司（D机械制造有限公司）。

a. 安全管理不到位。C公司（D公司）未建立健全公司安全生产责任制及各项安全管理制度和操作规程，未制订并实施安全生产教育和培训计划，未全面排查治理事故隐患，未将事故车间纳入公司安全管理范围，未进行有效的日常安全管理，未严格履行企业安全生产主体责任。

b. 隐患排查治理不到位。C 公司（D 公司）在日常清理漆渣过程中，未建立相应的制度和规程，未对作业现场可能存在的危险、有害因素进行风险辨识，使用未标注成分的油漆及稀释剂，存在工人习惯性使用铁制工具及撞击能产生火花的其他工具、未开启废气处理设施、使用非防爆电动工具、稀释剂桶长期敞口放置等现象，C 公司（D 公司）对这些隐患缺乏系统排查和全面治理。

c. 安全培训不到位。C 公司（D 公司）三级安全教育流于形式，未按照规定的学时及内容开展安全培训及考核。未制订年度及月度安全培训计划，未制订各类安全培训大纲及培训方案，未系统组织员工学习安全生产法律法规、规章制度、操作规程、岗位危险源及控制措施、事故应急措施等。

d. 应急管理不到位。C 公司（D 公司）没有按规定制订生产安全事故应急预案，没有配备必要的应急物资及装备，未按要求开展应急演练，员工自我保护及应急救援能力较差。

e. 冒用他人资质。C 公司（D 公司）冒用 E 公司的资质进行生产和经营，逃避政府部门的监管。

f. 事故车间未办理消防手续。未按照《中华人民共和国消防法》第十六条规定落实消防安全责任制，消防安全制度不健全，未制订灭火和应急疏散预案。

g. 安全设施“三同时”执行不到位。C 公司作为 D 公司的实际控制方，在建设该条涂装线时，没有按照国家和地方法律法规要求开展“三同时”，致使企业安全设施缺失，安全管理无据可循。

② E 科技有限公司。

a. 违法出租。E 公司违法将租用的厂房出租给不具备安全生产条件的 C 公司（D 公司），也未签订专门的安全生产管理协议，未对承租单位的安全工作进行统一协调、管理，未定期进行检查。

b. 帮助逃避监管。在市场监管、环保、应急等各类监督检查中，E 公司出具书面说明或向监管部门称，该车间内的涂装线均为 E 公司所有，帮助 C 公司（D 公司）掩盖违法违规事实，逃避政府部门监管。

③ 政府及有关部门。

a. A 市 B 区应急管理局。履行安全生产监督检查职责不力，生产安全监管和执法力量薄弱，依法执行年度监督检查计划不到位，对 B 区党政办网格化检查时发现的问题隐患督促整改不力，未有效发挥安全生产监管执法职能。

b. A 市 F 生态环境局 B 区分局。未严格执行国家环境保护法律法规，未认真落实省市清理整治环境保护违法违规建设项目工作部署。环境监察执法工作不到位，未能检查出事故车间缺乏环保资质、违法生产的情况，未能发现E公司未按照《E科技有限公司年产2万辆电动三轮车项目自查评估报告》中申报的项目位置进行生产的情况。

c. A市F生态环境局。违规发放排污许可证，对排污许可证的核发工作审核不严，许可的大气污染物一般排放口数量及位置与企业自查评估报告不相符。

d. AB区市场监督管理局。AB区市场监督管理局在B区管委会党政办移送"E科技有限公司院内有两家涉嫌无照经营户"的线索后，未深入车间认真核实，未详细制作笔录，仅电话沟通后就草率结案，执法检查过程中搞形式、走过场，对安全生产事故隐患或违法行为举报线索调查处置不深入、不彻底，导致该车间至事故发生时，一直处于非法生产状态。

e. A市F区公安分局工业园区派出所。对E公司的消防隐患整治工作不到位，未督促E公司在消防隐患整改上形成闭环。

f. A市自然资源和规划局F分局。原F区国土资源局于2012年、2016年、2018年对事发车间所租赁厂房的违法用地进行行政处罚，但未执行到位，违法用地情况依然存在，一定程度上造成该企业继续非法生产。

g. F区消防救援大队。对事故车间消防监督检查不到位，督促企业履行消防安全主体责任不力。

h. AB区党政办公室。作为事故企业的网格责任单位，未按照《AB区企业安全生产网格化排查工作方案》的要求对事故企业进行全面排查，安全生产检查不全面、不彻底，未能发现事故企业存在的诸多违法经营行为和安全生产隐患，未检查出事故车间所在厂房存在"园中园""一厂多家"的情况。

i. A市F区新区街道办事处。按照《K省消防安全责任制实施办法》第十一条第六项规定，落实消防属地管理工作职责不力，对辖区企业消防安全整治工作不到位，未排查出事故企业存在的火灾隐患，消防安全检查工作不到位。未履行《A市F区人民法院行政裁定书》，未对L光电科技发展有限公司组织实施强制执行。

j. AB区管委会。对安全生产网格化排查工作督促落实不彻底，组织开展厂房转租、"园中园"、"一厂多家"问题排查治理工作不深入、不彻底，未发现事故企业违规改造、无资质生产等问题。对安全生产工作领导不力，履行属地管理责任不到位，对事故企业在建设管理、安全生产和环境保护方面长期存在的问题长期失察失管，落实"党政同责、一岗双责"要求存在缺位。

（3）事故性质认定

经调查认定，AB区C科技有限公司喷漆房"9·12"较大爆燃事故是一起生产安全责任事故。

6.3.8　事故经验教训

(1) 企业主体责任层面

① 企业要严格落实安全管理制度。

一是严格执行安全设施“三同时”的要求。企业在开展新、改、扩建建设项目时，必须严格执行建设项目安全设施“三同时”的要求，从源头设计上完善防护措施，消除事故隐患，管控事故风险。二是加强企业双重预防机制的建设。企业要根据自身类型及特点建立符合自身实际的安全风险分级管控及隐患排查治理制度。要全面开展安全风险辨识，做到系统、全面、无遗漏，并持续更新完善；要科学评定安全风险等级，从组织、制度、技术、应急等方面对安全风险进行分级管控，并实施风险公告警示。要建立健全隐患排查治理体系，完善公司、车间、班组、岗位四级隐患排查治理清单，明确和细化隐患排查的项目、标准、频次、责任人等，并将责任逐一分解落实，推动全员参与隐患排查，尤其要强化对存在重大、较大风险点的隐患排查，要认真实施“两照一表”整改验证机制，完善隐患排查治理档案，夯实隐患治理效果，实现隐患排查治理的闭环及科学管理。三是严格危险作业安全管理制度的落实。企业要认真整改危险化学品使用过程中的不规范行为，严把危险化学品购入使用关，进一步完善动火、有限空间等特殊作业的安全管理，要严格履行危险作业审批制度，要依据标准规范全面识别作业安全风险，落实各项防范措施。

② 严格落实安全生产企业主体责任。

企业作为安全生产的责任主体，必须认真履行安全生产主体责任，做到安全投入到位、安全培训到位、基础管理到位、应急救援到位。严格按照《K省工业企业安全生产风险报告规定》（省政府令第 140 号）相关规定，开展安全风险辨识，实施风险分级管控，落实风险管控措施和安全风险报告责任。严格落实《企业落实安全生产主体责任重点事项清单》，对照清单严格落实第一责任人责任、全员岗位责任、安全防控责任、基础管理责任、应急处置责任，确保安全生产。企业要加强从业人员安全教育培训，要针对不同岗位安全风险特点，组织制订年度、月度安全培训计划，实施全员安全培训，切实做到培训内容的针对性、培训对象的层次性和培训形式的多样性，做到人员、时间、效果“三落实”。

③ 涂装企业要推进工艺安全升级。

企业要深入汲取此次事故教训，举一反三，抓好工艺安全升级，淘汰落后工艺，在新建涂装项目时，要推广使用湿式喷涂工艺及自动化喷涂设备，在进行喷漆室维护保养及漆渣清理时，严禁使用易燃易爆稀释剂清洗设备设施及地面，严禁使用易产生火花的铁质工具。积极推广开展油性漆改水性漆，从源头上减少油性漆的使用，降低风险程度。

(2) 行业监管层面

各地要深入开展安全生产专项整治行动。按照《省冶金等工业企业危险化学品使用安全专项治理行动实施方案》和《A市涉涂装作业场所安全生产专项整治实施方案》有关要求，深入开展工业企业危险化学品使用安全专项治理行动，扎实开展涉涂装作业场所安全生产专项整治，进一步加强对涉涂装作业场所的安全监管，有效管控涉涂装作业场所安全风险，坚决防范遏制涉涂装作业场所各类事故，提高工贸行业的安全管理水平和防控各类事故的能力。要将该起事故警示各相关企业，令企业切实做到举一反三，避免类似事故再次发生。加强涂装作业安全教育，加强涂装作业的职业健康检查。借鉴违法违规“小化工”专项整治的经验做法，发动镇（街道）和村（社区）网格员力量，持续深入开展各类新增企业摸排，建立清单台账，全面摸清涂装作业场所企业数量，特别是仅涉及涂装代加工的企业，要全面核查涂装场所安全、环保、消防、职业卫生验收情况，做到底数清、情况明、数据准，全面排查整治涂装作业重大事故隐患，有效防范喷涂作业场所生产安全事故发生。

(3) 社会层面

职能部门要加大日常监管力度。要从讲政治高度，切实提高认识，不断加大执法监管力度，严厉查处各行业存在的违法行为。有关部门要从生产、销售源头着手，进一步查处事故发生单位违规使用危险化学品的行为。同时，要建立健全部门协作机制，加大联合执法检查力度，按照“管行业必须管安全、管业务必须管安全、管生产经营必须管安全”要求，持续动态开展执法监管，多方联动、多措并举，严厉打击非法违法行为，坚决取缔“小喷涂”“小粉尘涉爆”等以“厂中厂”“黑窝点”等形式存在的非法生产经营单位，从严从实整治隐患问题，实行“两照一表”闭环管理。适时组织第三方或专家开展“回头看”抽查，对拒不执行监管部门指令、逾期未改正的立案严肃查处；经停产停业整顿仍不具备安全生产条件的企业，依法提请政府关闭；涉嫌构成犯罪的，移送司法机关依照刑法有关规定追究其刑事责任。

第 7 章 危险化学品的相关法律法规

7.1 中华人民共和国安全生产法（部分）

第二章　生产经营单位的安全生产保障

第二十条　生产经营单位应当具备本法和有关法律、行政法规和国家标准或者行业标准规定的安全生产条件；不具备安全生产条件的，不得从事生产经营活动。

第二十一条　生产经营单位的主要负责人对本单位安全生产工作负有下列职责：

（一）建立健全并落实本单位全员安全生产责任制，加强安全生产标准化建设；

（二）组织制定并实施本单位安全生产规章制度和操作规程；

（三）组织制定并实施本单位安全生产教育和培训计划；

（四）保证本单位安全生产投入的有效实施；

（五）组织建立并落实安全风险分级管控和隐患排查治理双重预防工作机制，督促、检查本单位的安全生产工作，及时消除生产安全事故隐患；

（六）组织制定并实施本单位的生产安全事故应急救援预案；

（七）及时、如实报告生产安全事故。

第二十二条　生产经营单位的全员安全生产责任制应当明确各岗位的责任人员、责任范围和考核标准等内容。

生产经营单位应当建立相应的机制，加强对全员安全生产责任制落实情况的监督考核，保证全员安全生产责任制的落实。

第二十三条 生产经营单位应当具备的安全生产条件所必需的资金投入，由生产经营单位的决策机构、主要负责人或者个人经营的投资人予以保证，并对由于安全生产所必需的资金投入不足导致的后果承担责任。

有关生产经营单位应当按照规定提取和使用安全生产费用，专门用于改善安全生产条件。安全生产费用在成本中据实列支。安全生产费用提取、使用和监督管理的具体办法由国务院财政部门会同国务院应急管理部门征求国务院有关部门意见后制定。

第二十四条 矿山、金属冶炼、建筑施工、运输单位和危险物品的生产、经营、储存、装卸单位，应当设置安全生产管理机构或者配备专职安全生产管理人员。

前款规定以外的其他生产经营单位，从业人员超过一百人的，应当设置安全生产管理机构或者配备专职安全生产管理人员；从业人员在一百人以下的，应当配备专职或者兼职的安全生产管理人员。

第二十五条 生产经营单位的安全生产管理机构以及安全生产管理人员履行下列职责：

（一）组织或者参与拟订本单位安全生产规章制度、操作规程和生产安全事故应急救援预案；

（二）组织或者参与本单位安全生产教育和培训，如实记录安全生产教育和培训情况；

（三）组织开展危险源辨识和评估，督促落实本单位重大危险源的安全管理措施；

（四）组织或者参与本单位应急救援演练；

（五）检查本单位的安全生产状况，及时排查生产安全事故隐患，提出改进安全生产管理的建议；

（六）制止和纠正违章指挥、强令冒险作业、违反操作规程的行为；

（七）督促落实本单位安全生产整改措施。

生产经营单位可以设置专职安全生产分管负责人，协助本单位主要负责人履行安全生产管理职责。

第二十六条 生产经营单位的安全生产管理机构以及安全生产管理人员应当恪尽职守，依法履行职责。

生产经营单位作出涉及安全生产的经营决策，应当听取安全生产管理机构以及安全生产管理人员的意见。

生产经营单位不得因安全生产管理人员依法履行职责而降低其工资、福利等待遇或者解除与其订立的劳动合同。

危险物品的生产、储存单位以及矿山、金属冶炼单位的安全生产管理人员的任免，应当告知主管的负有安全生产监督管理职责的部门。

第二十七条 生产经营单位的主要负责人和安全生产管理人员必须具备与本单位所从事的生产经营活动相应的安全生产知识和管理能力。

危险物品的生产、经营、储存、装卸单位以及矿山、金属冶炼、建筑施工、运输单位的主要负责人和安全生产管理人员，应当由主管的负有安全生产监督管理职责的部门对其安全生产知识和管理能力考核合格。考核不得收费。

危险物品的生产、储存、装卸单位以及矿山、金属冶炼单位应当有注册安全工程师从事安全生产管理工作。鼓励其他生产经营单位聘用注册安全工程师从事安全生产管理工作。注册安全工程师按专业分类管理，具体办法由国务院人力资源和社会保障部门、国务院应急管理部门会同国务院有关部门制定。

第二十八条 生产经营单位应当对从业人员进行安全生产教育和培训，保证从业人员具备必要的安全生产知识，熟悉有关的安全生产规章制度和安全操作规程，掌握本岗位的安全操作技能，了解事故应急处理措施，知悉自身在安全生产方面的权利和义务。未经安全生产教育和培训合格的从业人员，不得上岗作业。

生产经营单位使用被派遣劳动者的，应当将被派遣劳动者纳入本单位从业人员统一管理，对被派遣劳动者进行岗位安全操作规程和安全操作技能的教育和培训。劳务派遣单位应当对被派遣劳动者进行必要的安全生产教育和培训。

生产经营单位接收中等职业学校、高等学校学生实习的，应当对实习学生进行相应的安全生产教育和培训，提供必要的劳动防护用品。学校应当协助生产经营单位对实习学生进行安全生产教育和培训。

生产经营单位应当建立安全生产教育和培训档案，如实记录安全生产教育和培训的时间、内容、参加人员以及考核结果等情况。

第二十九条 生产经营单位采用新工艺、新技术、新材料或者使用新设备，必须了解、掌握其安全技术特性，采取有效的安全防护措施，并对从业人员进行专门的安全生产教育和培训。

第三十条 生产经营单位的特种作业人员必须按照国家有关规定经专门的安全作业培训，取得相应资格，方可上岗作业。

特种作业人员的范围由国务院应急管理部门会同国务院有关部门确定。

第三十一条 生产经营单位新建、改建、扩建工程项目（以下统称建设项目）的安全设施，必须与主体工程同时设计、同时施工、同时投入生产和使用。安全设施投资应当纳入建设项目概算。

第三十二条 矿山、金属冶炼建设项目和用于生产、储存、装卸危险物品的建设项目，应当按照国家有关规定进行安全评价。

第三十三条 建设项目安全设施的设计人、设计单位应当对安全设施设计负责。

矿山、金属冶炼建设项目和用于生产、储存、装卸危险物品的建设项目的安全设施设计应当按照国家有关规定报经有关部门审查，审查部门及其负责审查的人员对审查结果负责。

第三十四条 矿山、金属冶炼建设项目和用于生产、储存、装卸危险物品的建设项目的施工单位必须按照批准的安全设施设计施工，并对安全设施的工程质量负责。

矿山、金属冶炼建设项目和用于生产、储存、装卸危险物品的建设项目竣工投入生产或者使用前，应当由建设单位负责组织对安全设施进行验收；验收合格后，方可投入生产和使用。负有安全生产监督管理职责的部门应当加强对建设单位验收活动和验收结果的监督核查。

第三十五条 生产经营单位应当在有较大危险因素的生产经营场所和有关设施、设备上，设置明显的安全警示标志。

第三十六条 安全设备的设计、制造、安装、使用、检测、维修、改造和报废，应当符合国家标准或者行业标准。

生产经营单位必须对安全设备进行经常性维护、保养，并定期检测，保证正常运转。维护、保养、检测应当作好记录，并由有关人员签字。

生产经营单位不得关闭、破坏直接关系生产安全的监控、报警、防护、救生设备、设施，或者篡改、隐瞒、销毁其相关数据、信息。

餐饮等行业的生产经营单位使用燃气的，应当安装可燃气体报警装置，并保障其正常使用。

第三十七条 生产经营单位使用的危险物品的容器、运输工具，以及涉及人身安全、危险性较大的海洋石油开采特种设备和矿山井下特种设备，必须按照国家有关规定，由专业生产单位生产，并经具有专业资质的检测、检验机构检测、检验合格，取得安全使用证或者安全标志，方可投入使用。检测、检验机构对检测、检验结果负责。

第三十八条 国家对严重危及生产安全的工艺、设备实行淘汰制度，具体目录由国务院应急管理部门会同国务院有关部门制定并公布。法律、行政法规对目录的制定另有规定的，适用其规定。

省、自治区、直辖市人民政府可以根据本地区实际情况制定并公布具体目录，对前款规定以外的危及生产安全的工艺、设备予以淘汰。

生产经营单位不得使用应当淘汰的危及生产安全的工艺、设备。

第三十九条　生产、经营、运输、储存、使用危险物品或者处置废弃危险物品的，由有关主管部门依照有关法律、法规的规定和国家标准或者行业标准审批并实施监督管理。

生产经营单位生产、经营、运输、储存、使用危险物品或者处置废弃危险物品，必须执行有关法律、法规和国家标准或者行业标准，建立专门的安全管理制度，采取可靠的安全措施，接受有关主管部门依法实施的监督管理。

第四十条　生产经营单位对重大危险源应当登记建档，进行定期检测、评估、监控，并制定应急预案，告知从业人员和相关人员在紧急情况下应当采取的应急措施。

生产经营单位应当按照国家有关规定将本单位重大危险源及有关安全措施、应急措施报有关地方人民政府应急管理部门和有关部门备案。有关地方人民政府应急管理部门和有关部门应当通过相关信息系统实现信息共享。

第四十一条　生产经营单位应当建立安全风险分级管控制度，按照安全风险分级采取相应的管控措施。

生产经营单位应当建立健全并落实生产安全事故隐患排查治理制度，采取技术、管理措施，及时发现并消除事故隐患。事故隐患排查治理情况应当如实记录，并通过职工大会或者职工代表大会、信息公示栏等方式向从业人员通报。其中，重大事故隐患排查治理情况应当及时向负有安全生产监督管理职责的部门和职工大会或者职工代表大会报告。

县级以上地方各级人民政府负有安全生产监督管理职责的部门应当将重大事故隐患纳入相关信息系统，建立健全重大事故隐患治理督办制度，督促生产经营单位消除重大事故隐患。

第四十二条　生产、经营、储存、使用危险物品的车间、商店、仓库不得与员工宿舍在同一座建筑物内，并应当与员工宿舍保持安全距离。

生产经营场所和员工宿舍应当设有符合紧急疏散要求、标志明显、保持畅通的出口、疏散通道。禁止占用、锁闭、封堵生产经营场所或者员工宿舍的出口、疏散通道。

第四十三条　生产经营单位进行爆破、吊装、动火、临时用电以及国务院应急管理部门会同国务院有关部门规定的其他危险作业，应当安排专门人员进行现场安全管理，确保操作规程的遵守和安全措施的落实。

第四十四条　生产经营单位应当教育和督促从业人员严格执行本单位的安全生产规章制度和安全操作规程；并向从业人员如实告知作业场所和工作岗位存在的危险因素、防范措施以及事故应急措施。

生产经营单位应当关注从业人员的身体、心理状况和行为习惯，加强对从业人员的心理疏导、精神慰藉，严格落实岗位安全生产责任，防范从业人员行为异常导致事故发生。

第四十五条 生产经营单位必须为从业人员提供符合国家标准或者行业标准的劳动防护用品，并监督、教育从业人员按照使用规则佩戴、使用。

第四十六条 生产经营单位的安全生产管理人员应当根据本单位的生产经营特点，对安全生产状况进行经常性检查；对检查中发现的安全问题，应当立即处理；不能处理的，应当及时报告本单位有关负责人，有关负责人应当及时处理。检查及处理情况应当如实记录在案。

生产经营单位的安全生产管理人员在检查中发现重大事故隐患，依照前款规定向本单位有关负责人报告，有关负责人不及时处理的，安全生产管理人员可以向主管的负有安全生产监督管理职责的部门报告，接到报告的部门应当依法及时处理。

第四十七条 生产经营单位应当安排用于配备劳动防护用品、进行安全生产培训的经费。

第四十八条 两个以上生产经营单位在同一作业区域内进行生产经营活动，可能危及对方生产安全的，应当签订安全生产管理协议，明确各自的安全生产管理职责和应当采取的安全措施，并指定专职安全生产管理人员进行安全检查与协调。

第四十九条 生产经营单位不得将生产经营项目、场所、设备发包或者出租给不具备安全生产条件或者相应资质的单位或者个人。

生产经营项目、场所发包或者出租给其他单位的，生产经营单位应当与承包单位、承租单位签订专门的安全生产管理协议，或者在承包合同、租赁合同中约定各自的安全生产管理职责；生产经营单位对承包单位、承租单位的安全生产工作统一协调、管理，定期进行安全检查，发现安全问题的，应当及时督促整改。

矿山、金属冶炼建设项目和用于生产、储存、装卸危险物品的建设项目的施工单位应当加强对施工项目的安全管理，不得倒卖、出租、出借、挂靠或者以其他形式非法转让施工资质，不得将其承包的全部建设工程转包给第三人或者将其承包的全部建设工程支解以后以分包的名义分别转包给第三人，不得将工程分包给不具备相应资质条件的单位。

第五十条 生产经营单位发生生产安全事故时，单位的主要负责人应当立即组织抢救，并不得在事故调查处理期间擅离职守。

第五十一条 生产经营单位必须依法参加工伤保险，为从业人员缴纳保险费。

国家鼓励生产经营单位投保安全生产责任保险；属于国家规定的高危行业、领域的生产经营单位，应当投保安全生产责任保险。具体范围和实施办法由国务院应急管理部门会同国务院财政部门、国务院保险监督管理机构和相关行业主管部门制定。

第五章 生产安全事故的应急救援与调查处理

第七十九条 国家加强生产安全事故应急能力建设，在重点行业、领域建立应急救援基地和应急救援队伍，并由国家安全生产应急救援机构统一协调指挥；鼓励生产经营单位和其他社会力量建立应急救援队伍，配备相应的应急救援装备和物资，提高应急救援的专业化水平。

国务院应急管理部门牵头建立全国统一的生产安全事故应急救援信息系统，国务院交通运输、住房和城乡建设、水利、民航等有关部门和县级以上地方人民政府建立健全相关行业、领域、地区的生产安全事故应急救援信息系统，实现互联互通、信息共享，通过推行网上安全信息采集、安全监管和监测预警，提升监管的精准化、智能化水平。

第八十条 县级以上地方各级人民政府应当组织有关部门制定本行政区域内生产安全事故应急救援预案，建立应急救援体系。

乡镇人民政府和街道办事处，以及开发区、工业园区、港区、风景区等应当制定相应的生产安全事故应急救援预案，协助人民政府有关部门或者按照授权依法履行生产安全事故应急救援工作职责。

第八十一条 生产经营单位应当制定本单位生产安全事故应急救援预案，与所在地县级以上地方人民政府组织制定的生产安全事故应急救援预案相衔接，并定期组织演练。

第八十二条 危险物品的生产、经营、储存单位以及矿山、金属冶炼、城市轨道交通运营、建筑施工单位应当建立应急救援组织；生产经营规模较小的，可以不建立应急救援组织，但应当指定兼职的应急救援人员。

危险物品的生产、经营、储存、运输单位以及矿山、金属冶炼、城市轨道交通运营、建筑施工单位应当配备必要的应急救援器材、设备和物资，并进行经常性维护、保养，保证正常运转。

第八十三条 生产经营单位发生生产安全事故后，事故现场有关人员应当立即报告本单位负责人。

单位负责人接到事故报告后，应当迅速采取有效措施，组织抢救，防止事故扩大，减少人员伤亡和财产损失，并按照国家有关规定立即如实报告当地负有安全生产监督管理职责的部门，不得隐瞒不报、谎报或者迟报，不得故意破坏事故现场、毁灭有关证据。

第八十四条 负有安全生产监督管理职责的部门接到事故报告后，应当立即按照国家有关规定上报事故情况。负有安全生产监督管理职责的部门和有关地方人民政府对事故情况不得隐瞒不报、谎报或者迟报。

第八十五条 有关地方人民政府和负有安全生产监督管理职责的部门的负责人接到生产安全事故报告后，应当按照生产安全事故应急救援预案的要求立即赶到事故现场，组织事故抢救。

参与事故抢救的部门和单位应当服从统一指挥，加强协同联动，采取有效的应急救援措施，并根据事故救援的需要采取警戒、疏散等措施，防止事故扩大和次生灾害的发生，减少人员伤亡和财产损失。

事故抢救过程中应当采取必要措施，避免或者减少对环境造成的危害。

任何单位和个人都应当支持、配合事故抢救，并提供一切便利条件。

第八十六条 事故调查处理应当按照科学严谨、依法依规、实事求是、注重实效的原则，及时、准确地查清事故原因，查明事故性质和责任，评估应急处置工作，总结事故教训，提出整改措施，并对事故责任单位和人员提出处理建议。事故调查报告应当依法及时向社会公布。事故调查和处理的具体办法由国务院制定。

事故发生单位应当及时全面落实整改措施，负有安全生产监督管理职责的部门应当加强监督检查。

负责事故调查处理的国务院有关部门和地方人民政府应当在批复事故调查报告后一年内，组织有关部门对事故整改和防范措施落实情况进行评估，并及时向社会公开评估结果；对不履行职责导致事故整改和防范措施没有落实的有关单位和人员，应当按照有关规定追究责任。

第八十七条 生产经营单位发生生产安全事故，经调查确定为责任事故的，除了应当查明事故单位的责任并依法予以追究外，还应当查明对安全生产的有关事项负有审查批准和监督职责的行政部门的责任，对有失职、渎职行为的，依照本法第九十条的规定追究法律责任。

第八十八条 任何单位和个人不得阻挠和干涉对事故的依法调查处理。

第八十九条 县级以上地方各级人民政府应急管理部门应当定期统计分析本行政区域内发生生产安全事故的情况，并定期向社会公布。

第六章 法律责任

第九十条 负有安全生产监督管理职责的部门的工作人员，有下列行为之一的，给予降级或者撤职的处分；构成犯罪的，依照刑法有关规定追究刑事责任：

（一）对不符合法定安全生产条件的涉及安全生产的事项予以批准或者验收通过的；

（二）发现未依法取得批准、验收的单位擅自从事有关活动或者接到举报后不予取缔或者不依法予以处理的；

（三）对已经依法取得批准的单位不履行监督管理职责，发现其不再具备安全生产条件而不撤销原批准或者发现安全生产违法行为不予查处的；

（四）在监督检查中发现重大事故隐患，不依法及时处理的。

负有安全生产监督管理职责的部门的工作人员有前款规定以外的滥用职权、玩忽职守、徇私舞弊行为的，依法给予处分；构成犯罪的，依照刑法有关规定追究刑事责任。

第九十一条　负有安全生产监督管理职责的部门，要求被审查、验收的单位购买其指定的安全设备、器材或者其他产品的，在对安全生产事项的审查、验收中收取费用的，由其上级机关或者监察机关责令改正，责令退还收取的费用；情节严重的，对直接负责的主管人员和其他直接责任人员依法给予处分。

第九十二条　承担安全评价、认证、检测、检验职责的机构出具失实报告的，责令停业整顿，并处三万元以上十万元以下的罚款；给他人造成损害的，依法承担赔偿责任。

承担安全评价、认证、检测、检验职责的机构租借资质、挂靠、出具虚假报告的，没收违法所得；违法所得在十万元以上的，并处违法所得二倍以上五倍以下的罚款，没有违法所得或者违法所得不足十万元的，单处或者并处十万元以上二十万元以下的罚款；对其直接负责的主管人员和其他直接责任人员处五万元以上十万元以下的罚款；给他人造成损害的，与生产经营单位承担连带赔偿责任；构成犯罪的，依照刑法有关规定追究刑事责任。

对有前款违法行为的机构及其直接责任人员，吊销其相应资质和资格，五年内不得从事安全评价、认证、检测、检验等工作；情节严重的，实行终身行业和职业禁入。

第九十三条　生产经营单位的决策机构、主要负责人或者个人经营的投资人不依照本法规定保证安全生产所必需的资金投入，致使生产经营单位不具备安全生产条件的，责令限期改正，提供必需的资金；逾期未改正的，责令生产经营单位停产停业整顿。

有前款违法行为，导致发生生产安全事故的，对生产经营单位的主要负责人给予撤职处分，对个人经营的投资人处二万元以上二十万元以下的罚款；构成犯罪的，依照刑法有关规定追究刑事责任。

第九十四条　生产经营单位的主要负责人未履行本法规定的安全生产管理

职责的，责令限期改正，处二万元以上五万元以下的罚款；逾期未改正的，处五万元以上十万元以下的罚款，责令生产经营单位停产停业整顿。

生产经营单位的主要负责人有前款违法行为，导致发生生产安全事故的，给予撤职处分；构成犯罪的，依照刑法有关规定追究刑事责任。

生产经营单位的主要负责人依照前款规定受刑事处罚或者撤职处分的，自刑罚执行完毕或者受处分之日起，五年内不得担任任何生产经营单位的主要负责人；对重大、特别重大生产安全事故负有责任的，终身不得担任本行业生产经营单位的主要负责人。

第九十五条 生产经营单位的主要负责人未履行本法规定的安全生产管理职责，导致发生生产安全事故的，由应急管理部门依照下列规定处以罚款：

（一）发生一般事故的，处上一年年收入百分之四十的罚款；

（二）发生较大事故的，处上一年年收入百分之六十的罚款；

（三）发生重大事故的，处上一年年收入百分之八十的罚款；

（四）发生特别重大事故的，处上一年年收入百分之一百的罚款。

第九十六条 生产经营单位的其他负责人和安全生产管理人员未履行本法规定的安全生产管理职责的，责令限期改正，处一万元以上三万元以下的罚款；导致发生生产安全事故的，暂停或者吊销其与安全生产有关的资格，并处上一年年收入百分之二十以上百分之五十以下的罚款；构成犯罪的，依照刑法有关规定追究刑事责任。

第九十七条 生产经营单位有下列行为之一的，责令限期改正，处十万元以下的罚款；逾期未改正的，责令停产停业整顿，并处十万元以上二十万元以下的罚款，对其直接负责的主管人员和其他直接责任人员处二万元以上五万元以下的罚款：

（一）未按照规定设置安全生产管理机构或者配备安全生产管理人员、注册安全工程师的；

（二）危险物品的生产、经营、储存、装卸单位以及矿山、金属冶炼、建筑施工、运输单位的主要负责人和安全生产管理人员未按照规定经考核合格的；

（三）未按照规定对从业人员、被派遣劳动者、实习学生进行安全生产教育和培训，或者未按照规定如实告知有关的安全生产事项的；

（四）未如实记录安全生产教育和培训情况的；

（五）未将事故隐患排查治理情况如实记录或者未向从业人员通报的；

（六）未按照规定制定生产安全事故应急救援预案或者未定期组织演练的；

（七）特种作业人员未按照规定经专门的安全作业培训并取得相应资格，上岗作业的。

第九十八条　生产经营单位有下列行为之一的，责令停止建设或者停产停业整顿，限期改正，并处十万元以上五十万元以下的罚款，对其直接负责的主管人员和其他直接责任人员处二万元以上五万元以下的罚款；逾期未改正的，处五十万元以上一百万元以下的罚款，对其直接负责的主管人员和其他直接责任人员处五万元以上十万元以下的罚款；构成犯罪的，依照刑法有关规定追究刑事责任：

（一）未按照规定对矿山、金属冶炼建设项目或者用于生产、储存、装卸危险物品的建设项目进行安全评价的；

（二）矿山、金属冶炼建设项目或者用于生产、储存、装卸危险物品的建设项目没有安全设施设计或者安全设施设计未按照规定报经有关部门审查同意的；

（三）矿山、金属冶炼建设项目或者用于生产、储存、装卸危险物品的建设项目的施工单位未按照批准的安全设施设计施工的；

（四）矿山、金属冶炼建设项目或者用于生产、储存、装卸危险物品的建设项目竣工投入生产或者使用前，安全设施未经验收合格的。

第九十九条　生产经营单位有下列行为之一的，责令限期改正，处五万元以下的罚款；逾期未改正的，处五万元以上二十万元以下的罚款，对其直接负责的主管人员和其他直接责任人员处一万元以上二万元以下的罚款；情节严重的，责令停产停业整顿；构成犯罪的，依照刑法有关规定追究刑事责任：

（一）未在有较大危险因素的生产经营场所和有关设施、设备上设置明显的安全警示标志的；

（二）安全设备的安装、使用、检测、改造和报废不符合国家标准或者行业标准的；

（三）未对安全设备进行经常性维护、保养和定期检测的；

（四）关闭、破坏直接关系生产安全的监控、报警、防护、救生设备、设施，或者篡改、隐瞒、销毁其相关数据、信息的；

（五）未为从业人员提供符合国家标准或者行业标准的劳动防护用品的；

（六）危险物品的容器、运输工具，以及涉及人身安全、危险性较大的海洋石油开采特种设备和矿山井下特种设备未经具有专业资质的机构检测、检验合格，取得安全使用证或者安全标志，投入使用的；

（七）使用应当淘汰的危及生产安全的工艺、设备的；

（八）餐饮等行业的生产经营单位使用燃气未安装可燃气体报警装置的。

第一百条　未经依法批准，擅自生产、经营、运输、储存、使用危险物品或者处置废弃危险物品的，依照有关危险物品安全管理的法律、行政法规的规定予以处罚；构成犯罪的，依照刑法有关规定追究刑事责任。

第一百零一条 生产经营单位有下列行为之一的，责令限期改正，处十万元以下的罚款；逾期未改正的，责令停产停业整顿，并处十万元以上二十万元以下的罚款，对其直接负责的主管人员和其他直接责任人员处二万元以上五万元以下的罚款；构成犯罪的，依照刑法有关规定追究刑事责任：

（一）生产、经营、运输、储存、使用危险物品或者处置废弃危险物品，未建立专门安全管理制度、未采取可靠的安全措施的；

（二）对重大危险源未登记建档，未进行定期检测、评估、监控，未制定应急预案，或者未告知应急措施的；

（三）进行爆破、吊装、动火、临时用电以及国务院应急管理部门会同国务院有关部门规定的其他危险作业，未安排专门人员进行现场安全管理的；

（四）未建立安全风险分级管控制度或者未按照安全风险分级采取相应管控措施的；

（五）未建立事故隐患排查治理制度，或者重大事故隐患排查治理情况未按照规定报告的。

第一百零二条 生产经营单位未采取措施消除事故隐患的，责令立即消除或者限期消除，处五万元以下的罚款；生产经营单位拒不执行的，责令停产停业整顿，对其直接负责的主管人员和其他直接责任人员处五万元以上十万元以下的罚款；构成犯罪的，依照刑法有关规定追究刑事责任。

第一百零三条 生产经营单位将生产经营项目、场所、设备发包或者出租给不具备安全生产条件或者相应资质的单位或者个人的，责令限期改正，没收违法所得；违法所得十万元以上的，并处违法所得二倍以上五倍以下的罚款；没有违法所得或者违法所得不足十万元的，单处或者并处十万元以上二十万元以下的罚款；对其直接负责的主管人员和其他直接责任人员处一万元以上二万元以下的罚款；导致发生生产安全事故给他人造成损害的，与承包方、承租方承担连带赔偿责任。

生产经营单位未与承包单位、承租单位签订专门的安全生产管理协议或者未在承包合同、租赁合同中明确各自的安全生产管理职责，或者未对承包单位、承租单位的安全生产统一协调、管理的，责令限期改正，处五万元以下的罚款，对其直接负责的主管人员和其他直接责任人员处一万元以下的罚款；逾期未改正的，责令停产停业整顿。

矿山、金属冶炼建设项目和用于生产、储存、装卸危险物品的建设项目的施工单位未按照规定对施工项目进行安全管理的，责令限期改正，处十万元以下的罚款，对其直接负责的主管人员和其他直接责任人员处二万元以下的罚款；逾期未改正的，责令停产停业整顿。以上施工单位倒卖、出租、出借、挂靠或者以其他形式非法转让施工资质的，责令停产停业整顿，吊销资质证书，没收违法所得；违法所得十万元以上的，并处违法所得二倍以上五倍以下的罚款，没有违法所得或者违法所得不足十万元的，单处或者并处十万元以上二十万元以下的罚款；对其直接负责的主管人员和其他直接责任人员处五万元以上十万元以下的罚款；构成犯罪的，依照刑法有关规定追究刑事责任。

第一百零四条　两个以上生产经营单位在同一作业区域内进行可能危及对方安全生产的生产经营活动，未签订安全生产管理协议或者未指定专职安全生产管理人员进行安全检查与协调的，责令限期改正，处五万元以下的罚款，对其直接负责的主管人员和其他直接责任人员处一万元以下的罚款；逾期未改正的，责令停产停业。

第一百零五条　生产经营单位有下列行为之一的，责令限期改正，处五万元以下的罚款，对其直接负责的主管人员和其他直接责任人员处一万元以下的罚款；逾期未改正的，责令停产停业整顿；构成犯罪的，依照刑法有关规定追究刑事责任：

（一）生产、经营、储存、使用危险物品的车间、商店、仓库与员工宿舍在同一座建筑内，或者与员工宿舍的距离不符合安全要求的；

（二）生产经营场所和员工宿舍未设有符合紧急疏散需要、标志明显、保持畅通的出口、疏散通道，或者占用、锁闭、封堵生产经营场所或者员工宿舍出口、疏散通道的。

第一百零六条　生产经营单位与从业人员订立协议，免除或者减轻其对从业人员因生产安全事故伤亡依法应承担的责任的，该协议无效；对生产经营单位的主要负责人、个人经营的投资人处二万元以上十万元以下的罚款。

第一百零七条　生产经营单位的从业人员不落实岗位安全责任，不服从管理，违反安全生产规章制度或者操作规程的，由生产经营单位给予批评教育，依照有关规章制度给予处分；构成犯罪的，依照刑法有关规定追究刑事责任。

第一百零八条　违反本法规定，生产经营单位拒绝、阻碍负有安全生产监督管理职责的部门依法实施监督检查的，责令改正；拒不改正的，处二万元以上二十万元以下的罚款；对其直接负责的主管人员和其他直接责任人员处一万元以上二万元以下的罚款；构成犯罪的，依照刑法有关规定追究刑事责任。

第一百零九条　高危行业、领域的生产经营单位未按照国家规定投保安全生产责任保险的，责令限期改正，处五万元以上十万元以下的罚款；逾期未改正的，处十万元以上二十万元以下的罚款。

第一百一十条　生产经营单位的主要负责人在本单位发生生产安全事故时，不立即组织抢救或者在事故调查处理期间擅离职守或者逃匿的，给予降级、撤职的处分，并由应急管理部门处上一年年收入百分之六十至百分之一百的罚款；对逃匿的处十五日以下拘留；构成犯罪的，依照刑法有关规定追究刑事责任。

生产经营单位的主要负责人对生产安全事故隐瞒不报、谎报或者迟报的，依照前款规定处罚。

第一百一十一条 有关地方人民政府、负有安全生产监督管理职责的部门，对生产安全事故隐瞒不报、谎报或者迟报的，对直接负责的主管人员和其他直接责任人员依法给予处分；构成犯罪的，依照刑法有关规定追究刑事责任。

第一百一十二条 生产经营单位违反本法规定，被责令改正且受到罚款处罚，拒不改正的，负有安全生产监督管理职责的部门可以自作出责令改正之日的次日起，按照原处罚数额按日连续处罚。

第一百一十三条 生产经营单位存在下列情形之一的，负有安全生产监督管理职责的部门应当提请地方人民政府予以关闭，有关部门应当依法吊销其有关证照。生产经营单位主要负责人五年内不得担任任何生产经营单位的主要负责人；情节严重的，终身不得担任本行业生产经营单位的主要负责人：

（一）存在重大事故隐患，一百八十日内三次或者一年内四次受到本法规定的行政处罚的；

（二）经停产停业整顿，仍不具备法律、行政法规和国家标准或者行业标准规定的安全生产条件的；

（三）不具备法律、行政法规和国家标准或者行业标准规定的安全生产条件，导致发生重大、特别重大生产安全事故的；

（四）拒不执行负有安全生产监督管理职责的部门作出的停产停业整顿决定的。

第一百一十四条 发生生产安全事故，对负有责任的生产经营单位除要求其依法承担相应的赔偿等责任外，由应急管理部门依照下列规定处以罚款：

（一）发生一般事故的，处三十万元以上一百万元以下的罚款；

（二）发生较大事故的，处一百万元以上二百万元以下的罚款；

（三）发生重大事故的，处二百万元以上一千万元以下的罚款；

（四）发生特别重大事故的，处一千万元以上二千万元以下的罚款。

发生生产安全事故，情节特别严重、影响特别恶劣的，应急管理部门可以按照前款罚款数额的二倍以上五倍以下对负有责任的生产经营单位处以罚款。

第一百一十五条 本法规定的行政处罚，由应急管理部门和其他负有安全生产监督管理职责的部门按照职责分工决定；其中，根据本法第九十五条、第一百一十条、第一百一十四条的规定应当给予民航、铁路、电力行业的生产经营单位及其主要负责人行政处罚的，也可以由主管的负有安全生产监督管理职责的部门进行处罚。予以关闭的行政处罚，由负有安全生产监督管理职责的部门报请县级以上人民政府按照国务院规定的权限决定；给予拘留的行政处罚，由公安机关依照治安管理处罚的规定决定。

第一百一十六条　生产经营单位发生生产安全事故造成人员伤亡、他人财产损失的，应当依法承担赔偿责任；拒不承担或者其负责人逃匿的，由人民法院依法强制执行。

生产安全事故的责任人未依法承担赔偿责任，经人民法院依法采取执行措施后，仍不能对受害人给予足额赔偿的，应当继续履行赔偿义务；受害人发现责任人有其他财产的，可以随时请求人民法院执行。

第七章　附则

第一百一十七条　本法下列用语的含义：

危险物品，是指易燃易爆物品、危险化学品、放射性物品等能够危及人身安全和财产安全的物品。

重大危险源，是指长期地或者临时地生产、搬运、使用或者储存危险物品，且危险物品的数量等于或者超过临界量的单元（包括场所和设施）。

第一百一十八条　本法规定的生产安全一般事故、较大事故、重大事故、特别重大事故的划分标准由国务院规定。

国务院应急管理部门和其他负有安全生产监督管理职责的部门应当根据各自的职责分工，制定相关行业、领域重大危险源的辨识标准和重大事故隐患的判定标准。

第一百一十九条　本法自2002年11月1日起施行。

7.2 生产安全事故罚款处罚规定

第一条　为防止和减少生产安全事故，严格追究生产安全事故发生单位及其有关责任人员的法律责任，正确适用事故罚款的行政处罚，依照《中华人民共和国行政处罚法》《中华人民共和国安全生产法》《生产安全事故报告和调查处理条例》等规定，制定本规定。

第二条　应急管理部门和矿山安全监察机构对生产安全事故发生单位（以下简称事故发生单位）及其主要负责人、其他负责人、安全生产管理人员以及直接负责的主管人员、其他直接责任人员等有关责任人员依照《中华人民共和国安全生产法》和《生产安全事故报告和调查处理条例》实施罚款的行政处罚，适用本规定。

第三条 本规定所称事故发生单位是指对事故发生负有责任的生产经营单位。

本规定所称主要负责人是指有限责任公司、股份有限公司的董事长、总经理或者个人经营的投资人，其他生产经营单位的厂长、经理、矿长（含实际控制人）等人员。

第四条 本规定所称事故发生单位主要负责人、其他负责人、安全生产管理人员以及直接负责的主管人员、其他直接责任人员的上一年年收入，属于国有生产经营单位的，是指该单位上级主管部门所确定的上一年年收入总额；属于非国有生产经营单位的，是指经财务、税务部门核定的上一年年收入总额。

生产经营单位提供虚假资料或者由于财务、税务部门无法核定等原因致使有关人员的上一年年收入难以确定的，按照下列办法确定：

（一）主要负责人的上一年年收入，按照本省、自治区、直辖市上一年度城镇单位就业人员平均工资的5倍以上10倍以下计算；

（二）其他负责人、安全生产管理人员以及直接负责的主管人员、其他直接责任人员的上一年年收入，按照本省、自治区、直辖市上一年度城镇单位就业人员平均工资的1倍以上5倍以下计算。

第五条 《生产安全事故报告和调查处理条例》所称的迟报、漏报、谎报和瞒报，依照下列情形认定：

（一）报告事故的时间超过规定时限的，属于迟报；

（二）因过失对应当上报的事故或者事故发生的时间、地点、类别、伤亡人数、直接经济损失等内容遗漏未报的，属于漏报；

（三）故意不如实报告事故发生的时间、地点、初步原因、性质、伤亡人数和涉险人数、直接经济损失等有关内容的，属于谎报；

（四）隐瞒已经发生的事故，超过规定时限未向应急管理部门、矿山安全监察机构和有关部门报告，经查证属实的，属于瞒报。

第六条 对事故发生单位及其有关责任人员处以罚款的行政处罚，依照下列规定决定：

（一）对发生特别重大事故的单位及其有关责任人员罚款的行政处罚，由应急管理部决定；

（二）对发生重大事故的单位及其有关责任人员罚款的行政处罚，由省级人民政府应急管理部门决定；

（三）对发生较大事故的单位及其有关责任人员罚款的行政处罚，由设区的市级人民政府应急管理部门决定；

（四）对发生一般事故的单位及其有关责任人员罚款的行政处罚，由县级人民政府应急管理部门决定。

上级应急管理部门可以指定下一级应急管理部门对事故发生单位及其有关责任人员实施行政处罚。

第七条　对煤矿事故发生单位及其有关责任人员处以罚款的行政处罚，依照下列规定执行：

（一）对发生特别重大事故的煤矿及其有关责任人员罚款的行政处罚，由国家矿山安全监察局决定；

（二）对发生重大事故、较大事故和一般事故的煤矿及其有关责任人员罚款的行政处罚，由国家矿山安全监察局省级局决定。

上级矿山安全监察机构可以指定下一级矿山安全监察机构对事故发生单位及其有关责任人员实施行政处罚。

第八条　特别重大事故以下等级事故，事故发生地与事故发生单位所在地不在同一个县级以上行政区域的，由事故发生地的应急管理部门或者矿山安全监察机构依照本规定第六条或者第七条规定的权限实施行政处罚。

第九条　应急管理部门和矿山安全监察机构对事故发生单位及其有关责任人员实施罚款的行政处罚，依照《中华人民共和国行政处罚法》《安全生产违法行为行政处罚办法》等规定的程序执行。

第十条　应急管理部门和矿山安全监察机构在作出行政处罚前，应当告知当事人依法享有的陈述、申辩、要求听证等权利；当事人对行政处罚不服的，有权依法申请行政复议或者提起行政诉讼。

第十一条　事故发生单位主要负责人有《中华人民共和国安全生产法》第一百一十条、《生产安全事故报告和调查处理条例》第三十五条、第三十六条规定的下列行为之一的，依照下列规定处以罚款：

（一）事故发生单位主要负责人在事故发生后不立即组织事故抢救，或者在事故调查处理期间擅离职守，或者瞒报、谎报、迟报事故，或者事故发生后逃匿的，处上一年年收入60％至80％的罚款；贻误事故抢救或者造成事故扩大或者影响事故调查或者造成重大社会影响的，处上一年年收入80％至100％的罚款；

（二）事故发生单位主要负责人漏报事故的，处上一年年收入40％至60％的罚款；贻误事故抢救或者造成事故扩大或者影响事故调查或者造成重大社会影响的，处上一年年收入60％至80％的罚款；

（三）事故发生单位主要负责人伪造、故意破坏事故现场，或者转移、隐匿资金、财产、销毁有关证据、资料，或者拒绝接受调查，或者拒绝提供有关情况和资料，或者在事故调查中作伪证，或者指使他人作伪证的，处上一年年收入60%至80%的罚款；贻误事故抢救或者造成事故扩大或者影响事故调查或者造成重大社会影响的，处上一年年收入80%至100%的罚款。

第十二条 事故发生单位直接负责的主管人员和其他直接责任人员有《生产安全事故报告和调查处理条例》第三十六条规定的行为之一的，处上一年年收入60%至80%的罚款；贻误事故抢救或者造成事故扩大或者影响事故调查或者造成重大社会影响的，处上一年年收入80%至100%的罚款。

第十三条 事故发生单位有《生产安全事故报告和调查处理条例》第三十六条第一项至第五项规定的行为之一的，依照下列规定处以罚款：

（一）发生一般事故的，处100万元以上150万元以下的罚款；

（二）发生较大事故的，处150万元以上200万元以下的罚款；

（三）发生重大事故的，处200万元以上250万元以下的罚款；

（四）发生特别重大事故的，处250万元以上300万元以下的罚款。

事故发生单位有《生产安全事故报告和调查处理条例》第三十六条第一项至第五项规定的行为之一的，贻误事故抢救或者造成事故扩大或者影响事故调查或者造成重大社会影响的，依照下列规定处以罚款：

（一）发生一般事故的，处300万元以上350万元以下的罚款；

（二）发生较大事故的，处350万元以上400万元以下的罚款；

（三）发生重大事故的，处400万元以上450万元以下的罚款；

（四）发生特别重大事故的，处450万元以上500万元以下的罚款。

第十四条 事故发生单位对一般事故负有责任的，依照下列规定处以罚款：

（一）造成3人以下重伤（包括急性工业中毒，下同），或者300万元以下直接经济损失的，处30万元以上50万元以下的罚款；

（二）造成1人死亡，或者3人以上6人以下重伤，或者300万元以上500万元以下直接经济损失的，处50万元以上70万元以下的罚款；

（三）造成2人死亡，或者6人以上10人以下重伤，或者500万元以上1000万元以下直接经济损失的，处70万元以上100万元以下的罚款。

第十五条 事故发生单位对较大事故发生负有责任的，依照下列规定处以罚款：

（一）造成3人以上5人以下死亡，或者10人以上20人以下重伤，或者1000万元以上2000万元以下直接经济损失的，处100万元以上120万元以下的罚款；

（二）造成5人以上7人以下死亡，或者20人以上30人以下重伤，或者

2000万元以上3000万元以下直接经济损失的，处120万元以上150万元以下的罚款；

（三）造成7人以上10人以下死亡，或者30人以上50人以下重伤，或者3000万元以上5000万元以下直接经济损失的，处150万元以上200万元以下的罚款。

第十六条　事故发生单位对重大事故发生负有责任的，依照下列规定处以罚款：

（一）造成10人以上13人以下死亡，或者50人以上60人以下重伤，或者5000万元以上6000万元以下直接经济损失的，处200万元以上400万元以下的罚款；

（二）造成13人以上15人以下死亡，或者60人以上70人以下重伤，或者6000万元以上7000万元以下直接经济损失的，处400万元以上600万元以下的罚款；

（三）造成15人以上30人以下死亡，或者70人以上100人以下重伤，或者7000万元以上1亿元以下直接经济损失的，处600万元以上1000万元以下的罚款。

第十七条　事故发生单位对特别重大事故发生负有责任的，依照下列规定处以罚款：

（一）造成30人以上40人以下死亡，或者100人以上120人以下重伤，或者1亿元以上1.5亿元以下直接经济损失的，处1000万元以上1200万元以下的罚款；

（二）造成40人以上50人以下死亡，或者120人以上150人以下重伤，或者1.5亿元以上2亿元以下直接经济损失的，处1200万元以上1500万元以下的罚款；

（三）造成50人以上死亡，或者150人以上重伤，或者2亿元以上直接经济损失的，处1500万元以上2000万元以下的罚款。

第十八条　发生生产安全事故，有下列情形之一的，属于《中华人民共和国安全生产法》第一百一十四条第二款规定的情节特别严重、影响特别恶劣的情形，可以按照法律规定罚款数额的2倍以上5倍以下对事故发生单位处以罚款：

（一）关闭、破坏直接关系生产安全的监控、报警、防护、救生设备、设施，或者篡改、隐瞒、销毁其相关数据、信息的；

（二）因存在重大事故隐患被依法责令停产停业、停止施工、停止使用有关设备、设施、场所或者立即采取排除危险的整改措施，而拒不执行的；

（三）涉及安全生产的事项未经依法批准或者许可，擅自从事矿山开采、金属冶炼、建筑施工，以及危险物品生产、经营、储存等高度危险的生产作业活动，或者未依法取得有关证照尚在从事生产经营活动的；

（四）拒绝、阻碍行政执法的；

（五）强令他人违章冒险作业，或者明知存在重大事故隐患而不排除，仍冒险组织作业的；

（六）其他情节特别严重、影响特别恶劣的情形。

第十九条 事故发生单位主要负责人未依法履行安全生产管理职责，导致事故发生的，依照下列规定处以罚款：

（一）发生一般事故的，处上一年年收入40%的罚款；

（二）发生较大事故的，处上一年年收入60%的罚款；

（三）发生重大事故的，处上一年年收入80%的罚款；

（四）发生特别重大事故的，处上一年年收入100%的罚款。

第二十条 事故发生单位其他负责人和安全生产管理人员未依法履行安全生产管理职责，导致事故发生的，依照下列规定处以罚款：

（一）发生一般事故的，处上一年年收入20%至30%的罚款；

（二）发生较大事故的，处上一年年收入30%至40%的罚款；

（三）发生重大事故的，处上一年年收入40%至50%的罚款；

（四）发生特别重大事故的，处上一年年收入50%的罚款。

第二十一条 个人经营的投资人未依照《中华人民共和国安全生产法》的规定保证安全生产所必需的资金投入，致使生产经营单位不具备安全生产条件，导致发生生产安全事故的，依照下列规定对个人经营的投资人处以罚款：

（一）发生一般事故的，处2万元以上5万元以下的罚款；

（二）发生较大事故的，处5万元以上10万元以下的罚款；

（三）发生重大事故的，处10万元以上15万元以下的罚款；

（四）发生特别重大事故的，处15万元以上20万元以下的罚款。

第二十二条 违反《中华人民共和国安全生产法》《生产安全事故报告和调查处理条例》和本规定，存在对事故发生负有责任以及谎报、瞒报事故等两种以上应当处以罚款的行为的，应急管理部门或者矿山安全监察机构应当分别裁量，合并作出处罚决定。

第二十三条 在事故调查中发现需要对存在违法行为的其他单位及其有关人员处以罚款的，依照相关法律、法规和规章的规定实施。

第二十四条 本规定自2024年3月1日起施行。原国家安全生产监督管理总局 2007 年 7 月 12 日公布，2011 年 9 月 1 日第一次修正、2015 年 4 月 2 日第二次修正的《生产安全事故罚款处罚规定（试行）》同时废止。

7.3 中华人民共和国职业病防治法（部分）

第三章　劳动过程中的防护与管理

第二十条　用人单位应当采取下列职业病防治管理措施：

（一）设置或者指定职业卫生管理机构或者组织，配备专职或者兼职的职业卫生管理人员，负责本单位的职业病防治工作；

（二）制定职业病防治计划和实施方案；

（三）建立、健全职业卫生管理制度和操作规程；

（四）建立、健全职业卫生档案和劳动者健康监护档案；

（五）建立、健全工作场所职业病危害因素监测及评价制度；

（六）建立、健全职业病危害事故应急救援预案。

第二十一条　用人单位应当保障职业病防治所需的资金投入，不得挤占、挪用，并对因资金投入不足导致的后果承担责任。

第二十二条　用人单位必须采用有效的职业病防护设施，并为劳动者提供个人使用的职业病防护用品。

用人单位为劳动者个人提供的职业病防护用品必须符合防治职业病的要求；不符合要求的，不得使用。

第二十三条　用人单位应当优先采用有利于防治职业病和保护劳动者健康的新技术、新工艺、新设备、新材料，逐步替代职业病危害严重的技术、工艺、设备、材料。

第二十四条　产生职业病危害的用人单位，应当在醒目位置设置公告栏，公布有关职业病防治的规章制度、操作规程、职业病危害事故应急救援措施和工作场所职业病危害因素检测结果。

对产生严重职业病危害的作业岗位，应当在其醒目位置，设置警示标识和中文警示说明。警示说明应当载明产生职业病危害的种类、后果、预防以及应急救治措施等内容。

第二十五条　对可能发生急性职业损伤的有毒、有害工作场所，用人单位应当设置报警装置，配置现场急救用品、冲洗设备、应急撤离通道和必要的泄险区。

对放射工作场所和放射性同位素的运输、贮存，用人单位必须配置防护设备和报警装置，保证接触放射线的工作人员佩戴个人剂量计。

对职业病防护设备、应急救援设施和个人使用的职业病防护用品，用人单位应当进行经常性的维护、检修，定期检测其性能和效果，确保其处于正常状态，不得擅自拆除或者停止使用。

第二十六条 用人单位应当实施由专人负责的职业病危害因素日常监测，并确保监测系统处于正常运行状态。

用人单位应当按照国务院卫生行政部门的规定，定期对工作场所进行职业病危害因素检测、评价。检测、评价结果存入用人单位职业卫生档案，定期向所在地卫生行政部门报告并向劳动者公布。

职业病危害因素检测、评价由依法设立的取得国务院卫生行政部门或者设区的市级以上地方人民政府卫生行政部门按照职责分工给予资质认可的职业卫生技术服务机构进行。职业卫生技术服务机构所作检测、评价应当客观、真实。

发现工作场所职业病危害因素不符合国家职业卫生标准和卫生要求时，用人单位应当立即采取相应治理措施，仍然达不到国家职业卫生标准和卫生要求的，必须停止存在职业病危害因素的作业；职业病危害因素经治理后，符合国家职业卫生标准和卫生要求的，方可重新作业。

第二十七条 职业卫生技术服务机构依法从事职业病危害因素检测、评价工作，接受卫生行政部门的监督检查。卫生行政部门应当依法履行监督职责。

第二十八条 向用人单位提供可能产生职业病危害的设备的，应当提供中文说明书，并在设备的醒目位置设置警示标识和中文警示说明。警示说明应当载明设备性能、可能产生的职业病危害、安全操作和维护注意事项、职业病防护以及应急救治措施等内容。

第二十九条 向用人单位提供可能产生职业病危害的化学品、放射性同位素和含有放射性物质的材料的，应当提供中文说明书。说明书应当载明产品特性、主要成份[1]、存在的有害因素、可能产生的危害后果、安全使用注意事项、职业病防护以及应急救治措施等内容。产品包装应当有醒目的警示标识和中文警示说明。贮存上述材料的场所应当在规定的部位设置危险物品标识或者放射性警示标识。

国内首次使用或者首次进口与职业病危害有关的化学材料，使用单位或者进口单位按照国家规定经国务院有关部门批准后，应当向国务院卫生行政部门报送该化学材料的毒性鉴定以及经有关部门登记注册或者批准进口的文件等资料。

---

[1] “成份”的规范用法应为“成分”。

进口放射性同位素、射线装置和含有放射性物质的物品的，按照国家有关规定办理。

第三十条　任何单位和个人不得生产、经营、进口和使用国家明令禁止使用的可能产生职业病危害的设备或者材料。

第三十一条　任何单位和个人不得将产生职业病危害的作业转移给不具备职业病防护条件的单位和个人。不具备职业病防护条件的单位和个人不得接受产生职业病危害的作业。

第三十二条　用人单位对采用的技术、工艺、设备、材料，应当知悉其产生的职业病危害，对有职业病危害的技术、工艺、设备、材料隐瞒其危害而采用的，对所造成的职业病危害后果承担责任。

第三十三条　用人单位与劳动者订立劳动合同（含聘用合同，下同）时，应当将工作过程中可能产生的职业病危害及其后果、职业病防护措施和待遇等如实告知劳动者，并在劳动合同中写明，不得隐瞒或者欺骗。

劳动者在已订立劳动合同期间因工作岗位或者工作内容变更，从事与所订立劳动合同中未告知的存在职业病危害的作业时，用人单位应当依照前款规定，向劳动者履行如实告知的义务，并协商变更原劳动合同相关条款。

用人单位违反前两款规定的，劳动者有权拒绝从事存在职业病危害的作业，用人单位不得因此解除与劳动者所订立的劳动合同。

第三十四条　用人单位的主要负责人和职业卫生管理人员应当接受职业卫生培训，遵守职业病防治法律、法规，依法组织本单位的职业病防治工作。

用人单位应当对劳动者进行上岗前的职业卫生培训和在岗期间的定期职业卫生培训，普及职业卫生知识，督促劳动者遵守职业病防治法律、法规、规章和操作规程，指导劳动者正确使用职业病防护设备和个人使用的职业病防护用品。

劳动者应当学习和掌握相关的职业卫生知识，增强职业病防范意识，遵守职业病防治法律、法规、规章和操作规程，正确使用、维护职业病防护设备和个人使用的职业病防护用品，发现职业病危害事故隐患应当及时报告。

劳动者不履行前款规定义务的，用人单位应当对其进行教育。

第三十五条　对从事接触职业病危害的作业的劳动者，用人单位应当按照国务院卫生行政部门的规定组织上岗前、在岗期间和离岗时的职业健康检查，并将检查结果书面告知劳动者。职业健康检查费用由用人单位承担。

用人单位不得安排未经上岗前职业健康检查的劳动者从事接触职业病危害的作业；不得安排有职业禁忌的劳动者从事其所禁忌的作业；对在职业健康检查中发现有与所从事的职业相关的健康损害的劳动者，应当调离原工作岗位，并妥善安置；对未进行离岗前职业健康检查的劳动者不得解除或者终止与其订立的劳动合同。

职业健康检查应当由取得《医疗机构执业许可证》的医疗卫生机构承担。卫生行政部门应当加强对职业健康检查工作的规范管理，具体管理办法由国务院卫生行政部门制定。

第三十六条 用人单位应当为劳动者建立职业健康监护档案，并按照规定的期限妥善保存。

职业健康监护档案应当包括劳动者的职业史、职业病危害接触史、职业健康检查结果和职业病诊疗等有关个人健康资料。

劳动者离开用人单位时，有权索取本人职业健康监护档案复印件，用人单位应当如实、无偿提供，并在所提供的复印件上签章。

第三十七条 发生或者可能发生急性职业病危害事故时，用人单位应当立即采取应急救援和控制措施，并及时报告所在地卫生行政部门和有关部门。卫生行政部门接到报告后，应当及时会同有关部门组织调查处理；必要时，可以采取临时控制措施。卫生行政部门应当组织做好医疗救治工作。

对遭受或者可能遭受急性职业病危害的劳动者，用人单位应当及时组织救治、进行健康检查和医学观察，所需费用由用人单位承担。

第三十八条 用人单位不得安排未成年工从事接触职业病危害的作业；不得安排孕期、哺乳期的女职工从事对本人和胎儿、婴儿有危害的作业。

第三十九条 劳动者享有下列职业卫生保护权利：

（一）获得职业卫生教育、培训；

（二）获得职业健康检查、职业病诊疗、康复等职业病防治服务；

（三）了解工作场所产生或者可能产生的职业病危害因素、危害后果和应当采取的职业病防护措施；

（四）要求用人单位提供符合防治职业病要求的职业病防护设施和个人使用的职业病防护用品，改善工作条件；

（五）对违反职业病防治法律、法规以及危及生命健康的行为提出批评、检举和控告；

（六）拒绝违章指挥和强令进行没有职业病防护措施的作业；

（七）参与用人单位职业卫生工作的民主管理，对职业病防治工作提出意见和建议。

用人单位应当保障劳动者行使前款所列权利。因劳动者依法行使正当权利而降低其工资、福利等待遇或者解除、终止与其订立的劳动合同的，其行为无效。

第四十条 工会组织应当督促并协助用人单位开展职业卫生宣传教育和培

训，有权对用人单位的职业病防治工作提出意见和建议，依法代表劳动者与用人单位签订劳动安全卫生专项集体合同，与用人单位就劳动者反映的有关职业病防治的问题进行协调并督促解决。

工会组织对用人单位违反职业病防治法律、法规，侵犯劳动者合法权益的行为，有权要求纠正；产生严重职业病危害时，有权要求采取防护措施，或者向政府有关部门建议采取强制性措施；发生职业病危害事故时，有权参与事故调查处理；发现危及劳动者生命健康的情形时，有权向用人单位建议组织劳动者撤离危险现场，用人单位应当立即作出处理。

第四十一条　用人单位按照职业病防治要求，用于预防和治理职业病危害、工作场所卫生检测、健康监护和职业卫生培训等费用，按照国家有关规定，在生产成本中据实列支。

第四十二条　职业卫生监督管理部门应当按照职责分工，加强对用人单位落实职业病防护管理措施情况的监督检查，依法行使职权，承担责任。

第六章　法律责任

第六十九条　建设单位违反本法规定，有下列行为之一的，由卫生行政部门依据职责分工给予警告，责令限期改正；逾期不改正的，处十万元以上五十万元以下的罚款；情节严重的，责令停止产生职业病危害的作业，或者提请有关人民政府按照国务院规定的权限责令停建、关闭：

（一）未按照规定进行职业病危害预评价的；

（二）医疗机构可能产生放射性职业病危害的建设项目未按照规定提交放射性职业病危害预评价报告，或者放射性职业病危害预评价报告未经卫生行政部门审核同意，开工建设的；

（三）建设项目的职业病防护设施未按照规定与主体工程同时设计、同时施工、同时投入生产和使用的；

（四）建设项目的职业病防护设施设计不符合国家职业卫生标准和卫生要求，或者医疗机构放射性职业病危害严重的建设项目的防护设施设计未经卫生行政部门审查同意擅自施工的；

（五）未按照规定对职业病防护设施进行职业病危害控制效果评价的；

（六）建设项目竣工投入生产和使用前，职业病防护设施未按照规定验收合格的。

第七十条　违反本法规定，有下列行为之一的，由卫生行政部门给予警告，责令限期改正；逾期不改正的，处十万元以下的罚款：

（一）工作场所职业病危害因素检测、评价结果没有存档、上报、公布的；

（二）未采取本法第二十条规定的职业病防治管理措施的；

（三）未按照规定公布有关职业病防治的规章制度、操作规程、职业病危害事故应急救援措施的；

（四）未按照规定组织劳动者进行职业卫生培训，或者未对劳动者个人职业病防护采取指导、督促措施的；

（五）国内首次使用或者首次进口与职业病危害有关的化学材料，未按照规定报送毒性鉴定资料以及经有关部门登记注册或者批准进口的文件的。

第七十一条 用人单位违反本法规定，有下列行为之一的，由卫生行政部门责令限期改正，给予警告，可以并处五万元以上十万元以下的罚款：

（一）未按照规定及时、如实向卫生行政部门申报产生职业病危害的项目的；

（二）未实施由专人负责的职业病危害因素日常监测，或者监测系统不能正常监测的；

（三）订立或者变更劳动合同时，未告知劳动者职业病危害真实情况的；

（四）未按照规定组织职业健康检查、建立职业健康监护档案或者未将检查结果书面告知劳动者的；

（五）未依照本法规定在劳动者离开用人单位时提供职业健康监护档案复印件的。

第七十二条 用人单位违反本法规定，有下列行为之一的，由卫生行政部门给予警告，责令限期改正，逾期不改正的，处五万元以上二十万元以下的罚款；情节严重的，责令停止产生职业病危害的作业，或者提请有关人民政府按照国务院规定的权限责令关闭：

（一）工作场所职业病危害因素的强度或者浓度超过国家职业卫生标准的；

（二）未提供职业病防护设施和个人使用的职业病防护用品，或者提供的职业病防护设施和个人使用的职业病防护用品不符合国家职业卫生标准和卫生要求的；

（三）对职业病防护设备、应急救援设施和个人使用的职业病防护用品未按照规定进行维护、检修、检测，或者不能保持正常运行、使用状态的；

（四）未按照规定对工作场所职业病危害因素进行检测、评价的；

（五）工作场所职业病危害因素经治理仍然达不到国家职业卫生标准和卫生要求时，未停止存在职业病危害因素的作业的；

（六）未按照规定安排职业病病人、疑似职业病病人进行诊治的；

（七）发生或者可能发生急性职业病危害事故时，未立即采取应急救援和控制措施或者未按照规定及时报告的；

（八）未按照规定在产生严重职业病危害的作业岗位醒目位置设置警示标识

和中文警示说明的；

（九）拒绝职业卫生监督管理部门监督检查的；

（十）隐瞒、伪造、篡改、毁损职业健康监护档案、工作场所职业病危害因素检测评价结果等相关资料，或者拒不提供职业病诊断、鉴定所需资料的；

（十一）未按照规定承担职业病诊断、鉴定费用和职业病病人的医疗、生活保障费用的。

第七十三条 向用人单位提供可能产生职业病危害的设备、材料，未按照规定提供中文说明书或者设置警示标识和中文警示说明的，由卫生行政部门责令限期改正，给予警告，并处五万元以上二十万元以下的罚款。

第七十四条 用人单位和医疗卫生机构未按照规定报告职业病、疑似职业病的，由有关主管部门依据职责分工责令限期改正，给予警告，可以并处一万元以下的罚款；弄虚作假的，并处二万元以上五万元以下的罚款；对直接负责的主管人员和其他直接责任人员，可以依法给予降级或者撤职的处分。

第七十五条 违反本法规定，有下列情形之一的，由卫生行政部门责令限期治理，并处五万元以上三十万元以下的罚款；情节严重的，责令停止产生职业病危害的作业，或者提请有关人民政府按照国务院规定的权限责令关闭：

（一）隐瞒技术、工艺、设备、材料所产生的职业病危害而采用的；

（二）隐瞒本单位职业卫生真实情况的；

（三）可能发生急性职业损伤的有毒、有害工作场所、放射工作场所或者放射性同位素的运输、贮存不符合本法第二十五条规定的；

（四）使用国家明令禁止使用的可能产生职业病危害的设备或者材料的；

（五）将产生职业病危害的作业转移给没有职业病防护条件的单位和个人，或者没有职业病防护条件的单位和个人接受产生职业病危害的作业的；

（六）擅自拆除、停止使用职业病防护设备或者应急救援设施的；

（七）安排未经职业健康检查的劳动者、有职业禁忌的劳动者、未成年工或者孕期、哺乳期女职工从事接触职业病危害的作业或者禁忌作业的；

（八）违章指挥和强令劳动者进行没有职业病防护措施的作业的。

第七十六条 生产、经营或者进口国家明令禁止使用的可能产生职业病危害的设备或者材料的，依照有关法律、行政法规的规定给予处罚。

第七十七条 用人单位违反本法规定，已经对劳动者生命健康造成严重损害的，由卫生行政部门责令停止产生职业病危害的作业，或者提请有关人民政府按照国务院规定的权限责令关闭，并处十万元以上五十万元以下的罚款。

第七十八条 用人单位违反本法规定，造成重大职业病危害事故或者其他严重后果，构成犯罪的，对直接负责的主管人员和其他直接责任人员，依法追究刑事责任。

第七十九条 未取得职业卫生技术服务资质认可擅自从事职业卫生技术服务的，由卫生行政部门责令立即停止违法行为，没收违法所得；违法所得五千元以上的，并处违法所得二倍以上十倍以下的罚款；没有违法所得或者违法所得不足五千元的，并处五千元以上五万元以下的罚款；情节严重的，对直接负责的主管人员和其他直接责任人员，依法给予降级、撤职或者开除的处分。

第八十条 从事职业卫生技术服务的机构和承担职业病诊断的医疗卫生机构违反本法规定，有下列行为之一的，由卫生行政部门责令立即停止违法行为，给予警告，没收违法所得；违法所得五千元以上的，并处违法所得二倍以上五倍以下的罚款；没有违法所得或者违法所得不足五千元的，并处五千元以上二万元以下的罚款；情节严重的，由原认可或者登记机关取消其相应的资格；对直接负责的主管人员和其他直接责任人员，依法给予降级、撤职或者开除的处分；构成犯罪的，依法追究刑事责任：

（一）超出资质认可或者诊疗项目登记范围从事职业卫生技术服务或者职业病诊断的；

（二）不按照本法规定履行法定职责的；

（三）出具虚假证明文件的。

第八十一条 职业病诊断鉴定委员会组成人员收受职业病诊断争议当事人的财物或者其他好处的，给予警告，没收收受的财物，可以并处三千元以上五万元以下的罚款，取消其担任职业病诊断鉴定委员会组成人员的资格，并从省、自治区、直辖市人民政府卫生行政部门设立的专家库中予以除名。

第八十二条 卫生行政部门不按照规定报告职业病和职业病危害事故的，由上一级行政部门责令改正，通报批评，给予警告；虚报、瞒报的，对单位负责人、直接负责的主管人员和其他直接责任人员依法给予降级、撤职或者开除的处分。

第八十三条 县级以上地方人民政府在职业病防治工作中未依照本法履行职责，本行政区域出现重大职业病危害事故、造成严重社会影响的，依法对直接负责的主管人员和其他直接责任人员给予记大过直至开除的处分。

县级以上人民政府职业卫生监督管理部门不履行本法规定的职责，滥用职权、玩忽职守、徇私舞弊，依法对直接负责的主管人员和其他直接责任人员给予记大过或者降级的处分；造成职业病危害事故或者其他严重后果的，依法给予撤职或者开除的处分。

第八十四条 违反本法规定，构成犯罪的，依法追究刑事责任。

7.4 最高人民法院、最高人民检察院关于办理危害生产安全刑事案件适用法律若干问题的解释（二）

为依法惩治危害生产安全犯罪，维护公共安全，保护人民群众生命安全和公私财产安全，根据《中华人民共和国刑法》《中华人民共和国刑事诉讼法》和《中华人民共和国安全生产法》等规定，现就办理危害生产安全刑事案件适用法律的若干问题解释如下：

第一条　明知存在事故隐患，继续作业存在危险，仍然违反有关安全管理的规定，有下列情形之一的，属于刑法第一百三十四条第二款规定的“强令他人违章冒险作业”：

（一）以威逼、胁迫、恐吓等手段，强制他人违章作业的；

（二）利用组织、指挥、管理职权，强制他人违章作业的；

（三）其他强令他人违章冒险作业的情形。

明知存在重大事故隐患，仍然违反有关安全管理的规定，不排除或者故意掩盖重大事故隐患，组织他人作业的，属于刑法第一百三十四条第二款规定的“冒险组织作业”。

第二条　刑法第一百三十四条之一规定的犯罪主体，包括对生产、作业负有组织、指挥或者管理职责的负责人、管理人员、实际控制人、投资人等人员，以及直接从事生产、作业的人员。

第三条　因存在重大事故隐患被依法责令停产停业、停止施工、停止使用有关设备、设施、场所或者立即采取排除危险的整改措施，有下列情形之一的，属于刑法第一百三十四条之一第二项规定的“拒不执行”：

（一）无正当理由故意不执行各级人民政府或者负有安全生产监督管理职责的部门依法作出的上述行政决定、命令的；

（二）虚构重大事故隐患已经排除的事实，规避、干扰执行各级人民政府或者负有安全生产监督管理职责的部门依法作出的上述行政决定、命令的；

（三）以行贿等不正当手段，规避、干扰执行各级人民政府或者负有安全生产监督管理职责的部门依法作出的上述行政决定、命令的。

有前款第三项行为，同时构成刑法第三百八十九条行贿罪、第三百九十三条单位行贿罪等犯罪的，依照数罪并罚的规定处罚。

认定是否属于“拒不执行”，应当综合考虑行政决定、命令是否具有法律、行政法规等依据，行政决定、命令的内容和期限要求是否明确、合理，行为人是否具有按照要求执行的能力等因素进行判断。

第四条 刑法第一百三十四条第二款和第一百三十四条之一第二项规定的“重大事故隐患”，依照法律、行政法规、部门规章、强制性标准以及有关行政规范性文件进行认定。

刑法第一百三十四条之一第三项规定的“危险物品”，依照安全生产法第一百一十七条的规定确定。

对于是否属于“重大事故隐患”或者“危险物品”难以确定的，可以依据司法鉴定机构出具的鉴定意见、地市级以上负有安全生产监督管理职责的部门或者其指定的机构出具的意见，结合其他证据综合审查，依法作出认定。

第五条 在生产、作业中违反有关安全管理的规定，有刑法第一百三十四条之一规定情形之一，因而发生重大伤亡事故或者造成其他严重后果，构成刑法第一百三十四条、第一百三十五条至第一百三十九条等规定的重大责任事故罪、重大劳动安全事故罪、危险物品肇事罪、工程重大安全事故罪等犯罪的，依照该规定定罪处罚。

第六条 承担安全评价职责的中介组织的人员提供的证明文件有下列情形之一的，属于刑法第二百二十九条第一款规定的“虚假证明文件”：

（一）故意伪造的；

（二）在周边环境、主要建（构）筑物、工艺、装置、设备设施等重要内容上弄虚作假，导致与评价期间实际情况不符，影响评价结论的；

（三）隐瞒生产经营单位重大事故隐患及整改落实情况、主要灾害等级等情况，影响评价结论的；

（四）伪造、篡改生产经营单位相关信息、数据、技术报告或者结论等内容，影响评价结论的；

（五）故意采用存疑的第三方证明材料、监测检验报告，影响评价结论的；

（六）有其他弄虚作假行为，影响评价结论的情形。

生产经营单位提供虚假材料、影响评价结论，承担安全评价职责的中介组织的人员对评价结论与实际情况不符无主观故意的，不属于刑法第二百二十九条第一款规定的“故意提供虚假证明文件”。

有本条第二款情形，承担安全评价职责的中介组织的人员严重不负责任，导致出具的证明文件有重大失实，造成严重后果的，依照刑法第二百二十九条第三款的规定追究刑事责任。

第七条 承担安全评价职责的中介组织的人员故意提供虚假证明文件，有下列情形之一的，属于刑法第二百二十九条第一款规定的“情节严重”：

（一）造成死亡一人以上或者重伤三人以上安全事故的；

（二）造成直接经济损失五十万元以上安全事故的；

（三）违法所得数额十万元以上的；

（四）两年内因故意提供虚假证明文件受过两次以上行政处罚，又故意提供虚假证明文件的；

（五）其他情节严重的情形。

在涉及公共安全的重大工程、项目中提供虚假的安全评价文件，有下列情形之一的，属于刑法第二百二十九条第一款第三项规定的“致使公共财产、国家和人民利益遭受特别重大损失”：

（一）造成死亡三人以上或者重伤十人以上安全事故的；

（二）造成直接经济损失五百万元以上安全事故的；

（三）其他致使公共财产、国家和人民利益遭受特别重大损失的情形。

承担安全评价职责的中介组织的人员有刑法第二百二十九条第一款行为，在裁量刑罚时，应当考虑其行为手段、主观过错程度、对安全事故的发生所起作用大小及其获利情况、一贯表现等因素，综合评估社会危害性，依法裁量刑罚，确保罪责刑相适应。

第八条　承担安全评价职责的中介组织的人员，严重不负责任，出具的证明文件有重大失实，有下列情形之一的，属于刑法第二百二十九条第三款规定的“造成严重后果”：

（一）造成死亡一人以上或者重伤三人以上安全事故的；

（二）造成直接经济损失一百万元以上安全事故的；

（三）其他造成严重后果的情形。

第九条　承担安全评价职责的中介组织犯刑法第二百二十九条规定之罪的，对该中介组织判处罚金，并对其直接负责的主管人员和其他直接责任人员，依照本解释第七条、第八条的规定处罚。

第十条　有刑法第一百三十四条之一行为，积极配合公安机关或者负有安全生产监督管理职责的部门采取措施排除事故隐患，确有悔改表现，认罪认罚的，可以依法从宽处罚；犯罪情节轻微不需要判处刑罚的，可以不起诉或者免予刑事处罚；情节显著轻微危害不大的，不作为犯罪处理。

第十一条　有本解释规定的行为，被不起诉或者免予刑事处罚，需要给予行政处罚、政务处分或者其他处分的，依法移送有关主管机关处理。

第十二条　本解释自 2022 年 12 月 19 日起施行。最高人民法院、最高人民检察院此前发布的司法解释与本解释不一致的，以本解释为准。

7.5 生产安全事故报告和调查处理条例（部分）

第二章　事故报告

第九条　事故发生后，事故现场有关人员应当立即向本单位负责人报告；单位负责人接到报告后，应当于1小时内向事故发生地县级以上人民政府安全生产监督管理部门和负有安全生产监督管理职责的有关部门报告。

情况紧急时，事故现场有关人员可以直接向事故发生地县级以上人民政府安全生产监督管理部门和负有安全生产监督管理职责的有关部门报告。

第十条　安全生产监督管理部门和负有安全生产监督管理职责的有关部门接到事故报告后，应当依照下列规定上报事故情况，并通知公安机关、劳动保障行政部门、工会和人民检察院：

（一）特别重大事故、重大事故逐级上报至国务院安全生产监督管理部门和负有安全生产监督管理职责的有关部门；

（二）较大事故逐级上报至省、自治区、直辖市人民政府安全生产监督管理部门和负有安全生产监督管理职责的有关部门；

（三）一般事故上报至设区的市级人民政府安全生产监督管理部门和负有安全生产监督管理职责的有关部门。

安全生产监督管理部门和负有安全生产监督管理职责的有关部门依照前款规定上报事故情况，应当同时报告本级人民政府。国务院安全生产监督管理部门和负有安全生产监督管理职责的有关部门以及省级人民政府接到发生特别重大事故、重大事故的报告后，应当立即报告国务院。

必要时，安全生产监督管理部门和负有安全生产监督管理职责的有关部门可以越级上报事故情况。

第十一条　安全生产监督管理部门和负有安全生产监督管理职责的有关部门逐级上报事故情况，每级上报的时间不得超过2小时。

第十二条　报告事故应当包括下列内容：

（一）事故发生单位概况；

（二）事故发生的时间、地点以及事故现场情况；

（三）事故的简要经过；

（四）事故已经造成或者可能造成的伤亡人数（包括下落不明的人数）和初步估计的直接经济损失；

（五）已经采取的措施；

（六）其他应当报告的情况。

第十三条　事故报告后出现新情况的，应当及时补报。

自事故发生之日起30日内，事故造成的伤亡人数发生变化的，应当及时补报。道路交通事故、火灾事故自发生之日起7日内，事故造成的伤亡人数发生变化的，应当及时补报。

第十四条　事故发生单位负责人接到事故报告后，应当立即启动事故相应应急预案，或者采取有效措施，组织抢救，防止事故扩大，减少人员伤亡和财产损失。

第十五条　事故发生地有关地方人民政府、安全生产监督管理部门和负有安全生产监督管理职责的有关部门接到事故报告后，其负责人应当立即赶赴事故现场，组织事故救援。

第十六条　事故发生后，有关单位和人员应当妥善保护事故现场以及相关证据，任何单位和个人不得破坏事故现场、毁灭相关证据。

因抢救人员、防止事故扩大以及疏通交通等原因，需要移动事故现场物件的，应当做出标志，绘制现场简图并做出书面记录，妥善保存现场重要痕迹、物证。

第十七条　事故发生地公安机关根据事故的情况，对涉嫌犯罪的，应当依法立案侦查，采取强制措施和侦查措施。犯罪嫌疑人逃匿的，公安机关应当迅速追捕归案。

第十八条　安全生产监督管理部门和负有安全生产监督管理职责的有关部门应当建立值班制度，并向社会公布值班电话，受理事故报告和举报。

第五章　法律责任

第三十五条　事故发生单位主要负责人有下列行为之一的，处上一年年收入40%至80%的罚款；属于国家工作人员的，并依法给予处分；构成犯罪的，依法追究刑事责任：

（一）不立即组织事故抢救的；

（二）迟报或者漏报事故的；

（三）在事故调查处理期间擅离职守的。

第三十六条　事故发生单位及其有关人员有下列行为之一的，对事故发生单位处100万元以上500万元以下的罚款；对主要负责人、直接负责的主管人员和其他直接责任人员处上一年年收入60%至100%的罚款；属于国家工作人员的，并依法给予处分；构成违反治安管理行为的，由公安机关依法给予治安管理处罚；构成犯罪的，依法追究刑事责任：

（一）谎报或者瞒报事故的；

（二）伪造或者故意破坏事故现场的；

（三）转移、隐匿资金、财产，或者销毁有关证据、资料的；

（四）拒绝接受调查或者拒绝提供有关情况和资料的；

（五）在事故调查中作伪证或者指使他人作伪证的；

（六）事故发生后逃匿的。

第三十七条 事故发生单位对事故发生负有责任的，依照下列规定处以罚款：

（一）发生一般事故的，处10万元以上20万元以下的罚款；

（二）发生较大事故的，处20万元以上50万元以下的罚款；

（三）发生重大事故的，处50万元以上200万元以下的罚款；

（四）发生特别重大事故的，处200万元以上500万元以下的罚款。

第三十八条 事故发生单位主要负责人未依法履行安全生产管理职责，导致事故发生的，依照下列规定处以罚款；属于国家工作人员的，并依法给予处分；构成犯罪的，依法追究刑事责任：

（一）发生一般事故的，处上一年年收入30%的罚款；

（二）发生较大事故的，处上一年年收入40%的罚款；

（三）发生重大事故的，处上一年年收入60%的罚款；

（四）发生特别重大事故的，处上一年年收入80%的罚款。

第三十九条 有关地方人民政府、安全生产监督管理部门和负有安全生产监督管理职责的有关部门有下列行为之一的，对直接负责的主管人员和其他直接责任人员依法给予处分；构成犯罪的，依法追究刑事责任：

（一）不立即组织事故抢救的；

（二）迟报、漏报、谎报或者瞒报事故的；

（三）阻碍、干涉事故调查工作的；

（四）在事故调查中作伪证或者指使他人作伪证的。

第四十条 事故发生单位对事故发生负有责任的，由有关部门依法暂扣或者吊销其有关证照；对事故发生单位负有事故责任的有关人员，依法暂停或者撤销其与安全生产有关的执业资格、岗位证书；事故发生单位主要负责人受到刑事处罚或者撤职处分的，自刑罚执行完毕或者受处分之日起，5年内不得担任任何生产经营单位的主要负责人。

为发生事故的单位提供虚假证明的中介机构，由有关部门依法暂扣或者吊销其有关证照及其相关人员的执业资格；构成犯罪的，依法追究刑事责任。

第四十一条 参与事故调查的人员在事故调查中有下列行为之一的，依法给予处分；构成犯罪的，依法追究刑事责任：

（一）对事故调查工作不负责任，致使事故调查工作有重大疏漏的；

（二）包庇、袒护负有事故责任的人员或者借机打击报复的。

第四十二条　违反本条例规定，有关地方人民政府或者有关部门故意拖延或者拒绝落实经批复的对事故责任人的处理意见的，由监察机关对有关责任人员依法给予处分。

第四十三条　本条例规定的罚款的行政处罚，由安全生产监督管理部门决定。

法律、行政法规对行政处罚的种类、幅度和决定机关另有规定的，依照其规定。

7.6 生产安全事故应急条例（部分）

第二章　应急准备

第五条　县级以上人民政府及其负有安全生产监督管理职责的部门和乡、镇人民政府以及街道办事处等地方人民政府派出机关，应当针对可能发生的生产安全事故的特点和危害，进行风险辨识和评估，制定相应的生产安全事故应急救援预案，并依法向社会公布。

生产经营单位应当针对本单位可能发生的生产安全事故的特点和危害，进行风险辨识和评估，制定相应的生产安全事故应急救援预案，并向本单位从业人员公布。

第六条　生产安全事故应急救援预案应当符合有关法律、法规、规章和标准的规定，具有科学性、针对性和可操作性，明确规定应急组织体系、职责分工以及应急救援程序和措施。

有下列情形之一的，生产安全事故应急救援预案制定单位应当及时修订相关预案：

（一）制定预案所依据的法律、法规、规章、标准发生重大变化；

（二）应急指挥机构及其职责发生调整；

（三）安全生产面临的风险发生重大变化；

（四）重要应急资源发生重大变化；

（五）在预案演练或者应急救援中发现需要修订预案的重大问题；

（六）其他应当修订的情形。

第七条 县级以上人民政府负有安全生产监督管理职责的部门应当将其制定的生产安全事故应急救援预案报送本级人民政府备案；易燃易爆物品、危险化学品等危险物品的生产、经营、储存、运输单位，矿山、金属冶炼、城市轨道交通运营、建筑施工单位，以及宾馆、商场、娱乐场所、旅游景区等人员密集场所经营单位，应当将其制定的生产安全事故应急救援预案按照国家有关规定报送县级以上人民政府负有安全生产监督管理职责的部门备案，并依法向社会公布。

第八条 县级以上地方人民政府以及县级以上人民政府负有安全生产监督管理职责的部门，乡、镇人民政府以及街道办事处等地方人民政府派出机关，应当至少每2年组织1次生产安全事故应急救援预案演练。

易燃易爆物品、危险化学品等危险物品的生产、经营、储存、运输单位，矿山、金属冶炼、城市轨道交通运营、建筑施工单位，以及宾馆、商场、娱乐场所、旅游景区等人员密集场所经营单位，应当至少每半年组织1次生产安全事故应急救援预案演练，并将演练情况报送所在地县级以上地方人民政府负有安全生产监督管理职责的部门。

县级以上地方人民政府负有安全生产监督管理职责的部门应当对本行政区域内前款规定的重点生产经营单位的生产安全事故应急救援预案演练进行抽查；发现演练不符合要求的，应当责令限期改正。

第九条 县级以上人民政府应当加强对生产安全事故应急救援队伍建设的统一规划、组织和指导。

县级以上人民政府负有安全生产监督管理职责的部门根据生产安全事故应急工作的实际需要，在重点行业、领域单独建立或者依托有条件的生产经营单位、社会组织共同建立应急救援队伍。

国家鼓励和支持生产经营单位和其他社会力量建立提供社会化应急救援服务的应急救援队伍。

第十条 易燃易爆物品、危险化学品等危险物品的生产、经营、储存、运输单位，矿山、金属冶炼、城市轨道交通运营、建筑施工单位，以及宾馆、商场、娱乐场所、旅游景区等人员密集场所经营单位，应当建立应急救援队伍；其中，小型企业或者微型企业等规模较小的生产经营单位，可以不建立应急救援队伍，但应当指定兼职的应急救援人员，并且可以与邻近的应急救援队伍签订应急救援协议。

工业园区、开发区等产业聚集区域内的生产经营单位，可以联合建立应急救援队伍。

第十一条 应急救援队伍的应急救援人员应当具备必要的专业知识、技能、身体素质和心理素质。

应急救援队伍建立单位或者兼职应急救援人员所在单位应当按照国家有关规定对应急救援人员进行培训；应急救援人员经培训合格后，方可参加应急救援工作。

应急救援队伍应当配备必要的应急救援装备和物资，并定期组织训练。

第十二条 生产经营单位应当及时将本单位应急救援队伍建立情况按照国家有关规定报送县级以上人民政府负有安全生产监督管理职责的部门，并依法向社会公布。

县级以上人民政府负有安全生产监督管理职责的部门应当定期将本行业、本领域的应急救援队伍建立情况报送本级人民政府，并依法向社会公布。

第十三条 县级以上地方人民政府应当根据本行政区域内可能发生的生产安全事故的特点和危害，储备必要的应急救援装备和物资，并及时更新和补充。

易燃易爆物品、危险化学品等危险物品的生产、经营、储存、运输单位，矿山、金属冶炼、城市轨道交通运营、建筑施工单位，以及宾馆、商场、娱乐场所、旅游景区等人员密集场所经营单位，应当根据本单位可能发生的生产安全事故的特点和危害，配备必要的灭火、排水、通风以及危险物品稀释、掩埋、收集等应急救援器材、设备和物资，并进行经常性维护、保养，保证正常运转。

第十四条 下列单位应当建立应急值班制度，配备应急值班人员：

（一）县级以上人民政府及其负有安全生产监督管理职责的部门；

（二）危险物品的生产、经营、储存、运输单位以及矿山、金属冶炼、城市轨道交通运营、建筑施工单位；

（三）应急救援队伍。

规模较大、危险性较高的易燃易爆物品、危险化学品等危险物品的生产、经营、储存、运输单位应当成立应急处置技术组，实行24小时应急值班。

第十五条 生产经营单位应当对从业人员进行应急教育和培训，保证从业人员具备必要的应急知识，掌握风险防范技能和事故应急措施。

第十六条 国务院负有安全生产监督管理职责的部门应当按照国家有关规定建立生产安全事故应急救援信息系统，并采取有效措施，实现数据互联互通、信息共享。

生产经营单位可以通过生产安全事故应急救援信息系统办理生产安全事故应急救援预案备案手续，报送应急救援预案演练情况和应急救援队伍建设情况；但依法需要保密的除外。

第五章 附则

第三十四条 储存、使用易燃易爆物品、危险化学品等危险物品的科研机构、学校、医院等单位的安全事故应急工作，参照本条例有关规定执行。

7.7 中华人民共和国突发事件应对法（部分）

第三章 预防与应急准备

第二十六条 国家建立健全突发事件应急预案体系。

国务院制定国家突发事件总体应急预案，组织制定国家突发事件专项应急预案；国务院有关部门根据各自的职责和国务院相关应急预案，制定国家突发事件部门应急预案并报国务院备案。

地方各级人民政府和县级以上地方人民政府有关部门根据有关法律、法规、规章、上级人民政府及其有关部门的应急预案以及本地区、本部门的实际情况，制定相应的突发事件应急预案并按国务院有关规定备案。

第二十七条 县级以上人民政府应急管理部门指导突发事件应急预案体系建设，综合协调应急预案衔接工作，增强有关应急预案的衔接性和实效性。

第二十八条 应急预案应当根据本法和其他有关法律、法规的规定，针对突发事件的性质、特点和可能造成的社会危害，具体规定突发事件应对管理工作的组织指挥体系与职责和突发事件的预防与预警机制、处置程序、应急保障措施以及事后恢复与重建措施等内容。

应急预案制定机关应当广泛听取有关部门、单位、专家和社会各方面意见，增强应急预案的针对性和可操作性，并根据实际需要、情势变化、应急演练中发现的问题等及时对应急预案作出修订。

应急预案的制定、修订、备案等工作程序和管理办法由国务院规定。

第二十九条 县级以上人民政府应当将突发事件应对工作纳入国民经济和社会发展规划。县级以上人民政府有关部门应当制定突发事件应急体系建设规划。

第三十条 国土空间规划等规划应当符合预防、处置突发事件的需要，统筹安排突发事件应对工作所必需的设备和基础设施建设，合理确定应急避难、封闭隔离、紧急医疗救治等场所，实现日常使用和应急使用的相互转换。

第三十一条 国务院应急管理部门会同卫生健康、自然资源、住房城乡建设等部门统筹、指导全国应急避难场所的建设和管理工作，建立健全应急避难场所标准体系。县级以上地方人民政府负责本行政区域内应急避难场所的规划、建设和管理工作。

第三十二条　国家建立健全突发事件风险评估体系，对可能发生的突发事件进行综合性评估，有针对性地采取有效防范措施，减少突发事件的发生，最大限度减轻突发事件的影响。

第三十三条　县级人民政府应当对本行政区域内容易引发自然灾害、事故灾难和公共卫生事件的危险源、危险区域进行调查、登记、风险评估，定期进行检查、监控，并责令有关单位采取安全防范措施。

省级和设区的市级人民政府应当对本行政区域内容易引发特别重大、重大突发事件的危险源、危险区域进行调查、登记、风险评估，组织进行检查、监控，并责令有关单位采取安全防范措施。

县级以上地方人民政府应当根据情况变化，及时调整危险源、危险区域的登记。登记的危险源、危险区域及其基础信息，应当按照国家有关规定接入突发事件信息系统，并及时向社会公布。

第三十四条　县级人民政府及其有关部门、乡级人民政府、街道办事处、居民委员会、村民委员会应当及时调解处理可能引发社会安全事件的矛盾纠纷。

第三十五条　所有单位应当建立健全安全管理制度，定期开展危险源辨识评估，制定安全防范措施；定期检查本单位各项安全防范措施的落实情况，及时消除事故隐患；掌握并及时处理本单位存在的可能引发社会安全事件的问题，防止矛盾激化和事态扩大；对本单位可能发生的突发事件和采取安全防范措施的情况，应当按照规定及时向所在地人民政府或者有关部门报告。

第三十六条　矿山、金属冶炼、建筑施工单位和易燃易爆物品、危险化学品、放射性物品等危险物品的生产、经营、运输、储存、使用单位，应当制定具体应急预案，配备必要的应急救援器材、设备和物资，并对生产经营场所、有危险物品的建筑物、构筑物及周边环境开展隐患排查，及时采取措施管控风险和消除隐患，防止发生突发事件。

第三十七条　公共交通工具、公共场所和其他人员密集场所的经营单位或者管理单位应当制定具体应急预案，为交通工具和有关场所配备报警装置和必要的应急救援设备、设施，注明其使用方法，并显著标明安全撤离的通道、路线，保证安全通道、出口的畅通。

有关单位应当定期检测、维护其报警装置和应急救援设备、设施，使其处于良好状态，确保正常使用。

第三十八条　县级以上人民政府应当建立健全突发事件应对管理培训制度，

对人民政府及其有关部门负有突发事件应对管理职责的工作人员以及居民委员会、村民委员会有关人员定期进行培训。

第三十九条 国家综合性消防救援队伍是应急救援的综合性常备骨干力量，按照国家有关规定执行综合应急救援任务。县级以上人民政府有关部门可以根据实际需要设立专业应急救援队伍。

县级以上人民政府及其有关部门可以建立由成年志愿者组成的应急救援队伍。乡级人民政府、街道办事处和有条件的居民委员会、村民委员会可以建立基层应急救援队伍，及时、就近开展应急救援。单位应当建立由本单位职工组成的专职或者兼职应急救援队伍。

国家鼓励和支持社会力量建立提供社会化应急救援服务的应急救援队伍。社会力量建立的应急救援队伍参与突发事件应对工作应当服从履行统一领导职责或者组织处置突发事件的人民政府、突发事件应急指挥机构的统一指挥。

县级以上人民政府应当推动专业应急救援队伍与非专业应急救援队伍联合培训、联合演练，提高合成应急、协同应急的能力。

第四十条 地方各级人民政府、县级以上人民政府有关部门、有关单位应当为其组建的应急救援队伍购买人身意外伤害保险，配备必要的防护装备和器材，防范和减少应急救援人员的人身伤害风险。

专业应急救援人员应当具备相应的身体条件、专业技能和心理素质，取得国家规定的应急救援职业资格，具体办法由国务院应急管理部门会同国务院有关部门制定。

第四十一条 中国人民解放军、中国人民武装警察部队和民兵组织应当有计划地组织开展应急救援的专门训练。

第四十二条 县级人民政府及其有关部门、乡级人民政府、街道办事处应当组织开展面向社会公众的应急知识宣传普及活动和必要的应急演练。

居民委员会、村民委员会、企业事业单位、社会组织应当根据所在地人民政府的要求，结合各自的实际情况，开展面向居民、村民、职工等的应急知识宣传普及活动和必要的应急演练。

第四十三条 各级各类学校应当把应急教育纳入教育教学计划，对学生及教职工开展应急知识教育和应急演练，培养安全意识，提高自救与互救能力。

教育主管部门应当对学校开展应急教育进行指导和监督，应急管理等部门应当给予支持。

第四十四条 各级人民政府应当将突发事件应对工作所需经费纳入本级预算，并加强资金管理，提高资金使用绩效。

第四十五条 国家按照集中管理、统一调拨、平时服务、灾时应急、采储结合、节约高效的原则，建立健全应急物资储备保障制度，动态更新应急物资储备品种目录，完善重要应急物资的监管、生产、采购、储备、调拨和紧急配送体系，促进安全应急产业发展，优化产业布局。

国家储备物资品种目录、总体发展规划，由国务院发展改革部门会同国务院有关部门拟订。国务院应急管理等部门依据职责制定应急物资储备规划、品种目录，并组织实施。应急物资储备规划应当纳入国家储备总体发展规划。

第四十六条 设区的市级以上人民政府和突发事件易发、多发地区的县级人民政府应当建立应急救援物资、生活必需品和应急处置装备的储备保障制度。

县级以上地方人民政府应当根据本地区的实际情况和突发事件应对工作的需要，依法与有条件的企业签订协议，保障应急救援物资、生活必需品和应急处置装备的生产、供给。有关企业应当根据协议，按照县级以上地方人民政府要求，进行应急救援物资、生活必需品和应急处置装备的生产、供给，并确保符合国家有关产品质量的标准和要求。

国家鼓励公民、法人和其他组织储备基本的应急自救物资和生活必需品。有关部门可以向社会公布相关物资、物品的储备指南和建议清单。

第四十七条 国家建立健全应急运输保障体系，统筹铁路、公路、水运、民航、邮政、快递等运输和服务方式，制定应急运输保障方案，保障应急物资、装备和人员及时运输。

县级以上地方人民政府和有关主管部门应当根据国家应急运输保障方案，结合本地区实际做好应急调度和运力保障，确保运输通道和客货运枢纽畅通。

国家发挥社会力量在应急运输保障中的积极作用。社会力量参与突发事件应急运输保障，应当服从突发事件应急指挥机构的统一指挥。

第四十八条 国家建立健全能源应急保障体系，提高能源安全保障能力，确保受突发事件影响地区的能源供应。

第四十九条 国家建立健全应急通信、应急广播保障体系，加强应急通信系统、应急广播系统建设，确保突发事件应对工作的通信、广播安全畅通。

第五十条 国家建立健全突发事件卫生应急体系，组织开展突发事件中的医疗救治、卫生学调查处置和心理援助等卫生应急工作，有效控制和消除危害。

第五十一条 县级以上人民政府应当加强急救医疗服务网络的建设，配备相应的医疗救治物资、设施设备和人员，提高医疗卫生机构应对各类突发事件的救治能力。

第五十二条 国家鼓励公民、法人和其他组织为突发事件应对工作提供物资、资金、技术支持和捐赠。

接受捐赠的单位应当及时公开接受捐赠的情况和受赠财产的使用、管理情况，接受社会监督。

第五十三条 红十字会在突发事件中，应当对伤病人员和其他受害者提供紧急救援和人道救助，并协助人民政府开展与其职责相关的其他人道主义服务活动。有关人民政府应当给予红十字会支持和资助，保障其依法参与应对突发事件。

慈善组织在发生重大突发事件时开展募捐和救助活动，应当在有关人民政府的统筹协调、有序引导下依法进行。有关人民政府应当通过提供必要的需求信息、政府购买服务等方式，对慈善组织参与应对突发事件、开展应急慈善活动予以支持。

第五十四条 有关单位应当加强应急救援资金、物资的管理，提高使用效率。

任何单位和个人不得截留、挪用、私分或者变相私分应急救援资金、物资。

第五十五条 国家发展保险事业，建立政府支持、社会力量参与、市场化运作的巨灾风险保险体系，并鼓励单位和个人参加保险。

第五十六条 国家加强应急管理基础科学、重点行业领域关键核心技术的研究，加强互联网、云计算、大数据、人工智能等现代技术手段在突发事件应对工作中的应用，鼓励、扶持有条件的教学科研机构、企业培养应急管理人才和科技人才，研发、推广新技术、新材料、新设备和新工具，提高突发事件应对能力。

第五十七条 县级以上人民政府及其有关部门应当建立健全突发事件专家咨询论证制度，发挥专业人员在突发事件应对工作中的作用。

第七章 法律责任

第九十五条 地方各级人民政府和县级以上人民政府有关部门违反本法规定，不履行或者不正确履行法定职责的，由其上级行政机关责令改正；有下列情形之一，由有关机关综合考虑突发事件发生的原因、后果、应对处置情况、行为人过错等因素，对负有责任的领导人员和直接责任人员依法给予处分：

（一）未按照规定采取预防措施，导致发生突发事件，或者未采取必要的防范措施，导致发生次生、衍生事件的；

（二）迟报、谎报、瞒报、漏报或者授意他人迟报、谎报、瞒报以及阻碍他人报告有关突发事件的信息，或者通报、报送、公布虚假信息，造成后果的；

（三）未按照规定及时发布突发事件警报、采取预警期的措施，导致损害发生的；

（四）未按照规定及时采取措施处置突发事件或者处置不当，造成后果的；

（五）违反法律规定采取应对措施，侵犯公民生命健康权益的；

（六）不服从上级人民政府对突发事件应急处置工作的统一领导、指挥和协调的；

（七）未及时组织开展生产自救、恢复重建等善后工作的；

（八）截留、挪用、私分或者变相私分应急救援资金、物资的；

（九）不及时归还征用的单位和个人的财产，或者对被征用财产的单位和个人不按照规定给予补偿的。

第九十六条　有关单位有下列情形之一，由所在地履行统一领导职责的人民政府有关部门责令停产停业，暂扣或者吊销许可证件，并处五万元以上二十万元以下的罚款；情节特别严重的，并处二十万元以上一百万元以下的罚款：

（一）未按照规定采取预防措施，导致发生较大以上突发事件的；

（二）未及时消除已发现的可能引发突发事件的隐患，导致发生较大以上突发事件的；

（三）未做好应急物资储备和应急设备、设施日常维护、检测工作，导致发生较大以上突发事件或者突发事件危害扩大的；

（四）突发事件发生后，不及时组织开展应急救援工作，造成严重后果的。

其他法律对前款行为规定了处罚的，依照较重的规定处罚。

第九十七条　违反本法规定，编造并传播有关突发事件的虚假信息，或者明知是有关突发事件的虚假信息而进行传播的，责令改正，给予警告；造成严重后果的，依法暂停其业务活动或者吊销其许可证件；负有直接责任的人员是公职人员的，还应当依法给予处分。

第九十八条　单位或者个人违反本法规定，不服从所在地人民政府及其有关部门依法发布的决定、命令或者不配合其依法采取的措施的，责令改正；造成严重后果的，依法给予行政处罚；负有直接责任的人员是公职人员的，还应当依法给予处分。

第九十九条　单位或者个人违反本法第八十四条、第八十五条关于个人信息保护规定的，由主管部门依照有关法律规定给予处罚。

第一百条　单位或者个人违反本法规定，导致突发事件发生或者危害扩大，造成人身、财产或者其他损害的，应当依法承担民事责任。

第一百零一条　为了使本人或者他人的人身、财产免受正在发生的危险而采取避险措施的，依照《中华人民共和国民法典》、《中华人民共和国刑法》等法律关于紧急避险的规定处理。

第一百零二条　违反本法规定，构成违反治安管理行为的，依法给予治安管理处罚；构成犯罪的，依法追究刑事责任。

7.8 中华人民共和国刑法（部分）

第一百三十四条 在生产、作业中违反有关安全管理的规定，因而发生重大伤亡事故或者造成其他严重后果的，处三年以下有期徒刑或者拘役；情节特别恶劣的，处三年以上七年以下有期徒刑。

强令他人违章冒险作业，或者明知存在重大事故隐患而不排除，仍冒险组织作业，因而发生重大伤亡事故或者造成其他严重后果的，处五年以下有期徒刑或者拘役；情节特别恶劣的，处五年以上有期徒刑。

第一百三十四条之一 在生产、作业中违反有关安全管理的规定，有下列情形之一，具有发生重大伤亡事故或者其他严重后果的现实危险的，处一年以下有期徒刑、拘役或者管制：

（一）关闭、破坏直接关系生产安全的监控、报警、防护、救生设备、设施，或者篡改、隐瞒、销毁其相关数据、信息的；

（二）因存在重大事故隐患被依法责令停产停业、停止施工、停止使用有关设备、设施、场所或者立即采取排除危险的整改措施，而拒不执行的；

（三）涉及安全生产的事项未经依法批准或者许可，擅自从事矿山开采、金属冶炼、建筑施工，以及危险物品生产、经营、储存等高度危险的生产作业活动的。

第一百三十五条 安全生产设施或者安全生产条件不符合国家规定，因而发生重大伤亡事故或者造成其他严重后果的，对直接负责的主管人员和其他直接责任人员，处三年以下有期徒刑或者拘役；情节特别恶劣的，处三年以上七年以下有期徒刑。

第一百三十五条之一 举办大型群众性活动违反安全管理规定，因而发生重大伤亡事故或者造成其他严重后果的，对直接负责的主管人员和其他直接责任人员，处三年以下有期徒刑或者拘役；情节特别恶劣的，处三年以上七年以下有期徒刑。

第一百三十六条 违反爆炸性、易燃性、放射性、毒害性、腐蚀性物品的管理规定，在生产、储存、运输、使用中发生重大事故，造成严重后果的，处三年以下有期徒刑或者拘役；后果特别严重的，处三年以上七年以下有期徒刑。

第一百三十七条 建设单位、设计单位、施工单位、工程监理单位违反国家规定，降低工程质量标准，造成重大安全事故的，对直接责任人员，处五年以下有期徒刑或者拘役，并处罚金；后果特别严重的，处五年以上十年以下有期徒刑，并处罚金。

第一百三十八条　明知校舍或者教育教学设施有危险，而不采取措施或者不及时报告，致使发生重大伤亡事故的，对直接责任人员，处三年以下有期徒刑或者拘役；后果特别严重的，处三年以上七年以下有期徒刑。

第一百三十九条　违反消防管理法规，经消防监督机构通知采取改正措施而拒绝执行，造成严重后果的，对直接责任人员，处三年以下有期徒刑或者拘役；后果特别严重的，处三年以上七年以下有期徒刑。

第一百三十九条之一　在安全事故发生后，负有报告职责的人员不报或者谎报事故情况，贻误事故抢救，情节严重的，处三年以下有期徒刑或者拘役；情节特别严重的，处三年以上七年以下有期徒刑。

7.9 危险货物道路运输安全管理办法

第一章　总则

第一条　为了加强危险货物道路运输安全管理，预防危险货物道路运输事故，保障人民群众生命、财产安全，保护环境，依据《中华人民共和国安全生产法》《中华人民共和国道路运输条例》《危险化学品安全管理条例》《公路安全保护条例》等有关法律、行政法规，制定本办法。

第二条　对使用道路运输车辆从事危险货物运输及相关活动的安全管理，适用本办法。

第三条　危险货物道路运输应当坚持安全第一、预防为主、综合治理、便利运输的原则。

第四条　国务院交通运输主管部门主管全国危险货物道路运输管理工作。

县级以上地方人民政府交通运输主管部门负责组织领导本行政区域的危险货物道路运输管理工作。

工业和信息化、公安、生态环境、应急管理、市场监督管理等部门按照各自职责，负责对危险货物道路运输相关活动进行监督检查。

第五条　国家建立危险化学品监管信息共享平台，加强危险货物道路运输安全管理。

第六条　不得托运、承运法律、行政法规禁止运输的危险货物。

第七条 托运人、承运人、装货人应当制定危险货物道路运输作业查验、记录制度，以及人员安全教育培训、设备管理和岗位操作规程等安全生产管理制度。

托运人、承运人、装货人应当按照相关法律法规和《危险货物道路运输规则》（JT/T 617）要求，对本单位相关从业人员进行岗前安全教育培训和定期安全教育。未经岗前安全教育培训考核合格的人员，不得上岗作业。

托运人、承运人、装货人应当妥善保存安全教育培训及考核记录。岗前安全教育培训及考核记录保存至相关从业人员离职后12个月；定期安全教育记录保存期限不得少于12个月。

第八条 国家鼓励危险货物道路运输企业应用先进技术和装备，实行专业化、集约化经营。

禁止危险货物运输车辆挂靠经营。

第二章 危险货物托运

第九条 危险货物托运人应当委托具有相应危险货物道路运输资质的企业承运危险货物。托运民用爆炸物品、烟花爆竹的，应当委托具有第一类爆炸品或者第一类爆炸品中相应项别运输资质的企业承运。

第十条 托运人应当按照《危险货物道路运输规则》（JT/T 617）确定危险货物的类别、项别、品名、编号，遵守相关特殊规定要求。需要添加抑制剂或者稳定剂的，托运人应当按照规定添加，并将有关情况告知承运人。

第十一条 托运人不得在托运的普通货物中违规夹带危险货物，或者将危险货物匿报、谎报为普通货物托运。

第十二条 托运人应当按照《危险货物道路运输规则》（JT/T 617）妥善包装危险货物，并在外包装设置相应的危险货物标志。

第十三条 托运人在托运危险货物时，应当向承运人提交电子或者纸质形式的危险货物托运清单。

危险货物托运清单应当载明危险货物的托运人、承运人、收货人、装货人、始发地、目的地、危险货物的类别、项别、品名、编号、包装及规格、数量、应急联系电话等信息，以及危险货物危险特性、运输注意事项、急救措施、消防措施、泄漏应急处置、次生环境污染处置措施等信息。

托运人应当妥善保存危险货物托运清单，保存期限不得少于12个月。

第十四条 托运人应当在危险货物运输期间保持应急联系电话畅通。

第十五条 托运人托运剧毒化学品、民用爆炸物品、烟花爆竹或者放射性物品的，应当向承运人相应提供公安机关核发的剧毒化学品道路运输通行证、民用爆炸物品运输许可证、烟花爆竹道路运输许可证、放射性物品道路运输许可证明或者文件。

托运人托运第一类放射性物品的，应当向承运人提供国务院核安全监管部门批准的放射性物品运输核与辐射安全分析报告。

托运人托运危险废物（包括医疗废物，下同）的，应当向承运人提供生态环境主管部门发放的电子或者纸质形式的危险废物转移联单。

第三章　例外数量与有限数量危险货物运输的特别规定

第十六条　例外数量危险货物的包装、标记、包件测试，以及每个内容器和外容器可运输危险货物的最大数量，应当符合《危险货物道路运输规则》(JT/T 617) 要求。

第十七条　有限数量危险货物的包装、标记，以及每个内容器或者物品所装的最大数量、总质量（含包装），应当符合《危险货物道路运输规则》(JT/T 617) 要求。

第十八条　托运人托运例外数量危险货物的，应当向承运人书面声明危险货物符合《危险货物道路运输规则》(JT/T 617) 包装要求。承运人应当要求驾驶人随车携带书面声明。

托运人应当在托运清单中注明例外数量危险货物以及包件的数量。

第十九条　托运人托运有限数量危险货物的，应当向承运人提供包装性能测试报告或者书面声明危险货物符合《危险货物道路运输规则》(JT/T 617) 包装要求。承运人应当要求驾驶人随车携带测试报告或者书面声明。

托运人应当在托运清单中注明有限数量危险货物以及包件的数量、总质量(含包装)。

第二十条　例外数量、有限数量危险货物包件可以与其他危险货物、普通货物混合装载，但有限数量危险货物包件不得与爆炸品混合装载。

第二十一条　运输车辆载运例外数量危险货物包件数不超过1000个或者有限数量危险货物总质量（含包装）不超过8000千克的，可以按照普通货物运输。

第四章　危险货物承运

第二十二条　危险货物承运人应当按照交通运输主管部门许可的经营范围承运危险货物。

第二十三条　危险货物承运人应当使用安全技术条件符合国家标准要求且与承运危险货物性质、重量相匹配的车辆、设备进行运输。

危险货物承运人使用常压液体危险货物罐式车辆运输危险货物的，应当在罐式车辆罐体的适装介质列表范围内承运；使用移动式压力容器运输危险货物的，应当按照移动式压力容器使用登记证上限定的介质承运。

危险货物承运人应当按照运输车辆的核定载质量装载危险货物，不得超载。

第二十四条 危险货物承运人应当制作危险货物运单，并交由驾驶人随车携带。危险货物运单应当妥善保存，保存期限不得少于12个月。

危险货物运单格式由国务院交通运输主管部门统一制定。危险货物运单可以是电子或者纸质形式。

运输危险废物的企业还应当填写并随车携带电子或者纸质形式的危险废物转移联单。

第二十五条 危险货物承运人在运输前，应当对运输车辆、罐式车辆罐体、可移动罐柜、罐式集装箱（以下简称罐箱）及相关设备的技术状况，以及卫星定位装置进行检查并做好记录，对驾驶人、押运人员进行运输安全告知。

第二十六条 危险货物道路运输车辆驾驶人、押运人员在起运前，应当对承运危险货物的运输车辆、罐式车辆罐体、可移动罐柜、罐箱进行外观检查，确保没有影响运输安全的缺陷。

危险货物道路运输车辆驾驶人、押运人员在起运前，应当检查确认危险货物运输车辆按照《道路运输危险货物车辆标志》（GB 13392）要求安装、悬挂标志。运输爆炸品和剧毒化学品的，还应当检查确认车辆安装、粘贴符合《道路运输爆炸品和剧毒化学品车辆安全技术条件》（GB 20300）要求的安全标示牌。

第二十七条 危险货物承运人除遵守本办法规定外，还应当遵守《道路危险货物运输管理规定》有关运输行为的要求。

第五章 危险货物装卸

第二十八条 装货人应当在充装或者装载货物前查验以下事项；不符合要求的，不得充装或者装载：

（一）车辆是否具有有效行驶证和营运证；

（二）驾驶人、押运人员是否具有有效资质证件；

（三）运输车辆、罐式车辆罐体、可移动罐柜、罐箱是否在检验合格有效期内；

（四）所充装或者装载的危险货物是否与危险货物运单载明的事项相一致；

（五）所充装的危险货物是否在罐式车辆罐体的适装介质列表范围内，或者满足可移动罐柜导则、罐箱适用代码的要求。

充装或者装载剧毒化学品、民用爆炸物品、烟花爆竹、放射性物品或者危险废物时，还应当查验本办法第十五条规定的单证报告。

第二十九条 装货人应当按照相关标准进行装载作业。装载货物不得超过运输车辆的核定载质量，不得超出罐式车辆罐体、可移动罐柜、罐箱的允许充装量。

第三十条 危险货物交付运输时，装货人应当确保危险货物运输车辆按照《道路运输危险货物车辆标志》（GB 13392）要求安装、悬挂标志，确保包装容器没有损坏或者泄漏，罐式车辆罐体、可移动罐柜、罐箱的关闭装置处于关闭状态。

爆炸品和剧毒化学品交付运输时，装货人还应当确保车辆安装、粘贴符合《道路运输爆炸品和剧毒化学品车辆安全技术条件》（GB 20300）要求的安全标示牌。

第三十一条 装货人应当建立危险货物装货记录制度，记录所充装或者装载的危险货物类别、品名、数量、运单编号和托运人、承运人、运输车辆及驾驶人等相关信息并妥善保存，保存期限不得少于12个月。

第三十二条 充装或者装载危险化学品的生产、储存、运输、使用和经营企业，应当按照本办法要求建立健全并严格执行充装或者装载查验、记录制度。

第三十三条 收货人应当及时收货，并按照安全操作规程进行卸货作业。

第三十四条 禁止危险货物运输车辆在卸货后直接实施排空作业等活动。

第六章 危险货物运输车辆与罐式车辆罐体、可移动罐柜、罐箱

第三十五条 工业和信息化主管部门应当通过《道路机动车辆生产企业及产品公告》公布产品型号，并按照《危险货物运输车辆结构要求》（GB 21668）公布危险货物运输车辆类型。

第三十六条 危险货物运输车辆生产企业应当按照工业和信息化主管部门公布的产品型号进行生产。危险货物运输车辆应当获得国家强制性产品认证证书。

第三十七条 危险货物运输车辆生产企业应当按照《危险货物运输车辆结构要求》（GB 21668）标注危险货物运输车辆的类型。

第三十八条 液体危险化学品常压罐式车辆罐体生产企业应当取得工业产品生产许可证，生产的罐体应当符合《道路运输液体危险货物罐式车辆》（GB 18564）要求。

检验机构应当严格按照国家标准、行业标准及国家统一发布的检验业务规则，开展液体危险化学品常压罐式车辆罐体检验，对检验合格的罐体出具检验合格证书。检验合格证书包括罐体载质量、罐体容积、罐体编号、适装介质列表和下次检验日期等内容。

检验机构名录及检验业务规则由国务院市场监督管理部门、国务院交通运输主管部门共同公布。

第三十九条 常压罐式车辆罐体生产企业应当按照要求为罐体分配并标注唯一性编码。

第四十条 罐式车辆罐体应当在检验有效期内装载危险货物。

检验有效期届满后，罐式车辆罐体应当经具有专业资质的检验机构重新检验合格，方可投入使用。

第四十一条 装载危险货物的常压罐式车辆罐体的重大维修、改造，应当委托具备罐体生产资质的企业实施，并通过具有专业资质的检验机构维修、改造检验，取得检验合格证书，方可重新投入使用。

第四十二条 运输危险货物的可移动罐柜、罐箱应当经具有专业资质的检验机构检验合格，取得检验合格证书，并取得相应的安全合格标志，按照规定用途使用。

第四十三条 危险货物包装容器属于移动式压力容器或者气瓶的，还应当满足特种设备相关法律法规、安全技术规范以及国际条约的要求。

第七章 危险货物运输车辆运行管理

第四十四条 在危险货物道路运输过程中，除驾驶人外，还应当在专用车辆上配备必要的押运人员，确保危险货物处于押运人员监管之下。

运输车辆应当安装、悬挂符合《道路运输危险货物车辆标志》（GB 13392）要求的警示标志，随车携带防护用品、应急救援器材和危险货物道路运输安全卡，严格遵守道路交通安全法律法规规定，保障道路运输安全。

运输爆炸品和剧毒化学品车辆还应当安装、粘贴符合《道路运输爆炸品和剧毒化学品车辆安全技术条件》（GB 20300）要求的安全标示牌。

运输剧毒化学品、民用爆炸物品、烟花爆竹、放射性物品或者危险废物时，还应当随车携带本办法第十五条规定的单证报告。

第四十五条 危险货物承运人应当按照《中华人民共和国反恐怖主义法》和《道路运输车辆动态监督管理办法》要求，在车辆运行期间通过定位系统对车辆和驾驶人进行监控管理。

第四十六条 危险货物运输车辆在高速公路上行驶速度不得超过每小时80公里，在其他道路上行驶速度不得超过每小时60公里。道路限速标志、标线标明的速度低于上述规定速度的，车辆行驶速度不得高于限速标志、标线标明的速度。

第四十七条 驾驶人应当确保罐式车辆罐体、可移动罐柜、罐箱的关闭装置在运输过程中处于关闭状态。

第四十八条 运输民用爆炸物品、烟花爆竹和剧毒、放射性等危险物品时，应当按照公安机关批准的路线、时间行驶。

第四十九条 有下列情形之一的，公安机关可以依法采取措施，限制危险货物运输车辆通行：

（一）城市（含县城）重点地区、重点单位、人流密集场所、居民生活区；

（二）饮用水水源保护区、重点景区、自然保护区；

（三）特大桥梁、特长隧道、隧道群、桥隧相连路段及水下公路隧道；

（四）坡长坡陡、临水临崖等通行条件差的山区公路；

（五）法律、行政法规规定的其他可以限制通行的情形。

除法律、行政法规另有规定外，公安机关综合考虑相关因素，确需对通过高速公路运输危险化学品依法采取限制通行措施的，限制通行时段应当在 0 时至 6 时之间确定。

公安机关采取限制危险货物运输车辆通行措施的，应当提前向社会公布，并会同交通运输主管部门确定合理的绕行路线，设置明显的绕行提示标志。

第五十条　遇恶劣天气、重大活动、重要节假日、交通事故、突发事件等，公安机关可以临时限制危险货物运输车辆通行，并做好告知提示。

第五十一条　危险货物运输车辆需在高速公路服务区停车的，驾驶人、押运人员应当按照有关规定采取相应的安全防范措施。

第八章　监督检查

第五十二条　对危险货物道路运输负有安全监督管理职责的部门，应当依照下列规定加强监督检查：

（一）交通运输主管部门负责核发危险货物道路运输经营许可证，定期对危险货物道路运输企业动态监控工作的情况进行考核，依法对危险货物道路运输企业进行监督检查，负责对运输环节充装查验、核准、记录等进行监管。

（二）工业和信息化主管部门应当依法对《道路机动车辆生产企业及产品公告》内的危险货物运输车辆生产企业进行监督检查，依法查处违法违规生产企业及产品。

（三）公安机关负责核发剧毒化学品道路运输通行证、民用爆炸物品运输许可证、烟花爆竹道路运输许可证和放射性物品运输许可证明或者文件，并负责危险货物运输车辆的通行秩序管理。

（四）生态环境主管部门应当依法对放射性物品运输容器的设计、制造和使用等进行监督检查，负责监督核设施营运单位、核技术利用单位建立健全并执行托运及充装管理制度规程。

（五）应急管理部门和其他负有安全生产监督管理职责的部门依法负责危险化学品生产、储存、使用和经营环节的监管，按照职责分工督促企业建立健全充装管理制度规程。

（六）市场监督管理部门负责依法查处危险化学品及常压罐式车辆罐体质量违法行为和常压罐式车辆罐体检验机构出具虚假检验合格证书的行为。

第五十三条 对危险货物道路运输负有安全监督管理职责的部门，应当建立联合执法协作机制。

第五十四条 对危险货物道路运输负有安全监督管理职责的部门发现危险货物托运、承运或者装载过程中存在重大隐患，有可能发生安全事故的，应当要求其停止作业并消除隐患。

第五十五条 对危险货物道路运输负有安全监督管理职责的部门监督检查时，发现需由其他负有安全监督管理职责的部门处理的违法行为，应当及时移交。

其他负有安全监督管理职责的部门应当接收，依法处理，并将处理结果反馈移交部门。

第九章 法律责任

第五十六条 交通运输主管部门对危险货物承运人违反本办法第七条，未对从业人员进行安全教育和培训的，应当责令限期改正，可以处5万元以下的罚款；逾期未改正的，责令停产停业整顿，并处5万元以上10万元以下的罚款，对其直接负责的主管人员和其他直接责任人员处1万元以上2万元以下的罚款。

第五十七条 交通运输主管部门对危险化学品托运人有下列情形之一的，应当责令改正，处10万元以上20万元以下的罚款，有违法所得的，没收违法所得；拒不改正的，责令停产停业整顿：

（一）违反本办法第九条，委托未依法取得危险货物道路运输资质的企业承运危险化学品的；

（二）违反本办法第十一条，在托运的普通货物中违规夹带危险化学品，或者将危险化学品匿报或者谎报为普通货物托运的。

有前款第（二）项情形，构成违反治安管理行为的，由公安机关依法给予治安管理处罚。

第五十八条 交通运输主管部门对危险货物托运人违反本办法第十条，危险货物的类别、项别、品名、编号不符合相关标准要求的，应当责令改正，属于非经营性的，处1000元以下的罚款；属于经营性的，处1万元以上3万元以下的罚款。

第五十九条 交通运输主管部门对危险化学品托运人有下列情形之一的，应当责令改正，处5万元以上10万元以下的罚款；拒不改正的，责令停产停业整顿：

（一）违反本办法第十条，运输危险化学品需要添加抑制剂或者稳定剂，托运人未添加或者未将有关情况告知承运人的；

（二）违反本办法第十二条，未按照要求对所托运的危险化学品妥善包装并在外包装设置相应标志的。

第六十条　交通运输主管部门对危险货物承运人有下列情形之一的，应当责令改正，处2000元以上5000元以下的罚款：

（一）违反本办法第二十三条，未在罐式车辆罐体的适装介质列表范围内或者移动式压力容器使用登记证上限定的介质承运危险货物的；

（二）违反本办法第二十四条，未按照规定制作危险货物运单或者保存期限不符合要求的；

（三）违反本办法第二十五条，未按照要求对运输车辆、罐式车辆罐体、可移动罐柜、罐箱及设备进行检查和记录的。

第六十一条　交通运输主管部门对危险货物道路运输车辆驾驶人具有下列情形之一的，应当责令改正，处1000元以上3000元以下的罚款：

（一）违反本办法第二十四条、第四十四条，未按照规定随车携带危险货物运单、安全卡的；

（二）违反本办法第四十七条，罐式车辆罐体、可移动罐柜、罐箱的关闭装置在运输过程中未处于关闭状态的。

第六十二条　交通运输主管部门对危险货物承运人违反本办法第四十条、第四十一条、第四十二条，使用未经检验合格或者超出检验有效期的罐式车辆罐体、可移动罐柜、罐箱从事危险货物运输的，应当责令限期改正，可以处5万元以下的罚款；逾期未改正的，处5万元以上20万元以下的罚款，对其直接负责的主管人员和其他直接责任人员处1万元以上2万元以下的罚款；情节严重的，责令停产停业整顿。

第六十三条　交通运输主管部门对危险货物承运人违反本办法第四十五条，未按照要求对运营中的危险化学品、民用爆炸物品、核与放射性物品的运输车辆通过定位系统实行监控的，应当给予警告，并责令改正；拒不改正的，处10万元以下的罚款，并对其直接负责的主管人员和其他直接责任人员处1万元以下的罚款。

第六十四条　工业和信息化主管部门对作为装货人的民用爆炸物品生产、销售企业违反本办法第七条、第二十八条、第三十一条，未建立健全并严格执行充装或者装载查验、记录制度的，应当责令改正，处1万元以上3万元以下的罚款。

生态环境主管部门对核设施营运单位、核技术利用单位违反本办法第七条、第二十八条、第三十一条，未建立健全并严格执行充装或者装载查验、记录制度的，应当责令改正，处1万元以上3万元以下的罚款。

第六十五条　交通运输主管部门、应急管理部门和其他负有安全监督管理职责的部门对危险化学品生产、储存、运输、使用和经营企业违反本办法第三十二条，未建立健全并严格执行充装或者装载查验、记录制度的，应当按照职责分工责令改正，处1万元以上3万元以下的罚款。

第六十六条 对装货人违反本办法第四十三条，未按照规定实施移动式压力容器、气瓶充装查验、记录制度，或者对不符合安全技术规范要求的移动式压力容器、气瓶进行充装的，依照特种设备相关法律法规进行处罚。

第六十七条 公安机关对有关企业、单位或者个人违反本办法第十五条，未经许可擅自通过道路运输危险货物的，应当责令停止非法运输活动，并予以处罚：

（一）擅自运输剧毒化学品的，处5万元以上10万元以下的罚款；

（二）擅自运输民用爆炸物品的，处5万元以上20万元以下的罚款，并没收非法运输的民用爆炸物品及违法所得；

（三）擅自运输烟花爆竹的，处1万元以上5万元以下的罚款，并没收非法运输的物品及违法所得；

（四）擅自运输放射性物品的，处2万元以上10万元以下的罚款。

第六十八条 公安机关对危险货物承运人有下列行为之一的，应当责令改正，处5万元以上10万元以下的罚款；构成违反治安管理行为的，依法给予治安管理处罚：

（一）违反本办法第二十三条，使用安全技术条件不符合国家标准要求的车辆运输危险化学品的；

（二）违反本办法第二十三条，超过车辆核定载质量运输危险化学品的。

第六十九条 公安机关对危险货物承运人违反本办法第四十四条，通过道路运输危险化学品不配备押运人员的，应当责令改正，处1万元以上5万元以下的罚款；构成违反治安管理行为的，依法给予治安管理处罚。

第七十条 公安机关对危险货物运输车辆违反本办法第四十四条，未按照要求安装、悬挂警示标志的，应当责令改正，并对承运人予以处罚：

（一）运输危险化学品的，处1万元以上5万元以下的罚款；

（二）运输民用爆炸物品的，处5万元以上20万元以下的罚款；

（三）运输烟花爆竹的，处200元以上2000元以下的罚款；

（四）运输放射性物品的，处2万元以上10万元以下的罚款。

第七十一条 公安机关对危险货物承运人违反本办法第四十四条，运输剧毒化学品、民用爆炸物品、烟花爆竹或者放射性物品未随车携带相应单证报告的，应当责令改正，并予以处罚：

（一）运输剧毒化学品未随车携带剧毒化学品道路运输通行证的，处500元以上1000元以下的罚款；

（二）运输民用爆炸物品未随车携带民用爆炸物品运输许可证的，处5万元以上20万元以下的罚款；

（三）运输烟花爆竹未随车携带烟花爆竹道路运输许可证的，处200元以上2000元以下的罚款；

（四）运输放射性物品未随车携带放射性物品道路运输许可证明或者文件的，有违法所得的，处违法所得3倍以下且不超过3万元的罚款；没有违法所得的，处1万元以下的罚款。

第七十二条　公安机关对危险货物运输车辆违反本办法第四十八条，未依照批准路线等行驶的，应当责令改正，并对承运人予以处罚：

（一）运输剧毒化学品的，处1000元以上1万元以下的罚款；

（二）运输民用爆炸物品的，处5万元以上20万元以下的罚款；

（三）运输烟花爆竹的，处200元以上2000元以下的罚款；

（四）运输放射性物品的，处2万元以上10万元以下的罚款。

第七十三条　危险化学品常压罐式车辆罐体检验机构违反本办法第三十八条，为不符合相关法规和标准要求的危险化学品常压罐式车辆罐体出具检验合格证书的，按照有关法律法规的规定进行处罚。

第七十四条　交通运输、工业和信息化、公安、生态环境、应急管理、市场监督管理等部门应当相互通报有关处罚情况，并将涉企行政处罚信息及时归集至国家企业信用信息公示系统，依法向社会公示。

第七十五条　对危险货物道路运输负有安全监督管理职责的部门工作人员在危险货物道路运输监管工作中滥用职权、玩忽职守、徇私舞弊的，依法进行处理；构成犯罪的，依法追究刑事责任。

第十章　附则

第七十六条　军用车辆运输危险货物的安全管理，不适用本办法。

第七十七条　未列入《危险货物道路运输规则》（JT/T 617）的危险化学品、《国家危险废物名录》中明确的在转移和运输环节实行豁免管理的危险废物、诊断用放射性药品的道路运输安全管理，不适用本办法，由国务院交通运输、生态环境等主管部门分别依据各自职责另行规定。

第七十八条　本办法下列用语的含义是：

（一）危险货物，是指列入《危险货物道路运输规则》（JT/T 617），具有爆炸、易燃、毒害、感染、腐蚀、放射性等危险特性的物质或者物品。

（二）例外数量危险货物，是指列入《危险货物道路运输规则》（JT/T 617），通过包装、包件测试、单证等特别要求，消除或者降低其运输危险性并免除相关运输条件的危险货物。

（三）有限数量危险货物，是指列入《危险货物道路运输规则》（JT/T 617），通过数量限制、包装、标记等特别要求，消除或者降低其运输危险性并免除相关运输条件的危险货物。

（四）装货人，是指受托运人委托将危险货物装进危险货物车辆、罐式车辆罐体、可移动罐柜、集装箱、散装容器，或者将装有危险货物的包装容器装载到车辆上的企业或者单位。

第七十九条 本办法自2020年1月1日起施行。

7.10 易制毒化学品管理条例

第一章 总则

第一条 为了加强易制毒化学品管理，规范易制毒化学品的生产、经营、购买、运输和进口、出口行为，防止易制毒化学品被用于制造毒品，维护经济和社会秩序，制定本条例。

第二条 国家对易制毒化学品的生产、经营、购买、运输和进口、出口实行分类管理和许可制度。

易制毒化学品分为三类。第一类是可以用于制毒的主要原料，第二类、第三类是可以用于制毒的化学配剂。易制毒化学品的具体分类和品种，由本条例附表列示。

易制毒化学品的分类和品种需要调整的，由国务院公安部门会同国务院药品监督管理部门、安全生产监督管理部门、商务主管部门、卫生主管部门和海关总署提出方案，报国务院批准。

省、自治区、直辖市人民政府认为有必要在本行政区域内调整分类或者增加本条例规定以外的品种的，应当向国务院公安部门提出，由国务院公安部门会同国务院有关行政主管部门提出方案，报国务院批准。

第三条 国务院公安部门、药品监督管理部门、安全生产监督管理部门、商务主管部门、卫生主管部门、海关总署、价格主管部门、铁路主管部门、交通主管部门、市场监督管理部门、生态环境主管部门在各自的职责范围内，负责全国的易制毒化学品有关管理工作；县级以上地方各级人民政府有关行政主管部门在各自的职责范围内，负责本行政区域内的易制毒化学品有关管理工作。

县级以上地方各级人民政府应当加强对易制毒化学品管理工作的领导，及时协调解决易制毒化学品管理工作中的问题。

第四条 易制毒化学品的产品包装和使用说明书，应当标明产品的名称（含学名和通用名）、化学分子式和成分。

第五条 易制毒化学品的生产、经营、购买、运输和进口、出口，除应当遵守本条例的规定外，属于药品和危险化学品的，还应当遵守法律、其他行政法规对药品和危险化学品的有关规定。

禁止走私或者非法生产、经营、购买、转让、运输易制毒化学品。

禁止使用现金或者实物进行易制毒化学品交易。但是，个人合法购买第一类中的药品类易制毒化学品药品制剂和第三类易制毒化学品的除外。

生产、经营、购买、运输和进口、出口易制毒化学品的单位，应当建立单位内部易制毒化学品管理制度。

第六条 国家鼓励向公安机关等有关行政主管部门举报涉及易制毒化学品的违法行为。接到举报的部门应当为举报者保密。对举报属实的，县级以上人民政府及有关行政主管部门应当给予奖励。

第二章 生产、经营管理

第七条 申请生产第一类易制毒化学品，应当具备下列条件，并经本条例第八条规定的行政主管部门审批，取得生产许可证后，方可进行生产：

（一）属依法登记的化工产品生产企业或者药品生产企业；

（二）有符合国家标准的生产设备、仓储设施和污染物处理设施；

（三）有严格的安全生产管理制度和环境突发事件应急预案；

（四）企业法定代表人和技术、管理人员具有安全生产和易制毒化学品的有关知识，无毒品犯罪记录；

（五）法律、法规、规章规定的其他条件。

申请生产第一类中的药品类易制毒化学品，还应当在仓储场所等重点区域设置电视监控设施以及与公安机关联网的报警装置。

第八条 申请生产第一类中的药品类易制毒化学品的，由省、自治区、直辖市人民政府药品监督管理部门审批；申请生产第一类中的非药品类易制毒化学品的，由省、自治区、直辖市人民政府安全生产监督管理部门审批。

前款规定的行政主管部门应当自收到申请之日起60日内，对申请人提交的申请材料进行审查。对符合规定的，发给生产许可证，或者在企业已经取得的有关生产许可证件上标注；不予许可的，应当书面说明理由。

审查第一类易制毒化学品生产许可申请材料时，根据需要，可以进行实地核查和专家评审。

第九条 申请经营第一类易制毒化学品，应当具备下列条件，并经本条例第十条规定的行政主管部门审批，取得经营许可证后，方可进行经营：

（一）属依法登记的化工产品经营企业或者药品经营企业；

（二）有符合国家规定的经营场所，需要储存、保管易制毒化学品的，还应当有符合国家技术标准的仓储设施；

（三）有易制毒化学品的经营管理制度和健全的销售网络；

（四）企业法定代表人和销售、管理人员具有易制毒化学品的有关知识，无毒品犯罪记录；

（五）法律、法规、规章规定的其他条件。

第十条 申请经营第一类中的药品类易制毒化学品的，由省、自治区、直辖市人民政府药品监督管理部门审批；申请经营第一类中的非药品类易制毒化学品的，由省、自治区、直辖市人民政府安全生产监督管理部门审批。

前款规定的行政主管部门应当自收到申请之日起30日内，对申请人提交的申请材料进行审查。对符合规定的，发给经营许可证，或者在企业已经取得的有关经营许可证件上标注；不予许可的，应当书面说明理由。

审查第一类易制毒化学品经营许可申请材料时，根据需要，可以进行实地核查。

第十一条 取得第一类易制毒化学品生产许可或者依照本条例第十三条第一款规定已经履行第二类、第三类易制毒化学品备案手续的生产企业，可以经销自产的易制毒化学品。但是，在厂外设立销售网点经销第一类易制毒化学品的，应当依照本条例的规定取得经营许可。

第一类中的药品类易制毒化学品药品单方制剂，由麻醉药品定点经营企业经销，且不得零售。

第十二条 取得第一类易制毒化学品生产、经营许可的企业，应当凭生产、经营许可证到市场监督管理部门办理经营范围变更登记。未经变更登记，不得进行第一类易制毒化学品的生产、经营。

第一类易制毒化学品生产、经营许可证被依法吊销的，行政主管部门应当自作出吊销决定之日起5日内通知市场监督管理部门；被吊销许可证的企业，应当及时到市场监督管理部门办理经营范围变更或者企业注销登记。

第十三条 生产第二类、第三类易制毒化学品的，应当自生产之日起30日内，将生产的品种、数量等情况，向所在地的设区的市级人民政府安全生产监督管理部门备案。

经营第二类易制毒化学品的，应当自经营之日起30日内，将经营的品种、数量、主要流向等情况，向所在地的设区的市级人民政府安全生产监督管理部门备案；经营第三类易制毒化学品的，应当自经营之日起30日内，将经营的品种、数量、主要流向等情况，向所在地的县级人民政府安全生产监督管理部门备案。

前两款规定的行政主管部门应当于收到备案材料的当日发给备案证明。

第三章 购买管理

第十四条 申请购买第一类易制毒化学品，应当提交下列证件，经本条例第十五条规定的行政主管部门审批，取得购买许可证：

（一）经营企业提交企业营业执照和合法使用需要证明；

（二）其他组织提交登记证书（成立批准文件）和合法使用需要证明。

第十五条 申请购买第一类中的药品类易制毒化学品的，由所在地的省、自治区、直辖市人民政府药品监督管理部门审批；申请购买第一类中的非药品类易制毒化学品的，由所在地的省、自治区、直辖市人民政府公安机关审批。

前款规定的行政主管部门应当自收到申请之日起10日内，对申请人提交的申请材料和证件进行审查。对符合规定的，发给购买许可证；不予许可的，应当书面说明理由。

审查第一类易制毒化学品购买许可申请材料时，根据需要，可以进行实地核查。

第十六条 持有麻醉药品、第一类精神药品购买印鉴卡的医疗机构购买第一类中的药品类易制毒化学品的，无须申请第一类易制毒化学品购买许可证。

个人不得购买第一类、第二类易制毒化学品。

第十七条 购买第二类、第三类易制毒化学品的，应当在购买前将所需购买的品种、数量，向所在地的县级人民政府公安机关备案。个人自用购买少量高锰酸钾的，无须备案。

第十八条 经营单位销售第一类易制毒化学品时，应当查验购买许可证和经办人的身份证明。对委托代购的，还应当查验购买人持有的委托文书。

经营单位在查验无误、留存上述证明材料的复印件后，方可出售第一类易制毒化学品；发现可疑情况的，应当立即向当地公安机关报告。

第十九条 经营单位应当建立易制毒化学品销售台账，如实记录销售的品种、数量、日期、购买方等情况。销售台账和证明材料复印件应当保存2年备查。

第一类易制毒化学品的销售情况，应当自销售之日起5日内报当地公安机关备案；第一类易制毒化学品的使用单位，应当建立使用台账，并保存2年备查。

第二类、第三类易制毒化学品的销售情况，应当自销售之日起30日内报当地公安机关备案。

第四章 运输管理

第二十条 跨设区的市级行政区域（直辖市为跨市界）或者在国务院公安部门确定的禁毒形势严峻的重点地区跨县级行政区域运输第一类易制毒化学品的，由运出地的设区的市级人民政府公安机关审批；运输第二类易制毒化学品的，由运出地的县级人民政府公安机关审批。经审批取得易制毒化学品运输许可证后，方可运输。

运输第三类易制毒化学品的，应当在运输前向运出地的县级人民政府公安机关备案。公安机关应当于收到备案材料的当日发给备案证明。

第二十一条 申请易制毒化学品运输许可，应当提交易制毒化学品的购销合同，货主是企业的，应当提交营业执照；货主是其他组织的，应当提交登记证书（成立批准文件）；货主是个人的，应当提交其个人身份证明。经办人还应当提交本人的身份证明。

公安机关应当自收到第一类易制毒化学品运输许可申请之日起10日内，收到第二类易制毒化学品运输许可申请之日起3日内，对申请人提交的申请材料进行审查。对符合规定的，发给运输许可证；不予许可的，应当书面说明理由。

审查第一类易制毒化学品运输许可申请材料时，根据需要，可以进行实地核查。

第二十二条 对许可运输第一类易制毒化学品的，发给一次有效的运输许可证。

对许可运输第二类易制毒化学品的，发给3个月有效的运输许可证；6个月内运输安全状况良好的，发给12个月有效的运输许可证。

易制毒化学品运输许可证应当载明拟运输的易制毒化学品的品种、数量、运入地、货主及收货人、承运人情况以及运输许可证种类。

第二十三条 运输供教学、科研使用的100克以下的麻黄素样品和供医疗机构制剂配方使用的小包装麻黄素以及医疗机构或者麻醉药品经营企业购买麻黄素片剂6万片以下、注射剂1.5万支以下，货主或者承运人持有依法取得的购买许可证明或者麻醉药品调拨单的，无须申请易制毒化学品运输许可。

第二十四条 接受货主委托运输的，承运人应当查验货主提供的运输许可证或者备案证明，并查验所运货物与运输许可证或者备案证明载明的易制毒化学品品种等情况是否相符；不相符的，不得承运。

运输易制毒化学品，运输人员应当自启运起全程携带运输许可证或者备案证明。公安机关应当在易制毒化学品的运输过程中进行检查。

运输易制毒化学品，应当遵守国家有关货物运输的规定。

第二十五条　因治疗疾病需要，患者、患者近亲属或者患者委托的人凭医疗机构出具的医疗诊断书和本人的身份证明，可以随身携带第一类中的药品类易制毒化学品药品制剂，但是不得超过医用单张处方的最大剂量。

医用单张处方最大剂量，由国务院卫生主管部门规定、公布。

第五章　进口、出口管理

第二十六条　申请进口或者出口易制毒化学品，应当提交下列材料，经国务院商务主管部门或者其委托的省、自治区、直辖市人民政府商务主管部门审批，取得进口或者出口许可证后，方可从事进口、出口活动：

（一）对外贸易经营者备案登记证明复印件；

（二）营业执照副本；

（三）易制毒化学品生产、经营、购买许可证或者备案证明；

（四）进口或者出口合同（协议）副本；

（五）经办人的身份证明。

申请易制毒化学品出口许可的，还应当提交进口方政府主管部门出具的合法使用易制毒化学品的证明或者进口方合法使用的保证文件。

第二十七条　受理易制毒化学品进口、出口申请的商务主管部门应当自收到申请材料之日起 20 日内，对申请材料进行审查，必要时可以进行实地核查。对符合规定的，发给进口或者出口许可证；不予许可的，应当书面说明理由。

对进口第一类中的药品类易制毒化学品的，有关的商务主管部门在作出许可决定前，应当征得国务院药品监督管理部门的同意。

第二十八条　麻黄素等属于重点监控物品范围的易制毒化学品，由国务院商务主管部门会同国务院有关部门核定的企业进口、出口。

第二十九条　国家对易制毒化学品的进口、出口实行国际核查制度。易制毒化学品国际核查目录及核查的具体办法，由国务院商务主管部门会同国务院公安部门规定、公布。

国际核查所用时间不计算在许可期限之内。

对向毒品制造、贩运情形严重的国家或者地区出口易制毒化学品以及本条例规定品种以外的化学品的，可以在国际核查措施以外实施其他管制措施，具体办法由国务院商务主管部门会同国务院公安部门、海关总署等有关部门规定、公布。

第三十条　进口、出口或者过境、转运、通运易制毒化学品的，应当如实向海关申报，并提交进口或者出口许可证。海关凭许可证办理通关手续。

易制毒化学品在境外与保税区、出口加工区等海关特殊监管区域、保税场所之间进出的，适用前款规定。

易制毒化学品在境内与保税区、出口加工区等海关特殊监管区域、保税场所之间进出的，或者在上述海关特殊监管区域、保税场所之间进出的，无须申请易制毒化学品进口或者出口许可证。

进口第一类中的药品类易制毒化学品，还应当提交药品监督管理部门出具的进口药品通关单。

第三十一条 进出境人员随身携带第一类中的药品类易制毒化学品药品制剂和高锰酸钾，应当以自用且数量合理为限，并接受海关监管。

进出境人员不得随身携带前款规定以外的易制毒化学品。

第六章 监督检查

第三十二条 县级以上人民政府公安机关、负责药品监督管理的部门、安全生产监督管理部门、商务主管部门、卫生主管部门、价格主管部门、铁路主管部门、交通主管部门、市场监督管理部门、生态环境主管部门和海关，应当依照本条例和有关法律、行政法规的规定，在各自的职责范围内，加强对易制毒化学品生产、经营、购买、运输、价格以及进口、出口的监督检查；对非法生产、经营、购买、运输易制毒化学品，或者走私易制毒化学品的行为，依法予以查处。

前款规定的行政主管部门在进行易制毒化学品监督检查时，可以依法查看现场、查阅和复制有关资料、记录有关情况、扣押相关的证据材料和违法物品；必要时，可以临时查封有关场所。

被检查的单位或者个人应当如实提供有关情况和材料、物品，不得拒绝或者隐匿。

第三十三条 对依法收缴、查获的易制毒化学品，应当在省、自治区、直辖市或者设区的市级人民政府公安机关、海关或者生态环境主管部门的监督下，区别易制毒化学品的不同情况进行保管、回收，或者依照环境保护法律、行政法规的有关规定，由有资质的单位在生态环境主管部门的监督下销毁。其中，对收缴、查获的第一类中的药品类易制毒化学品，一律销毁。

易制毒化学品违法单位或者个人无力提供保管、回收或者销毁费用的，保管、回收或者销毁的费用在回收所得中开支，或者在有关行政主管部门的禁毒经费中列支。

第三十四条 易制毒化学品丢失、被盗、被抢的，发案单位应当立即向当地公安机关报告，并同时报告当地的县级人民政府负责药品监督管理的部门、安全生产监督管理部门、商务主管部门或者卫生主管部门。接到报案的公安机关应当及时立案查处，并向上级公安机关报告；有关行政主管部门应当逐级上报并配合公安机关的查处。

第三十五条　有关行政主管部门应当将易制毒化学品许可以及依法吊销许可的情况通报有关公安机关和市场监督管理部门；市场监督管理部门应当将生产、经营易制毒化学品企业依法变更或者注销登记的情况通报有关公安机关和行政主管部门。

第三十六条　生产、经营、购买、运输或者进口、出口易制毒化学品的单位，应当于每年 3 月 31 日前向许可或者备案的行政主管部门和公安机关报告本单位上年度易制毒化学品的生产、经营、购买、运输或者进口、出口情况；有条件的生产、经营、购买、运输或者进口、出口单位，可以与有关行政主管部门建立计算机联网，及时通报有关经营情况。

第三十七条　县级以上人民政府有关行政主管部门应当加强协调合作，建立易制毒化学品管理情况、监督检查情况以及案件处理情况的通报、交流机制。

第七章　法律责任

第三十八条　违反本条例规定，未经许可或者备案擅自生产、经营、购买、运输易制毒化学品，伪造申请材料骗取易制毒化学品生产、经营、购买或者运输许可证，使用他人的或者伪造、变造、失效的许可证生产、经营、购买、运输易制毒化学品的，由公安机关没收非法生产、经营、购买或者运输的易制毒化学品、用于非法生产易制毒化学品的原料以及非法生产、经营、购买或者运输易制毒化学品的设备、工具，处非法生产、经营、购买或者运输的易制毒化学品货值 10 倍以上 20 倍以下的罚款，货值的 20 倍不足 1 万元的，按 1 万元罚款；有违法所得的，没收违法所得；有营业执照的，由市场监督管理部门吊销营业执照；构成犯罪的，依法追究刑事责任。

对有前款规定违法行为的单位或者个人，有关行政主管部门可以自作出行政处罚决定之日起 3 年内，停止受理其易制毒化学品生产、经营、购买、运输或者进口、出口许可申请。

第三十九条　违反本条例规定，走私易制毒化学品的，由海关没收走私的易制毒化学品；有违法所得的，没收违法所得，并依照海关法律、行政法规给予行政处罚；构成犯罪的，依法追究刑事责任。

第四十条　违反本条例规定，有下列行为之一的，由负有监督管理职责的行政主管部门给予警告，责令限期改正，处 1 万元以上 5 万元以下的罚款；对违反规定生产、经营、购买的易制毒化学品可以予以没收；逾期不改正的，责令限期停产停业整顿；逾期整顿不合格的，吊销相应的许可证：

（一）易制毒化学品生产、经营、购买、运输或者进口、出口单位未按规定建立安全管理制度的；

（二）将许可证或者备案证明转借他人使用的；

（三）超出许可的品种、数量生产、经营、购买易制毒化学品的；

（四）生产、经营、购买单位不记录或者不如实记录交易情况、不按规定保存交易记录或者不如实、不及时向公安机关和有关行政主管部门备案销售情况的；

（五）易制毒化学品丢失、被盗、被抢后未及时报告，造成严重后果的；

（六）除个人合法购买第一类中的药品类易制毒化学品药品制剂以及第三类易制毒化学品外，使用现金或者实物进行易制毒化学品交易的；

（七）易制毒化学品的产品包装和使用说明书不符合本条例规定要求的；

（八）生产、经营易制毒化学品的单位不如实或者不按时向有关行政主管部门和公安机关报告年度生产、经销和库存等情况的。

企业的易制毒化学品生产经营许可被依法吊销后，未及时到市场监督管理部门办理经营范围变更或者企业注销登记的，依照前款规定，对易制毒化学品予以没收，并处罚款。

第四十一条 运输的易制毒化学品与易制毒化学品运输许可证或者备案证明载明的品种、数量、运入地、货主及收货人、承运人等情况不符，运输许可证种类不当，或者运输人员未全程携带运输许可证或者备案证明的，由公安机关责令停运整改，处5000元以上5万元以下的罚款；有危险物品运输资质的，运输主管部门可以依法吊销其运输资质。

个人携带易制毒化学品不符合品种、数量规定的，没收易制毒化学品，处1000元以上5000元以下的罚款。

第四十二条 生产、经营、购买、运输或者进口、出口易制毒化学品的单位或者个人拒不接受有关行政主管部门监督检查的，由负有监督管理职责的行政主管部门责令改正，对直接负责的主管人员以及其他直接责任人员给予警告；情节严重的，对单位处1万元以上5万元以下的罚款，对直接负责的主管人员以及其他直接责任人员处1000元以上5000元以下的罚款；有违反治安管理行为的，依法给予治安管理处罚；构成犯罪的，依法追究刑事责任。

第四十三条 易制毒化学品行政主管部门工作人员在管理工作中有应当许可而不许可、不应当许可而滥许可，不依法受理备案，以及其他滥用职权、玩忽职守、徇私舞弊行为的，依法给予行政处分；构成犯罪的，依法追究刑事责任。

第八章 附则

第四十四条 易制毒化学品生产、经营、购买、运输和进口、出口许可证，由国务院有关行政主管部门根据各自的职责规定式样并监制。

第四十五条 本条例自2005年11月1日起施行。

本条例施行前已经从事易制毒化学品生产、经营、购买、运输或者进口、出口业务的，应当自本条例施行之日起6个月内，依照本条例的规定重新申请许可。

7.11 易制爆危险化学品治安管理办法

第一章　总则

第一条　为加强易制爆危险化学品的治安管理，有效防范易制爆危险化学品治安风险，保障人民群众生命财产安全和公共安全，根据《中华人民共和国反恐怖主义法》、《危险化学品安全管理条例》、《企业事业单位内部治安保卫条例》等有关法律法规的规定，制定本办法。

第二条　易制爆危险化学品生产、经营、储存、使用、运输和处置的治安管理，适用本办法。

第三条　本办法所称易制爆危险化学品，是指列入公安部确定、公布的易制爆危险化学品名录，可用于制造爆炸物品的化学品。

第四条　本办法所称易制爆危险化学品从业单位，是指生产、经营、储存、使用、运输及处置易制爆危险化学品的单位。

第五条　易制爆危险化学品治安管理，应当坚持安全第一、预防为主、依法治理、系统治理的原则，强化和落实从业单位的主体责任。

易制爆危险化学品从业单位的主要负责人是治安管理第一责任人，对本单位易制爆危险化学品治安管理工作全面负责。

第六条　易制爆危险化学品从业单位应当建立易制爆危险化学品信息系统，并实现与公安机关的信息系统互联互通。

公安机关和易制爆危险化学品从业单位应当对易制爆危险化学品实行电子追踪标识管理，监控记录易制爆危险化学品流向、流量。

第七条　任何单位和个人都有权举报违反易制爆危险化学品治安管理规定的行为；接到举报的公安机关应当依法及时查处，并为举报人员保密，对举报有功人员给予奖励。

第八条　易制爆危险化学品从业单位应当加强对治安管理工作的检查、考核和奖惩，及时发现、整改治安隐患，并保存检查、整改记录。

第二章　销售、购买和流向登记

第九条　公安机关接收同级应急管理部门通报的颁发危险化学品安全生产

许可证、危险化学品安全使用许可证、危险化学品经营许可证、烟花爆竹安全生产许可证情况后，对属于易制爆危险化学品从业单位的，应当督促其建立信息系统。

第十条 依法取得危险化学品安全生产许可证、危险化学品安全使用许可证、危险化学品经营许可证的企业，凭相应的许可证件购买易制爆危险化学品。民用爆炸物品生产企业凭民用爆炸物品生产许可证购买易制爆危险化学品。

第十一条 本办法第十条以外的其他单位购买易制爆危险化学品的，应当向销售单位出具以下材料：

（一）本单位《工商营业执照》、《事业单位法人证书》等合法证明复印件、经办人身份证明复印件；

（二）易制爆危险化学品合法用途说明，说明应当包含具体用途、品种、数量等内容。

严禁个人购买易制爆危险化学品。

第十二条 危险化学品生产企业、经营企业销售易制爆危险化学品，应当查验本办法第十条或者第十一条规定的相关许可证件或者证明文件，不得向不具有相关许可证件或者证明文件的单位及任何个人销售易制爆危险化学品。

第十三条 销售、购买、转让易制爆危险化学品应当通过本企业银行账户或者电子账户进行交易，不得使用现金或者实物进行交易。

第十四条 危险化学品生产企业、经营企业销售易制爆危险化学品，应当如实记录购买单位的名称、地址、经办人姓名、身份证号码以及所购买的易制爆危险化学品的品种、数量、用途。销售记录以及相关许可证件复印件或者证明文件、经办人的身份证明复印件的保存期限不得少于一年。

易制爆危险化学品销售、购买单位应当在销售、购买后五日内，通过易制爆危险化学品信息系统，将所销售、购买的易制爆危险化学品的品种、数量以及流向信息报所在地县级公安机关备案。

第十五条 易制爆危险化学品生产、进口和分装单位应当按照国家有关标准和规范要求，对易制爆危险化学品作出电子追踪标识，识读电子追踪标识可显示相应易制爆危险化学品品种、数量以及流向信息。

第十六条 易制爆危险化学品从业单位应当如实登记易制爆危险化学品销售、购买、出入库、领取、使用、归还、处置等信息，并录入易制爆危险化学品信息系统。

第三章 处置、使用、运输和信息发布

第十七条 易制爆危险化学品从业单位转产、停产、停业或者解散的，应当将生产装置、储存设施以及库存易制爆危险化学品的处置方案报主管部门和所在地县级公安机关备案。

第十八条　易制爆危险化学品使用单位不得出借、转让其购买的易制爆危险化学品；因转产、停产、搬迁、关闭等确需转让的，应当向具有本办法第十条或者第十一条规定的相关许可证件或者证明文件的单位转让。

双方应当在转让后五日内，将有关情况报告所在地县级公安机关。

第十九条　运输易制爆危险化学品途中因住宿或者发生影响正常运输的情况，需要较长时间停车的，驾驶人员、押运人员应当采取相应的安全防范措施，并向公安机关报告。

第二十条　易制爆危险化学品在道路运输途中丢失、被盗、被抢或者出现流散、泄漏等情况的，驾驶人员、押运人员应当立即采取相应的警示措施和安全措施，并向公安机关报告。公安机关接到报告后，应当根据实际情况立即向同级应急管理、生态环境、卫生健康等部门通报，采取必要的应急处置措施。

第二十一条　任何单位和个人不得交寄易制爆危险化学品或者在邮件、快递内夹带易制爆危险化学品，不得将易制爆危险化学品匿报或者谎报为普通物品交寄，不得将易制爆危险化学品交给不具有相应危险货物运输资质的企业托运。邮政企业、快递企业不得收寄易制爆危险化学品。运输企业、物流企业不得违反危险货物运输管理规定承运易制爆危险化学品。邮政企业、快递企业、运输企业、物流企业发现违反规定交寄或者托运易制爆危险化学品的，应当立即将有关情况报告公安机关和主管部门。

第二十二条　易制爆危险化学品从业单位依法办理非经营性互联网信息服务备案手续后，可以在本单位网站发布易制爆危险化学品信息。

易制爆危险化学品从业单位应当在本单位网站主页显著位置标明可供查询的互联网信息服务备案编号。

第二十三条　易制爆危险化学品从业单位不得在本单位网站以外的互联网应用服务中发布易制爆危险化学品信息及建立相关链接。

禁止易制爆危险化学品从业单位以外的其他单位在互联网发布易制爆危险化学品信息及建立相关链接。

第二十四条　禁止个人在互联网上发布易制爆危险化学品生产、买卖、储存、使用信息。

禁止任何单位和个人在互联网上发布利用易制爆危险化学品制造爆炸物品方法的信息。

第四章　治安防范

第二十五条　易制爆危险化学品从业单位应当设置治安保卫机构，建立健全治安保卫制度，配备专职治安保卫人员负责易制爆危险化学品治安保卫工作，并将治安保卫机构的设置和人员的配备情况报所在地县级公安机关备案。治安保卫人员应当符合国家有关标准和规范要求，经培训后上岗。

第二十六条 易制爆危险化学品应当按照国家有关标准和规范要求，储存在封闭式、半封闭式或者露天式危险化学品专用储存场所内，并根据危险品性能分区、分类、分库储存。

教学、科研、医疗、测试等易制爆危险化学品使用单位，可使用储存室或者储存柜储存易制爆危险化学品，单个储存室或者储存柜储存量应当在50公斤以下。

第二十七条 易制爆危险化学品储存场所应当按照国家有关标准和规范要求，设置相应的人力防范、实体防范、技术防范等治安防范设施，防止易制爆危险化学品丢失、被盗、被抢。

第二十八条 易制爆危险化学品从业单位应当建立易制爆危险化学品出入库检查、登记制度，定期核对易制爆危险化学品存放情况。

易制爆危险化学品丢失、被盗、被抢的，应当立即报告公安机关。

第二十九条 易制爆危险化学品储存场所（储存室、储存柜除外）治安防范状况应当纳入单位安全评价的内容，经安全评价合格后方可使用。

第三十条 构成重大危险源的易制爆危险化学品，应当在专用仓库内单独存放，并实行双人收发、双人保管制度。

第五章 监督检查

第三十一条 公安机关根据本地区工作实际，定期组织易制爆危险化学品从业单位监督检查；在重大节日、重大活动前或者期间组织监督抽查。

公安机关人民警察进行监督检查时应当出示人民警察证，表明执法身份，不得从事与职务无关的活动。

第三十二条 监督检查内容包括：

（一）易制爆危险化学品从业单位持有相关许可证件情况；

（二）销售、购买、处置、使用、运输易制爆危险化学品是否符合有关规定；

（三）易制爆危险化学品信息发布是否符合有关规定；

（四）易制爆危险化学品流向登记是否符合有关规定；

（五）易制爆危险化学品从业单位治安保卫机构、制度建设是否符合有关规定；

（六）易制爆危险化学品从业单位及其储存场所治安防范设施是否符合有关规定；

（七）法律、法规、规范和标准规定的其他内容。

第三十三条　监督检查应当记录在案，归档管理。监督检查记录包括：

（一）执行监督检查任务的人员姓名、单位、职务、警号；

（二）监督检查的时间、地点、单位名称、检查事项；

（三）发现的隐患问题及处理结果。

第三十四条　监督检查记录一式两份，由监督检查人员、被检查单位管理人员签字确认；被检查单位管理人员对检查记录有异议或者拒绝签名的，检查人员应当在检查记录中注明。

第三十五条　公安机关应当建立易制爆危险化学品从业单位风险评估、分级预警机制和与有关部门信息共享通报机制。

第六章　法律责任

第三十六条　违反本办法第六条第一款规定的，由公安机关责令限期改正，可以处一万元以下罚款；逾期不改正的，处违法所得三倍以下且不超过三万元罚款，没有违法所得的，处一万元以下罚款。

第三十七条　违反本办法第十条、第十一条、第十八条第一款规定的，由公安机关依照《危险化学品安全管理条例》第八十四条第二款、第三款的规定处罚。

第三十八条　违反本办法第十三条、第十五条规定的，由公安机关依照《中华人民共和国反恐怖主义法》第八十七条的规定处罚。

第三十九条　违反本办法第十四条、第十六条、第十八条第二款、第二十八条第二款规定的，由公安机关依照《危险化学品安全管理条例》第八十一条的规定处罚。

第四十条　违反本办法第十七条规定的，由公安机关依照《危险化学品安全管理条例》第八十二条第二款的规定处罚。

第四十一条　违反本办法第十九条、第二十条规定的，由公安机关依照《危险化学品安全管理条例》第八十九条第三项、第四项的规定处罚。

第四十二条　违反本办法第二十三条、第二十四条规定的，由公安机关责令改正，给予警告，对非经营活动处一千元以下罚款，对经营活动处违法所得三倍以下且不超过三万元罚款，没有违法所得的，处一万元以下罚款。

第四十三条　违反本办法第二十五条、第二十七条关于人力防范、实体防范规定，存在治安隐患的，由公安机关依照《企业事业单位内部治安保卫条例》第十九条的规定处罚。

第四十四条　违反本办法第二十七条关于技术防范设施设置要求规定的，由公安机关依照《危险化学品安全管理条例》第七十八条第二款的规定处罚。

第四十五条　任何单位和个人违反本办法规定，构成违反治安管理行为的，依照《中华人民共和国治安管理处罚法》的规定予以处罚；构成犯罪的，依法追究刑事责任。

第四十六条 公安机关发现涉及其他主管部门的易制爆危险化学品违法违规行为，应当书面通报其他主管部门依法查处。

第四十七条 公安机关人民警察在易制爆危险化学品治安管理中滥用职权、玩忽职守或者徇私舞弊，构成犯罪的，依法追究刑事责任；尚不构成犯罪的，依法给予行政处分。

第七章 附则

第四十八条 含有易制爆危险化学品的食品添加剂、药品、兽药、消毒剂等生活用品，其生产单位按照易制爆危险化学品使用单位管理，其成品的生产、销售、购买（含个人购买）、储存、使用、运输和处置等不适用本办法，分别执行《中华人民共和国食品安全法》、《中华人民共和国药品管理法》、《兽药管理条例》、《消毒管理办法》等有关规定。

第四十九条 易制爆危险化学品从业单位和相关场所、活动、设施等确定为防范恐怖袭击重点目标的，应当执行《中华人民共和国反恐怖主义法》的有关规定。

第五十条 易制爆危险化学品的进出口管理，依照有关对外贸易的法律、行政法规、规章的规定执行；进口的易制爆危险化学品的储存、使用、经营、运输、处置的安全管理，依照本办法的规定执行。

第五十一条 本办法所称"以下"均包括本数。

第五十二条 本办法自2019年8月10日起施行。

7.12 危险化学品安全管理条例

第一章 总则

第一条 为了加强危险化学品的安全管理，预防和减少危险化学品事故，保障人民群众生命财产安全，保护环境，制定本条例。

第二条 危险化学品生产、储存、使用、经营和运输的安全管理，适用本条例。

废弃危险化学品的处置，依照有关环境保护的法律、行政法规和国家有关规定执行。

第三条 本条例所称危险化学品，是指具有毒害、腐蚀、爆炸、燃烧、助燃等性质，对人体、设施、环境具有危害的剧毒化学品和其他化学品。

危险化学品目录，由国务院安全生产监督管理部门会同国务院工业和信息化、公安、环境保护、卫生、质量监督检验检疫、交通运输、铁路、民用航空、农业主管部门，根据化学品危险特性的鉴别和分类标准确定、公布，并适时调整。

第四条 危险化学品安全管理，应当坚持安全第一、预防为主、综合治理的方针，强化和落实企业的主体责任。

生产、储存、使用、经营、运输危险化学品的单位（以下统称危险化学品单位）的主要负责人对本单位的危险化学品安全管理工作全面负责。

危险化学品单位应当具备法律、行政法规规定和国家标准、行业标准要求的安全条件，建立、健全安全管理规章制度和岗位安全责任制度，对从业人员进行安全教育、法制教育和岗位技术培训。从业人员应当接受教育和培训，考核合格后上岗作业；对有资格要求的岗位，应当配备依法取得相应资格的人员。

第五条 任何单位和个人不得生产、经营、使用国家禁止生产、经营、使用的危险化学品。

国家对危险化学品的使用有限制性规定的，任何单位和个人不得违反限制性规定使用危险化学品。

第六条 对危险化学品的生产、储存、使用、经营、运输实施安全监督管理的有关部门（以下统称负有危险化学品安全监督管理职责的部门），依照下列规定履行职责：

（一）安全生产监督管理部门负责危险化学品安全监督管理综合工作，组织确定、公布、调整危险化学品目录，对新建、改建、扩建生产、储存危险化学品（包括使用长输管道输送危险化学品，下同）的建设项目进行安全条件审查，核发危险化学品安全生产许可证、危险化学品安全使用许可证和危险化学品经营许可证，并负责危险化学品登记工作。

（二）公安机关负责危险化学品的公共安全管理，核发剧毒化学品购买许可证、剧毒化学品道路运输通行证，并负责危险化学品运输车辆的道路交通安全管理。

（三）质量监督检验检疫部门负责核发危险化学品及其包装物、容器（不包括储存危险化学品的固定式大型储罐，下同）生产企业的工业产品生产许可证，并依法对其产品质量实施监督，负责对进出口危险化学品及其包装实施检验。

（四）环境保护主管部门负责废弃危险化学品处置的监督管理，组织危险化学品的环境危害性鉴定和环境风险程度评估，确定实施重点环境管理的危险化学品，负责危险化学品环境管理登记和新化学物质环境管理登记；依照职责分工调查相关危险化学品环境污染事故和生态破坏事件，负责危险化学品事故现场的应急环境监测。

（五）交通运输主管部门负责危险化学品道路运输、水路运输的许可以及运输工具的安全管理，对危险化学品水路运输安全实施监督，负责危险化学品道路运输企业、水路运输企业驾驶人员、船员、装卸管理人员、押运人员、申报人员、集装箱装箱现场检查员的资格认定。铁路监管部门负责危险化学品铁路运输及其运输工具的安全管理。民用航空主管部门负责危险化学品航空运输以及航空运输企业及其运输工具的安全管理。

（六）卫生主管部门负责危险化学品毒性鉴定的管理，负责组织、协调危险化学品事故受伤人员的医疗卫生救援工作。

（七）工商行政管理部门依据有关部门的许可证件，核发危险化学品生产、储存、经营、运输企业营业执照，查处危险化学品经营企业违法采购危险化学品的行为。

（八）邮政管理部门负责依法查处寄递危险化学品的行为。

第七条 负有危险化学品安全监督管理职责的部门依法进行监督检查，可以采取下列措施：

（一）进入危险化学品作业场所实施现场检查，向有关单位和人员了解情况，查阅、复制有关文件、资料；

（二）发现危险化学品事故隐患，责令立即消除或者限期消除；

（三）对不符合法律、行政法规、规章规定或者国家标准、行业标准要求的设施、设备、装置、器材、运输工具，责令立即停止使用；

（四）经本部门主要负责人批准，查封违法生产、储存、使用、经营危险化学品的场所，扣押违法生产、储存、使用、经营、运输的危险化学品以及用于违法生产、使用、运输危险化学品的原材料、设备、运输工具；

（五）发现影响危险化学品安全的违法行为，当场予以纠正或者责令限期改正。

负有危险化学品安全监督管理职责的部门依法进行监督检查，监督检查人员不得少于2人，并应当出示执法证件；有关单位和个人对依法进行的监督检查应当予以配合，不得拒绝、阻碍。

第八条 县级以上人民政府应当建立危险化学品安全监督管理工作协调机制，支持、督促负有危险化学品安全监督管理职责的部门依法履行职责，协调、解决危险化学品安全监督管理工作中的重大问题。

负有危险化学品安全监督管理职责的部门应当相互配合、密切协作，依法加强对危险化学品的安全监督管理。

第九条　任何单位和个人对违反本条例规定的行为，有权向负有危险化学品安全监督管理职责的部门举报。负有危险化学品安全监督管理职责的部门接到举报，应当及时依法处理；对不属于本部门职责的，应当及时移送有关部门处理。

第十条　国家鼓励危险化学品生产企业和使用危险化学品从事生产的企业采用有利于提高安全保障水平的先进技术、工艺、设备以及自动控制系统，鼓励对危险化学品实行专门储存、统一配送、集中销售。

第二章　生产、储存安全

第十一条　国家对危险化学品的生产、储存实行统筹规划、合理布局。

国务院工业和信息化主管部门以及国务院其他有关部门依据各自职责，负责危险化学品生产、储存的行业规划和布局。

地方人民政府组织编制城乡规划，应当根据本地区的实际情况，按照确保安全的原则，规划适当区域专门用于危险化学品的生产、储存。

第十二条　新建、改建、扩建生产、储存危险化学品的建设项目（以下简称建设项目），应当由安全生产监督管理部门进行安全条件审查。

建设单位应当对建设项目进行安全条件论证，委托具备国家规定的资质条件的机构对建设项目进行安全评价，并将安全条件论证和安全评价的情况报告报建设项目所在地设区的市级以上人民政府安全生产监督管理部门；安全生产监督管理部门应当自收到报告之日起45日内作出审查决定，并书面通知建设单位。具体办法由国务院安全生产监督管理部门制定。

新建、改建、扩建储存、装卸危险化学品的港口建设项目，由港口行政管理部门按照国务院交通运输主管部门的规定进行安全条件审查。

第十三条　生产、储存危险化学品的单位，应当对其铺设的危险化学品管道设置明显标志，并对危险化学品管道定期检查、检测。

进行可能危及危险化学品管道安全的施工作业，施工单位应当在开工的7日前书面通知管道所属单位，并与管道所属单位共同制定应急预案，采取相应的安全防护措施。管道所属单位应当指派专门人员到现场进行管道安全保护指导。

第十四条　危险化学品生产企业进行生产前，应当依照《安全生产许可证条例》的规定，取得危险化学品安全生产许可证。

生产列入国家实行生产许可证制度的工业产品目录的危险化学品的企业，应当依照《中华人民共和国工业产品生产许可证管理条例》的规定，取得工业产品生产许可证。

负责颁发危险化学品安全生产许可证、工业产品生产许可证的部门，应当将其颁发许可证的情况及时向同级工业和信息化主管部门、环境保护主管部门和公安机关通报。

第十五条 危险化学品生产企业应当提供与其生产的危险化学品相符的化学品安全技术说明书，并在危险化学品包装（包括外包装件）上粘贴或者拴挂与包装内危险化学品相符的化学品安全标签。化学品安全技术说明书和化学品安全标签所载明的内容应当符合国家标准的要求。

危险化学品生产企业发现其生产的危险化学品有新的危险特性的，应当立即公告，并及时修订其化学品安全技术说明书和化学品安全标签。

第十六条 生产实施重点环境管理的危险化学品的企业，应当按照国务院环境保护主管部门的规定，将该危险化学品向环境中释放等相关信息向环境保护主管部门报告。环境保护主管部门可以根据情况采取相应的环境风险控制措施。

第十七条 危险化学品的包装应当符合法律、行政法规、规章的规定以及国家标准、行业标准的要求。

危险化学品包装物、容器的材质以及危险化学品包装的型式、规格、方法和单件质量（重量），应当与所包装的危险化学品的性质和用途相适应。

第十八条 生产列入国家实行生产许可证制度的工业产品目录的危险化学品包装物、容器的企业，应当依照《中华人民共和国工业产品生产许可证管理条例》的规定，取得工业产品生产许可证；其生产的危险化学品包装物、容器经国务院质量监督检验检疫部门认定的检验机构检验合格，方可出厂销售。

运输危险化学品的船舶及其配载的容器，应当按照国家船舶检验规范进行生产，并经海事管理机构认定的船舶检验机构检验合格，方可投入使用。

对重复使用的危险化学品包装物、容器，使用单位在重复使用前应当进行检查；发现存在安全隐患的，应当维修或者更换。使用单位应当对检查情况作出记录，记录的保存期限不得少于2年。

第十九条 危险化学品生产装置或者储存数量构成重大危险源的危险化学品储存设施（运输工具加油站、加气站除外），与下列场所、设施、区域的距离应当符合国家有关规定：

（一）居住区以及商业中心、公园等人员密集场所；

（二）学校、医院、影剧院、体育场（馆）等公共设施；

（三）饮用水源、水厂以及水源保护区；

（四）车站、码头（依法经许可从事危险化学品装卸作业的除外）、机场以及通信干线、通信枢纽、铁路线路、道路交通干线、水路交通干线、地铁风亭以及地铁站出入口；

（五）基本农田保护区、基本草原、畜禽遗传资源保护区、畜禽规模化养殖场（养殖小区）、渔业水域以及种子、种畜禽、水产苗种生产基地；

（六）河流、湖泊、风景名胜区、自然保护区；

（七）军事禁区、军事管理区；

（八）法律、行政法规规定的其他场所、设施、区域。

已建的危险化学品生产装置或者储存数量构成重大危险源的危险化学品储存设施不符合前款规定的，由所在地设区的市级人民政府安全生产监督管理部门会同有关部门监督其所属单位在规定期限内进行整改；需要转产、停产、搬迁、关闭的，由本级人民政府决定并组织实施。

储存数量构成重大危险源的危险化学品储存设施的选址，应当避开地震活动断层和容易发生洪灾、地质灾害的区域。

本条例所称重大危险源，是指生产、储存、使用或者搬运危险化学品，且危险化学品的数量等于或者超过临界量的单元（包括场所和设施）。

第二十条　生产、储存危险化学品的单位，应当根据其生产、储存的危险化学品的种类和危险特性，在作业场所设置相应的监测、监控、通风、防晒、调温、防火、灭火、防爆、泄压、防毒、中和、防潮、防雷、防静电、防腐、防泄漏以及防护围堤或者隔离操作等安全设施、设备，并按照国家标准、行业标准或者国家有关规定对安全设施、设备进行经常性维护、保养，保证安全设施、设备的正常使用。

生产、储存危险化学品的单位，应当在其作业场所和安全设施、设备上设置明显的安全警示标志。

第二十一条　生产、储存危险化学品的单位，应当在其作业场所设置通信、报警装置，并保证处于适用状态。

第二十二条　生产、储存危险化学品的企业，应当委托具备国家规定的资质条件的机构，对本企业的安全生产条件每 3 年进行一次安全评价，提出安全评价报告。安全评价报告的内容应当包括对安全生产条件存在的问题进行整改的方案。

生产、储存危险化学品的企业，应当将安全评价报告以及整改方案的落实情况报所在地县级人民政府安全生产监督管理部门备案。在港区内储存危险化学品的企业，应当将安全评价报告以及整改方案的落实情况报港口行政管理部门备案。

第二十三条　生产、储存剧毒化学品或者国务院公安部门规定的可用于制造爆炸物品的危险化学品（以下简称易制爆危险化学品）的单位，应当如实记录其生产、储存的剧毒化学品、易制爆危险化学品的数量、流向，并采取必要的安全防范措施，防止剧毒化学品、易制爆危险化学品丢失或者被盗；发现剧毒化学品、易制爆危险化学品丢失或者被盗的，应当立即向当地公安机关报告。

生产、储存剧毒化学品、易制爆危险化学品的单位，应当设置治安保卫机构，配备专职治安保卫人员。

第二十四条 危险化学品应当储存在专用仓库、专用场地或者专用储存室（以下统称专用仓库）内，并由专人负责管理；剧毒化学品以及储存数量构成重大危险源的其他危险化学品，应当在专用仓库内单独存放，并实行双人收发、双人保管制度。

危险化学品的储存方式、方法以及储存数量应当符合国家标准或者国家有关规定。

第二十五条 储存危险化学品的单位应当建立危险化学品出入库核查、登记制度。

对剧毒化学品以及储存数量构成重大危险源的其他危险化学品，储存单位应当将其储存数量、储存地点以及管理人员的情况，报所在地县级人民政府安全生产监督管理部门（在港区内储存的，报港口行政管理部门）和公安机关备案。

第二十六条 危险化学品专用仓库应当符合国家标准、行业标准的要求，并设置明显的标志。储存剧毒化学品、易制爆危险化学品的专用仓库，应当按照国家有关规定设置相应的技术防范设施。

储存危险化学品的单位应当对其危险化学品专用仓库的安全设施、设备定期进行检测、检验。

第二十七条 生产、储存危险化学品的单位转产、停产、停业或者解散的，应当采取有效措施，及时、妥善处置其危险化学品生产装置、储存设施以及库存的危险化学品，不得丢弃危险化学品；处置方案应当报所在地县级人民政府安全生产监督管理部门、工业和信息化主管部门、环境保护主管部门和公安机关备案。安全生产监督管理部门应当会同环境保护主管部门和公安机关对处置情况进行监督检查，发现未依照规定处置的，应当责令其立即处置。

第三章　使用安全

第二十八条 使用危险化学品的单位，其使用条件（包括工艺）应当符合法律、行政法规的规定和国家标准、行业标准的要求，并根据所使用的危险化学品的种类、危险特性以及使用量和使用方式，建立、健全使用危险化学品的安全管理规章制度和安全操作规程，保证危险化学品的安全使用。

第二十九条 使用危险化学品从事生产并且使用量达到规定数量的化工企

业（属于危险化学品生产企业的除外，下同），应当依照本条例的规定取得危险化学品安全使用许可证。

前款规定的危险化学品使用量的数量标准，由国务院安全生产监督管理部门会同国务院公安部门、农业主管部门确定并公布。

第三十条 申请危险化学品安全使用许可证的化工企业，除应当符合本条例第二十八条的规定外，还应当具备下列条件：

（一）有与所使用的危险化学品相适应的专业技术人员；

（二）有安全管理机构和专职安全管理人员；

（三）有符合国家规定的危险化学品事故应急预案和必要的应急救援器材、设备；

（四）依法进行了安全评价。

第三十一条 申请危险化学品安全使用许可证的化工企业，应当向所在地设区的市级人民政府安全生产监督管理部门提出申请，并提交其符合本条例第三十条规定条件的证明材料。设区的市级人民政府安全生产监督管理部门应当依法进行审查，自收到证明材料之日起45日内作出批准或者不予批准的决定。予以批准的，颁发危险化学品安全使用许可证；不予批准的，书面通知申请人并说明理由。

安全生产监督管理部门应当将其颁发危险化学品安全使用许可证的情况及时向同级环境保护主管部门和公安机关通报。

第三十二条 本条例第十六条关于生产实施重点环境管理的危险化学品的企业的规定，适用于使用实施重点环境管理的危险化学品从事生产的企业；第二十条、第二十一条、第二十三条第一款、第二十七条关于生产、储存危险化学品的单位的规定，适用于使用危险化学品的单位；第二十二条关于生产、储存危险化学品的企业的规定，适用于使用危险化学品从事生产的企业。

第四章 经营安全

第三十三条 国家对危险化学品经营（包括仓储经营，下同）实行许可制度。未经许可，任何单位和个人不得经营危险化学品。

依法设立的危险化学品生产企业在其厂区范围内销售本企业生产的危险化学品，不需要取得危险化学品经营许可。

依照《中华人民共和国港口法》的规定取得港口经营许可证的港口经营人，在港区内从事危险化学品仓储经营，不需要取得危险化学品经营许可。

第三十四条 从事危险化学品经营的企业应当具备下列条件：

（一）有符合国家标准、行业标准的经营场所，储存危险化学品的，还应当有符合国家标准、行业标准的储存设施；

（二）从业人员经过专业技术培训并经考核合格；

（三）有健全的安全管理规章制度；

（四）有专职安全管理人员；

（五）有符合国家规定的危险化学品事故应急预案和必要的应急救援器材、设备；

（六）法律、法规规定的其他条件。

第三十五条 从事剧毒化学品、易制爆危险化学品经营的企业，应当向所在地设区的市级人民政府安全生产监督管理部门提出申请，从事其他危险化学品经营的企业，应当向所在地县级人民政府安全生产监督管理部门提出申请（有储存设施的，应当向所在地设区的市级人民政府安全生产监督管理部门提出申请）。申请人应当提交其符合本条例第三十四条规定条件的证明材料。设区的市级人民政府安全生产监督管理部门或者县级人民政府安全生产监督管理部门应当依法进行审查，并对申请人的经营场所、储存设施进行现场核查，自收到证明材料之日起30日内作出批准或者不予批准的决定。予以批准的，颁发危险化学品经营许可证；不予批准的，书面通知申请人并说明理由。

设区的市级人民政府安全生产监督管理部门和县级人民政府安全生产监督管理部门应当将其颁发危险化学品经营许可证的情况及时向同级环境保护主管部门和公安机关通报。

申请人持危险化学品经营许可证向工商行政管理部门办理登记手续后，方可从事危险化学品经营活动。法律、行政法规或者国务院规定经营危险化学品还需要经其他有关部门许可的，申请人向工商行政管理部门办理登记手续时还应当持相应的许可证件。

第三十六条 危险化学品经营企业储存危险化学品的，应当遵守本条例第二章关于储存危险化学品的规定。危险化学品商店内只能存放民用小包装的危险化学品。

第三十七条 危险化学品经营企业不得向未经许可从事危险化学品生产、经营活动的企业采购危险化学品，不得经营没有化学品安全技术说明书或者化学品安全标签的危险化学品。

第三十八条 依法取得危险化学品安全生产许可证、危险化学品安全使用许可证、危险化学品经营许可证的企业，凭相应的许可证件购买剧毒化学品、易制爆危险化学品。民用爆炸物品生产企业凭民用爆炸物品生产许可证购买易制爆危险化学品。

前款规定以外的单位购买剧毒化学品的，应当向所在地县级人民政府公安机关申请取得剧毒化学品购买许可证；购买易制爆危险化学品的，应当持本单位出具的合法用途说明。

个人不得购买剧毒化学品（属于剧毒化学品的农药除外）和易制爆危险化学品。

第三十九条　申请取得剧毒化学品购买许可证，申请人应当向所在地县级人民政府公安机关提交下列材料：

（一）营业执照或者法人证书（登记证书）的复印件；

（二）拟购买的剧毒化学品品种、数量的说明；

（三）购买剧毒化学品用途的说明；

（四）经办人的身份证明。

县级人民政府公安机关应当自收到前款规定的材料之日起 3 日内，作出批准或者不予批准的决定。予以批准的，颁发剧毒化学品购买许可证；不予批准的，书面通知申请人并说明理由。

剧毒化学品购买许可证管理办法由国务院公安部门制定。

第四十条　危险化学品生产企业、经营企业销售剧毒化学品、易制爆危险化学品，应当查验本条例第三十八条第一款、第二款规定的相关许可证件或者证明文件，不得向不具有相关许可证件或者证明文件的单位销售剧毒化学品、易制爆危险化学品。对持剧毒化学品购买许可证购买剧毒化学品的，应当按照许可证载明的品种、数量销售。

禁止向个人销售剧毒化学品（属于剧毒化学品的农药除外）和易制爆危险化学品。

第四十一条　危险化学品生产企业、经营企业销售剧毒化学品、易制爆危险化学品，应当如实记录购买单位的名称、地址、经办人的姓名、身份证号码以及所购买的剧毒化学品、易制爆危险化学品的品种、数量、用途。销售记录以及经办人的身份证明复印件、相关许可证件复印件或者证明文件的保存期限不得少于 1 年。

剧毒化学品、易制爆危险化学品的销售企业、购买单位应当在销售、购买后 5 日内，将所销售、购买的剧毒化学品、易制爆危险化学品的品种、数量以及流向信息报所在地县级人民政府公安机关备案，并输入计算机系统。

第四十二条　使用剧毒化学品、易制爆危险化学品的单位不得出借、转让其购买的剧毒化学品、易制爆危险化学品；因转产、停产、搬迁、关闭等确需转让的，应当向具有本条例第三十八条第一款、第二款规定的相关许可证件或者证明文件的单位转让，并在转让后将有关情况及时向所在地县级人民政府公安机关报告。

第五章　运输安全

第四十三条　从事危险化学品道路运输、水路运输的，应当分别依照有关道路运输、水路运输的法律、行政法规的规定，取得危险货物道路运输许可、危险货物水路运输许可，并向工商行政管理部门办理登记手续。

危险化学品道路运输企业、水路运输企业应当配备专职安全管理人员。

第四十四条　危险化学品道路运输企业、水路运输企业的驾驶人员、船员、装卸管理人员、押运人员、申报人员、集装箱装箱现场检查员应当经交通运输主管部门考核合格，取得从业资格。具体办法由国务院交通运输主管部门制定。

危险化学品的装卸作业应当遵守安全作业标准、规程和制度，并在装卸管理人员的现场指挥或者监控下进行。水路运输危险化学品的集装箱装箱作业应当在集装箱装箱现场检查员的指挥或者监控下进行，并符合积载、隔离的规范和要求；装箱作业完毕后，集装箱装箱现场检查员应当签署装箱证明书。

第四十五条　运输危险化学品，应当根据危险化学品的危险特性采取相应的安全防护措施，并配备必要的防护用品和应急救援器材。

用于运输危险化学品的槽罐以及其他容器应当封口严密，能够防止危险化学品在运输过程中因温度、湿度或者压力的变化发生渗漏、洒漏；槽罐以及其他容器的溢流和泄压装置应当设置准确、起闭灵活。

运输危险化学品的驾驶人员、船员、装卸管理人员、押运人员、申报人员、集装箱装箱现场检查员，应当了解所运输的危险化学品的危险特性及其包装物、容器的使用要求和出现危险情况时的应急处置方法。

第四十六条　通过道路运输危险化学品的，托运人应当委托依法取得危险货物道路运输许可的企业承运。

第四十七条　通过道路运输危险化学品的，应当按照运输车辆的核定载质量装载危险化学品，不得超载。

危险化学品运输车辆应当符合国家标准要求的安全技术条件，并按照国家有关规定定期进行安全技术检验。

危险化学品运输车辆应当悬挂或者喷涂符合国家标准要求的警示标志。

第四十八条　通过道路运输危险化学品的，应当配备押运人员，并保证所运输的危险化学品处于押运人员的监控之下。

运输危险化学品途中因住宿或者发生影响正常运输的情况，需要较长时间停车的，驾驶人员、押运人员应当采取相应的安全防范措施；运输剧毒化学品或者易制爆危险化学品的，还应当向当地公安机关报告。

第四十九条　未经公安机关批准，运输危险化学品的车辆不得进入危险化学品运输车辆限制通行的区域。危险化学品运输车辆限制通行的区域由县级人民政府公安机关划定，并设置明显的标志。

第五十条 通过道路运输剧毒化学品的，托运人应当向运输始发地或者目的地县级人民政府公安机关申请剧毒化学品道路运输通行证。

申请剧毒化学品道路运输通行证，托运人应当向县级人民政府公安机关提交下列材料：

（一）拟运输的剧毒化学品品种、数量的说明；

（二）运输始发地、目的地、运输时间和运输路线的说明；

（三）承运人取得危险货物道路运输许可、运输车辆取得营运证以及驾驶人员、押运人员取得上岗资格的证明文件；

（四）本条例第三十八条第一款、第二款规定的购买剧毒化学品的相关许可证件，或者海关出具的进出口证明文件。

县级人民政府公安机关应当自收到前款规定的材料之日起7日内，作出批准或者不予批准的决定。予以批准的，颁发剧毒化学品道路运输通行证；不予批准的，书面通知申请人并说明理由。

剧毒化学品道路运输通行证管理办法由国务院公安部门制定。

第五十一条 剧毒化学品、易制爆危险化学品在道路运输途中丢失、被盗、被抢或者出现流散、泄漏等情况的，驾驶人员、押运人员应当立即采取相应的警示措施和安全措施，并向当地公安机关报告。公安机关接到报告后，应当根据实际情况立即向安全生产监督管理部门、环境保护主管部门、卫生主管部门通报。有关部门应当采取必要的应急处置措施。

第五十二条 通过水路运输危险化学品的，应当遵守法律、行政法规以及国务院交通运输主管部门关于危险货物水路运输安全的规定。

第五十三条 海事管理机构应当根据危险化学品的种类和危险特性，确定船舶运输危险化学品的相关安全运输条件。

拟交付船舶运输的化学品的相关安全运输条件不明确的，货物所有人或者代理人应当委托相关技术机构进行评估，明确相关安全运输条件并经海事管理机构确认后，方可交付船舶运输。

第五十四条 禁止通过内河封闭水域运输剧毒化学品以及国家规定禁止通过内河运输的其他危险化学品。

前款规定以外的内河水域，禁止运输国家规定禁止通过内河运输的剧毒化学品以及其他危险化学品。

禁止通过内河运输的剧毒化学品以及其他危险化学品的范围，由国务院交通运输主管部门会同国务院环境保护主管部门、工业和信息化主管部门、安全生产监督管理部门，根据危险化学品的危险特性、危险化学品对人体和水环境的危害程度以及消除危害后果的难易程度等因素规定并公布。

第五十五条 国务院交通运输主管部门应当根据危险化学品的危险特性，对通过内河运输本条例第五十四条规定以外的危险化学品（以下简称通过内河运输危险化学品）实行分类管理，对各类危险化学品的运输方式、包装规范和安全防护措施等分别作出规定并监督实施。

第五十六条 通过内河运输危险化学品，应当由依法取得危险货物水路运输许可的水路运输企业承运，其他单位和个人不得承运。托运人应当委托依法取得危险货物水路运输许可的水路运输企业承运，不得委托其他单位和个人承运。

第五十七条 通过内河运输危险化学品，应当使用依法取得危险货物适装证书的运输船舶。水路运输企业应当针对所运输的危险化学品的危险特性，制定运输船舶危险化学品事故应急救援预案，并为运输船舶配备充足、有效的应急救援器材和设备。

通过内河运输危险化学品的船舶，其所有人或者经营人应当取得船舶污染损害责任保险证书或者财务担保证明。船舶污染损害责任保险证书或者财务担保证明的副本应当随船携带。

第五十八条 通过内河运输危险化学品，危险化学品包装物的材质、型式、强度以及包装方法应当符合水路运输危险化学品包装规范的要求。国务院交通运输主管部门对单船运输的危险化学品数量有限制性规定的，承运人应当按照规定安排运输数量。

第五十九条 用于危险化学品运输作业的内河码头、泊位应当符合国家有关安全规范，与饮用水取水口保持国家规定的距离。有关管理单位应当制定码头、泊位危险化学品事故应急预案，并为码头、泊位配备充足、有效的应急救援器材和设备。

用于危险化学品运输作业的内河码头、泊位，经交通运输主管部门按照国家有关规定验收合格后方可投入使用。

第六十条 船舶载运危险化学品进出内河港口，应当将危险化学品的名称、危险特性、包装以及进出港时间等事项，事先报告海事管理机构。海事管理机构接到报告后，应当在国务院交通运输主管部门规定的时间内作出是否同意的决定，通知报告人，同时通报港口行政管理部门。定船舶、定航线、定货种的船舶可以定期报告。

在内河港口内进行危险化学品的装卸、过驳作业，应当将危险化学品的名称、危险特性、包装和作业的时间、地点等事项报告港口行政管理部门。港口行政管理部门接到报告后，应当在国务院交通运输主管部门规定的时间内作出是否同意的决定，通知报告人，同时通报海事管理机构。

载运危险化学品的船舶在内河航行，通过过船建筑物的，应当提前向交通运输主管部门申报，并接受交通运输主管部门的管理。

第六十一条 载运危险化学品的船舶在内河航行、装卸或者停泊，应当悬挂专用的警示标志，按照规定显示专用信号。

载运危险化学品的船舶在内河航行，按照国务院交通运输主管部门的规定需要引航的，应当申请引航。

第六十二条 载运危险化学品的船舶在内河航行，应当遵守法律、行政法规和国家其他有关饮用水水源保护的规定。内河航道发展规划应当与依法经批准的饮用水水源保护区划定方案相协调。

第六十三条 托运危险化学品的，托运人应当向承运人说明所托运的危险化学品的种类、数量、危险特性以及发生危险情况的应急处置措施，并按照国家有关规定对所托运的危险化学品妥善包装，在外包装上设置相应的标志。

运输危险化学品需要添加抑制剂或者稳定剂的，托运人应当添加，并将有关情况告知承运人。

第六十四条 托运人不得在托运的普通货物中夹带危险化学品，不得将危险化学品匿报或者谎报为普通货物托运。

任何单位和个人不得交寄危险化学品或者在邮件、快件内夹带危险化学品，不得将危险化学品匿报或者谎报为普通物品交寄。邮政企业、快递企业不得收寄危险化学品。

对涉嫌违反本条第一款、第二款规定的，交通运输主管部门、邮政管理部门可以依法开拆查验。

第六十五条 通过铁路、航空运输危险化学品的安全管理，依照有关铁路、航空运输的法律、行政法规、规章的规定执行。

第六章 危险化学品登记与事故应急救援

第六十六条 国家实行危险化学品登记制度，为危险化学品安全管理以及危险化学品事故预防和应急救援提供技术、信息支持。

第六十七条 危险化学品生产企业、进口企业，应当向国务院安全生产监督管理部门负责危险化学品登记的机构（以下简称危险化学品登记机构）办理危险化学品登记。

危险化学品登记包括下列内容：

（一）分类和标签信息；

（二）物理、化学性质；

（三）主要用途；

（四）危险特性；

（五）储存、使用、运输的安全要求；

（六）出现危险情况的应急处置措施。

对同一企业生产、进口的同一品种的危险化学品，不进行重复登记。危险化学品生产企业、进口企业发现其生产、进口的危险化学品有新的危险特性的，应当及时向危险化学品登记机构办理登记内容变更手续。

危险化学品登记的具体办法由国务院安全生产监督管理部门制定。

第六十八条 危险化学品登记机构应当定期向工业和信息化、环境保护、公安、卫生、交通运输、铁路、质量监督检验检疫等部门提供危险化学品登记的有关信息和资料。

第六十九条 县级以上地方人民政府安全生产监督管理部门应当会同工业和信息化、环境保护、公安、卫生、交通运输、铁路、质量监督检验检疫等部门，根据本地区实际情况，制定危险化学品事故应急预案，报本级人民政府批准。

第七十条 危险化学品单位应当制定本单位危险化学品事故应急预案，配备应急救援人员和必要的应急救援器材、设备，并定期组织应急救援演练。

危险化学品单位应当将其危险化学品事故应急预案报所在地设区的市级人民政府安全生产监督管理部门备案。

第七十一条 发生危险化学品事故，事故单位主要负责人应当立即按照本单位危险化学品应急预案组织救援，并向当地安全生产监督管理部门和环境保护、公安、卫生主管部门报告；道路运输、水路运输过程中发生危险化学品事故的，驾驶人员、船员或者押运人员还应当向事故发生地交通运输主管部门报告。

第七十二条 发生危险化学品事故，有关地方人民政府应当立即组织安全生产监督管理、环境保护、公安、卫生、交通运输等有关部门，按照本地区危险化学品事故应急预案组织实施救援，不得拖延、推诿。

有关地方人民政府及其有关部门应当按照下列规定，采取必要的应急处置措施，减少事故损失，防止事故蔓延、扩大：

（一）立即组织营救和救治受害人员，疏散、撤离或者采取其他措施保护危害区域内的其他人员；

（二）迅速控制危害源，测定危险化学品的性质、事故的危害区域及危害程度；

（三）针对事故对人体、动植物、土壤、水源、大气造成的现实危害和可能产生的危害，迅速采取封闭、隔离、洗消等措施；

（四）对危险化学品事故造成的环境污染和生态破坏状况进行监测、评估，并采取相应的环境污染治理和生态修复措施。

第七十三条　有关危险化学品单位应当为危险化学品事故应急救援提供技术指导和必要的协助。

第七十四条　危险化学品事故造成环境污染的，由设区的市级以上人民政府环境保护主管部门统一发布有关信息。

第七章　法律责任

第七十五条　生产、经营、使用国家禁止生产、经营、使用的危险化学品的，由安全生产监督管理部门责令停止生产、经营、使用活动，处 20 万元以上 50 万元以下的罚款，有违法所得的，没收违法所得；构成犯罪的，依法追究刑事责任。

有前款规定行为的，安全生产监督管理部门还应当责令其对所生产、经营、使用的危险化学品进行无害化处理。

违反国家关于危险化学品使用的限制性规定使用危险化学品的，依照本条第一款的规定处理。

第七十六条　未经安全条件审查，新建、改建、扩建生产、储存危险化学品的建设项目的，由安全生产监督管理部门责令停止建设，限期改正；逾期不改正的，处 50 万元以上 100 万元以下的罚款；构成犯罪的，依法追究刑事责任。

未经安全条件审查，新建、改建、扩建储存、装卸危险化学品的港口建设项目的，由港口行政管理部门依照前款规定予以处罚。

第七十七条　未依法取得危险化学品安全生产许可证从事危险化学品生产，或者未依法取得工业产品生产许可证从事危险化学品及其包装物、容器生产的，分别依照《安全生产许可证条例》《中华人民共和国工业产品生产许可证管理条例》的规定处罚。

违反本条例规定，化工企业未取得危险化学品安全使用许可证，使用危险化学品从事生产的，由安全生产监督管理部门责令限期改正，处 10 万元以上 20 万元以下的罚款；逾期不改正的，责令停产整顿。

违反本条例规定，未取得危险化学品经营许可证从事危险化学品经营的，由安全生产监督管理部门责令停止经营活动，没收违法经营的危险化学品以及违法所得，并处 10 万元以上 20 万元以下的罚款；构成犯罪的，依法追究刑事责任。

第七十八条　有下列情形之一的，由安全生产监督管理部门责令改正，可以处 5 万元以下的罚款；拒不改正的，处 5 万元以上 10 万元以下的罚款；情节严重的，责令停产停业整顿：

（一）生产、储存危险化学品的单位未对其铺设的危险化学品管道设置明显的标志，或者未对危险化学品管道定期检查、检测的；

（二）进行可能危及危险化学品管道安全的施工作业，施工单位未按照规定书面通知管道所属单位，或者未与管道所属单位共同制定应急预案、采取相应的安全防护措施，或者管道所属单位未指派专门人员到现场进行管道安全保护指导的；

（三）危险化学品生产企业未提供化学品安全技术说明书，或者未在包装（包括外包装件）上粘贴、拴挂化学品安全标签的；

（四）危险化学品生产企业提供的化学品安全技术说明书与其生产的危险化学品不相符，或者在包装（包括外包装件）粘贴、拴挂的化学品安全标签与包装内危险化学品不相符，或者化学品安全技术说明书、化学品安全标签所载明的内容不符合国家标准要求的；

（五）危险化学品生产企业发现其生产的危险化学品有新的危险特性不立即公告，或者不及时修订其化学品安全技术说明书和化学品安全标签的；

（六）危险化学品经营企业经营没有化学品安全技术说明书和化学品安全标签的危险化学品的；

（七）危险化学品包装物、容器的材质以及包装的型式、规格、方法和单件质量（重量）与所包装的危险化学品的性质和用途不相适应的；

（八）生产、储存危险化学品的单位未在作业场所和安全设施、设备上设置明显的安全警示标志，或者未在作业场所设置通信、报警装置的；

（九）危险化学品专用仓库未设专人负责管理，或者对储存的剧毒化学品以及储存数量构成重大危险源的其他危险化学品未实行双人收发、双人保管制度的；

（十）储存危险化学品的单位未建立危险化学品出入库核查、登记制度的；

（十一）危险化学品专用仓库未设置明显标志的；

（十二）危险化学品生产企业、进口企业不办理危险化学品登记，或者发现其生产、进口的危险化学品有新的危险特性不办理危险化学品登记内容变更手续的。

从事危险化学品仓储经营的港口经营人有前款规定情形的，由港口行政管理部门依照前款规定予以处罚。储存剧毒化学品、易制爆危险化学品的专用仓库未按照国家有关规定设置相应的技术防范设施的，由公安机关依照前款规定予以处罚。

生产、储存剧毒化学品、易制爆危险化学品的单位未设置治安保卫机构、配备专职治安保卫人员的，依照《企业事业单位内部治安保卫条例》的规定处罚。

第七十九条 危险化学品包装物、容器生产企业销售未经检验或者经检验不合格的危险化学品包装物、容器的，由质量监督检验检疫部门责令改正，处10万元以上20万元以下的罚款，有违法所得的，没收违法所得；拒不改正的，责令停产停业整顿；构成犯罪的，依法追究刑事责任。

将未经检验合格的运输危险化学品的船舶及其配载的容器投入使用的，由海事管理机构依照前款规定予以处罚。

第八十条 生产、储存、使用危险化学品的单位有下列情形之一的，由安全生产监督管理部门责令改正，处5万元以上10万元以下的罚款；拒不改正的，责令停产停业整顿直至由原发证机关吊销其相关许可证件，并由工商行政管理部门责令其办理经营范围变更登记或者吊销其营业执照；有关责任人员构成犯罪的，依法追究刑事责任：

（一）对重复使用的危险化学品包装物、容器，在重复使用前不进行检查的；

（二）未根据其生产、储存的危险化学品的种类和危险特性，在作业场所设置相关安全设施、设备，或者未按照国家标准、行业标准或者国家有关规定对安全设施、设备进行经常性维护、保养的；

（三）未依照本条例规定对其安全生产条件定期进行安全评价的；

（四）未将危险化学品储存在专用仓库内，或者未将剧毒化学品以及储存数量构成重大危险源的其他危险化学品在专用仓库内单独存放的；

（五）危险化学品的储存方式、方法或者储存数量不符合国家标准或者国家有关规定的；

（六）危险化学品专用仓库不符合国家标准、行业标准的要求的；

（七）未对危险化学品专用仓库的安全设施、设备定期进行检测、检验的。

从事危险化学品仓储经营的港口经营人有前款规定情形的，由港口行政管理部门依照前款规定予以处罚。

第八十一条 有下列情形之一的，由公安机关责令改正，可以处1万元以下的罚款；拒不改正的，处1万元以上5万元以下的罚款：

（一）生产、储存、使用剧毒化学品、易制爆危险化学品的单位不如实记录生产、储存、使用的剧毒化学品、易制爆危险化学品的数量、流向的；

（二）生产、储存、使用剧毒化学品、易制爆危险化学品的单位发现剧毒化学品、易制爆危险化学品丢失或者被盗，不立即向公安机关报告的；

（三）储存剧毒化学品的单位未将剧毒化学品的储存数量、储存地点以及管理人员的情况报所在地县级人民政府公安机关备案的；

（四）危险化学品生产企业、经营企业不如实记录剧毒化学品、易制爆危险化学品购买单位的名称、地址、经办人的姓名、身份证号码以及所购买的剧毒化学品、易制爆危险化学品的品种、数量、用途，或者保存销售记录和相关材料的时间少于1年的；

（五）剧毒化学品、易制爆危险化学品的销售企业、购买单位未在规定的时限内将所销售、购买的剧毒化学品、易制爆危险化学品的品种、数量以及流向信息报所在地县级人民政府公安机关备案的；

（六）使用剧毒化学品、易制爆危险化学品的单位依照本条例规定转让其购买的剧毒化学品、易制爆危险化学品，未将有关情况向所在地县级人民政府公安机关报告的。

生产、储存危险化学品的企业或者使用危险化学品从事生产的企业未按照本条例规定将安全评价报告以及整改方案的落实情况报安全生产监督管理部门或者港口行政管理部门备案，或者储存危险化学品的单位未将其剧毒化学品以及储存数量构成重大危险源的其他危险化学品的储存数量、储存地点以及管理人员的情况报安全生产监督管理部门或者港口行政管理部门备案的，分别由安全生产监督管理部门或者港口行政管理部门依照前款规定予以处罚。

生产实施重点环境管理的危险化学品的企业或者使用实施重点环境管理的危险化学品从事生产的企业未按照规定将相关信息向环境保护主管部门报告的，由环境保护主管部门依照本条第一款的规定予以处罚。

第八十二条 生产、储存、使用危险化学品的单位转产、停产、停业或者解散，未采取有效措施及时、妥善处置其危险化学品生产装置、储存设施以及库存的危险化学品，或者丢弃危险化学品的，由安全生产监督管理部门责令改正，处5万元以上10万元以下的罚款；构成犯罪的，依法追究刑事责任。

生产、储存、使用危险化学品的单位转产、停产、停业或者解散，未依照本条例规定将其危险化学品生产装置、储存设施以及库存危险化学品的处置方案报有关部门备案的，分别由有关部门责令改正，可以处1万元以下的罚款；拒不改正的，处1万元以上5万元以下的罚款。

第八十三条 危险化学品经营企业向未经许可违法从事危险化学品生产、经营活动的企业采购危险化学品的，由工商行政管理部门责令改正，处10万元以上20万元以下的罚款；拒不改正的，责令停业整顿直至由原发证机关吊销其危险化学品经营许可证，并由工商行政管理部门责令其办理经营范围变更登记或者吊销其营业执照。

第八十四条 危险化学品生产企业、经营企业有下列情形之一的，由安全生产监督管理部门责令改正，没收违法所得，并处10万元以上20万元以下的罚款；拒不改正的，责令停产停业整顿直至吊销其危险化学品安全生产许可证、危险化学品经营许可证，并由工商行政管理部门责令其办理经营范围变更登记或者吊销其营业执照：

（一）向不具有本条例第三十八条第一款、第二款规定的相关许可证件或者证明文件的单位销售剧毒化学品、易制爆危险化学品的；

（二）不按照剧毒化学品购买许可证载明的品种、数量销售剧毒化学品的；

（三）向个人销售剧毒化学品（属于剧毒化学品的农药除外）、易制爆危险化学品的。

不具有本条例第三十八条第一款、第二款规定的相关许可证件或者证明文件的单位购买剧毒化学品、易制爆危险化学品，或者个人购买剧毒化学品（属于剧毒化学品的农药除外）、易制爆危险化学品的，由公安机关没收所购买的剧毒化学品、易制爆危险化学品，可以并处 5000 元以下的罚款。

使用剧毒化学品、易制爆危险化学品的单位出借或者向不具有本条例第三十八条第一款、第二款规定的相关许可证件的单位转让其购买的剧毒化学品、易制爆危险化学品，或者向个人转让其购买的剧毒化学品（属于剧毒化学品的农药除外）、易制爆危险化学品的，由公安机关责令改正，处 10 万元以上 20 万元以下的罚款；拒不改正的，责令停产停业整顿。

第八十五条　未依法取得危险货物道路运输许可、危险货物水路运输许可，从事危险化学品道路运输、水路运输的，分别依照有关道路运输、水路运输的法律、行政法规的规定处罚。

第八十六条　有下列情形之一的，由交通运输主管部门责令改正，处 5 万元以上 10 万元以下的罚款；拒不改正的，责令停产停业整顿；构成犯罪的，依法追究刑事责任：

（一）危险化学品道路运输企业、水路运输企业的驾驶人员、船员、装卸管理人员、押运人员、申报人员、集装箱装箱现场检查员未取得从业资格上岗作业的；

（二）运输危险化学品，未根据危险化学品的危险特性采取相应的安全防护措施，或者未配备必要的防护用品和应急救援器材的；

（三）使用未依法取得危险货物适装证书的船舶，通过内河运输危险化学品的；

（四）通过内河运输危险化学品的承运人违反国务院交通运输主管部门对单船运输的危险化学品数量的限制性规定运输危险化学品的；

（五）用于危险化学品运输作业的内河码头、泊位不符合国家有关安全规范，或者未与饮用水取水口保持国家规定的安全距离，或者未经交通运输主管部门验收合格投入使用的；

（六）托运人不向承运人说明所托运的危险化学品的种类、数量、危险特性以及发生危险情况的应急处置措施，或者未按照国家有关规定对所托运的危险化学品妥善包装并在外包装上设置相应标志的；

（七）运输危险化学品需要添加抑制剂或者稳定剂，托运人未添加或者未将有关情况告知承运人的。

第八十七条 有下列情形之一的，由交通运输主管部门责令改正，处10万元以上20万元以下的罚款，有违法所得的，没收违法所得；拒不改正的，责令停产停业整顿；构成犯罪的，依法追究刑事责任：

（一）委托未依法取得危险货物道路运输许可、危险货物水路运输许可的企业承运危险化学品的；

（二）通过内河封闭水域运输剧毒化学品以及国家规定禁止通过内河运输的其他危险化学品的；

（三）通过内河运输国家规定禁止通过内河运输的剧毒化学品以及其他危险化学品的；

（四）在托运的普通货物中夹带危险化学品，或者将危险化学品谎报或者匿报为普通货物托运的。

在邮件、快件内夹带危险化学品，或者将危险化学品谎报为普通物品交寄的，依法给予治安管理处罚；构成犯罪的，依法追究刑事责任。

邮政企业、快递企业收寄危险化学品的，依照《中华人民共和国邮政法》的规定处罚。

第八十八条 有下列情形之一的，由公安机关责令改正，处5万元以上10万元以下的罚款；构成违反治安管理行为的，依法给予治安管理处罚；构成犯罪的，依法追究刑事责任：

（一）超过运输车辆的核定载质量装载危险化学品的；

（二）使用安全技术条件不符合国家标准要求的车辆运输危险化学品的；

（三）运输危险化学品的车辆未经公安机关批准进入危险化学品运输车辆限制通行的区域的；

（四）未取得剧毒化学品道路运输通行证，通过道路运输剧毒化学品的。

第八十九条 有下列情形之一的，由公安机关责令改正，处1万元以上5万元以下的罚款；构成违反治安管理行为的，依法给予治安管理处罚：

（一）危险化学品运输车辆未悬挂或者喷涂警示标志，或者悬挂或者喷涂的警示标志不符合国家标准要求的；

（二）通过道路运输危险化学品，不配备押运人员的；

（三）运输剧毒化学品或者易制爆危险化学品途中需要较长时间停车，驾驶人员、押运人员不向当地公安机关报告的；

（四）剧毒化学品、易制爆危险化学品在道路运输途中丢失、被盗、被抢或者发生流散、泄露等情况，驾驶人员、押运人员不采取必要的警示措施和安全措施，或者不向当地公安机关报告的。

第九十条 对发生交通事故负有全部责任或者主要责任的危险化学品道路运输企业，由公安机关责令消除安全隐患，未消除安全隐患的危险化学品运输车辆，禁止上道路行驶。

第九十一条 有下列情形之一的，由交通运输主管部门责令改正，可以处1万元以下的罚款；拒不改正的，处1万元以上5万元以下的罚款：

（一）危险化学品道路运输企业、水路运输企业未配备专职安全管理人员的；

（二）用于危险化学品运输作业的内河码头、泊位的管理单位未制定码头、泊位危险化学品事故应急救援预案，或者未为码头、泊位配备充足、有效的应急救援器材和设备的。

第九十二条 有下列情形之一的，依照《中华人民共和国内河交通安全管理条例》的规定处罚：

（一）通过内河运输危险化学品的水路运输企业未制定运输船舶危险化学品事故应急救援预案，或者未为运输船舶配备充足、有效的应急救援器材和设备的；

（二）通过内河运输危险化学品的船舶的所有人或者经营人未取得船舶污染损害责任保险证书或者财务担保证明的；

（三）船舶载运危险化学品进出内河港口，未将有关事项事先报告海事管理机构并经其同意的；

（四）载运危险化学品的船舶在内河航行、装卸或者停泊，未悬挂专用的警示标志，或者未按照规定显示专用信号，或者未按照规定申请引航的。

未向港口行政管理部门报告并经其同意，在港口内进行危险化学品的装卸、过驳作业的，依照《中华人民共和国港口法》的规定处罚。

第九十三条 伪造、变造或者出租、出借、转让危险化学品安全生产许可证、工业产品生产许可证，或者使用伪造、变造的危险化学品安全生产许可证、工业产品生产许可证的，分别依照《安全生产许可证条例》、《中华人民共和国工业产品生产许可证管理条例》的规定处罚。

伪造、变造或者出租、出借、转让本条例规定的其他许可证，或者使用伪造、变造的本条例规定的其他许可证的，分别由相关许可证的颁发管理机关处

10万元以上20万元以下的罚款，有违法所得的，没收违法所得；构成违反治安管理行为的，依法给予治安管理处罚；构成犯罪的，依法追究刑事责任。

第九十四条 危险化学品单位发生危险化学品事故，其主要负责人不立即组织救援或者不立即向有关部门报告的，依照《生产安全事故报告和调查处理条例》的规定处罚。

危险化学品单位发生危险化学品事故，造成他人人身伤害或者财产损失的，依法承担赔偿责任。

第九十五条 发生危险化学品事故，有关地方人民政府及其有关部门不立即组织实施救援，或者不采取必要的应急处置措施减少事故损失，防止事故蔓延、扩大的，对直接负责的主管人员和其他直接责任人员依法给予处分；构成犯罪的，依法追究刑事责任。

第九十六条 负有危险化学品安全监督管理职责的部门的工作人员，在危险化学品安全监督管理工作中滥用职权、玩忽职守、徇私舞弊，构成犯罪的，依法追究刑事责任；尚不构成犯罪的，依法给予处分。

第八章 附则

第九十七条 监控化学品、属于危险化学品的药品和农药的安全管理，依照本条例的规定执行；法律、行政法规另有规定的，依照其规定。

民用爆炸物品、烟花爆竹、放射性物品、核能物质以及用于国防科研生产的危险化学品的安全管理，不适用本条例。

法律、行政法规对燃气的安全管理另有规定的，依照其规定。

危险化学品容器属于特种设备的，其安全管理依照有关特种设备安全的法律、行政法规的规定执行。

第九十八条 危险化学品的进出口管理，依照有关对外贸易的法律、行政法规、规章的规定执行；进口的危险化学品的储存、使用、经营、运输的安全管理，依照本条例的规定执行。

危险化学品环境管理登记和新化学物质环境管理登记，依照有关环境保护的法律、行政法规、规章的规定执行。危险化学品环境管理登记，按照国家有关规定收取费用。

第九十九条 公众发现、捡拾的无主危险化学品，由公安机关接收。公安机关接收或者有关部门依法没收的危险化学品，需要进行无害化处理的，交由环境保护主管部门组织其认定的专业单位进行处理，或者交由有关危险化学品生产企业进行处理。处理所需费用由国家财政负担。

第一百条 化学品的危险特性尚未确定的，由国务院安全生产监督管理部门、国务院环境保护主管部门、国务院卫生主管部门分别负责组织对该化学品的物理危险性、环境危害性、毒理特性进行鉴定。根据鉴定结果，需要调整危险化学品目录的，依照本条例第三条第二款的规定办理。

第一百零一条　本条例施行前已经使用危险化学品从事生产的化工企业，依照本条例规定需要取得危险化学品安全使用许可证的，应当在国务院安全生产监督管理部门规定的期限内，申请取得危险化学品安全使用许可证。

第一百零二条　本条例自2011年12月1日起施行。

7.13 道路危险货物运输管理规定

第一章　总则

第一条　为规范道路危险货物运输市场秩序，保障人民生命财产安全，保护环境，维护道路危险货物运输各方当事人的合法权益，根据《中华人民共和国道路运输条例》和《危险化学品安全管理条例》等有关法律、行政法规，制定本规定。

第二条　从事道路危险货物运输活动，应当遵守本规定。军事危险货物运输除外。

法律、行政法规对民用爆炸物品、烟花爆竹、放射性物品等特定种类危险货物的道路运输另有规定的，从其规定。

第三条　本规定所称危险货物，是指具有爆炸、易燃、毒害、感染、腐蚀等危险特性，在生产、经营、运输、储存、使用和处置中，容易造成人身伤亡、财产损毁或者环境污染而需要特别防护的物质和物品。危险货物以列入《危险货物道路运输规则》（JT/T 617）的为准，未列入《危险货物道路运输规则》（JT/T 617）的，以有关法律、行政法规的规定或者国务院有关部门公布的结果为准。

本规定所称道路危险货物运输，是指使用载货汽车通过道路运输危险货物的作业全过程。

本规定所称道路危险货物运输车辆，是指满足特定技术条件和要求，从事道路危险货物运输的载货汽车（以下简称专用车辆）。

第四条　危险货物的分类、分项、品名和品名编号应当按照《危险货物道路运输规则》（JT/T 617）执行。危险货物的危险程度依据《危险货物道路运输规则》（JT/T 617），分为Ⅰ、Ⅱ、Ⅲ等级。

第五条 从事道路危险货物运输应当保障安全，依法运输，诚实信用。

第六条 国家鼓励技术力量雄厚、设备和运输条件好的大型专业危险化学品生产企业从事道路危险货物运输，鼓励道路危险货物运输企业实行集约化、专业化经营，鼓励使用厢式、罐式和集装箱等专用车辆运输危险货物。

第七条 交通运输部主管全国道路危险货物运输管理工作。

县级以上地方人民政府交通运输主管部门（以下简称交通运输主管部门）负责本行政区域的道路危险货物运输管理工作。

第二章 道路危险货物运输许可

第八条 申请从事道路危险货物运输经营，应当具备下列条件：

（一）有符合下列要求的专用车辆及设备：

1. 自有专用车辆（挂车除外）5 辆以上；运输剧毒化学品、爆炸品的，自有专用车辆（挂车除外）10 辆以上。

2. 专用车辆的技术要求应当符合《道路运输车辆技术管理规定》有关规定。

3. 配备有效的通讯工具。

4. 专用车辆应当安装具有行驶记录功能的卫星定位装置。

5. 运输剧毒化学品、爆炸品、易制爆危险化学品的，应当配备罐式、厢式专用车辆或者压力容器等专用容器。

6. 罐式专用车辆的罐体应当经检验合格，且罐体载货后总质量与专用车辆核定载质量相匹配。运输爆炸品、强腐蚀性危险货物的罐式专用车辆的罐体容积不得超过 20 立方米，运输剧毒化学品的罐式专用车辆的罐体容积不得超过 10 立方米，但符合国家有关标准的罐式集装箱除外。

7. 运输剧毒化学品、爆炸品、强腐蚀性危险货物的非罐式专用车辆，核定载质量不得超过 10 吨，但符合国家有关标准的集装箱运输专用车辆除外。

8. 配备与运输的危险货物性质相适应的安全防护、环境保护和消防设施设备。

（二）有符合下列要求的停车场地：

1. 自有或者租借期限为 3 年以上，且与经营范围、规模相适应的停车场地，停车场地应当位于企业注册地市级行政区域内。

2. 运输剧毒化学品、爆炸品专用车辆以及罐式专用车辆，数量为 20 辆（含）以下的，停车场地面积不低于车辆正投影面积的 1.5 倍，数量为 20 辆以上的，超过部分，每辆车的停车场地面积不低于车辆正投影面积；运输其他危险货物的，专用车辆数量为 10 辆（含）以下的，停车场地面积不低于车辆正投影面积的 1.5 倍；数量为 10 辆以上的，超过部分，每辆车的停车场地面积不低于车辆正投影面积。

3. 停车场地应当封闭并设立明显标志，不得妨碍居民生活和威胁公共安全。

（三）有符合下列要求的从业人员和安全管理人员：

1. 专用车辆的驾驶人员取得相应机动车驾驶证，年龄不超过 60 周岁。

2. 从事道路危险货物运输的驾驶人员、装卸管理人员、押运人员应当经所在地设区的市级人民政府交通运输主管部门考试合格，并取得相应的从业资格证；从事剧毒化学品、爆炸品道路运输的驾驶人员、装卸管理人员、押运人员，应当经考试合格，取得注明为“剧毒化学品运输”或者“爆炸品运输”类别的从业资格证。

3. 企业应当配备专职安全管理人员。

（四）有健全的安全生产管理制度：

1. 企业主要负责人、安全管理部门负责人、专职安全管理人员安全生产责任制度。

2. 从业人员安全生产责任制度。

3. 安全生产监督检查制度。

4. 安全生产教育培训制度。

5. 从业人员、专用车辆、设备及停车场地安全管理制度。

6. 应急救援预案制度。

7. 安全生产作业规程。

8. 安全生产考核与奖惩制度。

9. 安全事故报告、统计与处理制度。

第九条　符合下列条件的企事业单位，可以使用自备专用车辆从事为本单位服务的非经营性道路危险货物运输：

（一）属于下列企事业单位之一：

1. 省级以上应急管理部门批准设立的生产、使用、储存危险化学品的企业。

2. 有特殊需求的科研、军工等企事业单位。

（二）具备第八条规定的条件，但自有专用车辆（挂车除外）的数量可以少于 5 辆。

第十条　申请从事道路危险货物运输经营的企业，应当依法向市场监督管理部门办理有关登记手续后，向所在地设区的市级交通运输主管部门提出申请，并提交以下材料：

（一）《道路危险货物运输经营申请表》，包括申请人基本信息、申请运输的危险货物范围（类别、项别或品名，如果为剧毒化学品应当标注“剧毒”）等内容。

（二）拟担任企业法定代表人的投资人或者负责人的身份证明及其复印件，经办人身份证明及其复印件和书面委托书。

（三）企业章程文本。

（四）证明专用车辆、设备情况的材料，包括：

1. 未购置专用车辆、设备的，应当提交拟投入专用车辆、设备承诺书。承诺书内容应当包括车辆数量、类型、技术等级、总质量、核定载质量、车轴数以及车辆外廓尺寸；通讯工具和卫星定位装置配备情况；罐式专用车辆的罐体容积；罐式专用车辆罐体载货后的总质量与车辆核定载质量相匹配情况；运输剧毒化学品、爆炸品、易制爆危险化学品的专用车辆核定载质量等有关情况。承诺期限不得超过1年。

2. 已购置专用车辆、设备的，应当提供车辆行驶证、车辆技术等级评定结论；通讯工具和卫星定位装置配备；罐式专用车辆的罐体检测合格证或者检测报告及复印件等有关材料。

（五）拟聘用专职安全管理人员、驾驶人员、装卸管理人员、押运人员的，应当提交拟聘用承诺书，承诺期限不得超过1年；已聘用的应当提交从业资格证及其复印件以及驾驶证及其复印件。

（六）停车场地的土地使用证、租借合同、场地平面图等材料。

（七）相关安全防护、环境保护、消防设施设备的配备情况清单。

（八）有关安全生产管理制度文本。

第十一条 申请从事非经营性道路危险货物运输的单位，向所在地设区的市级交通运输主管部门提出申请时，除提交第十条第（四）项至第（八）项规定的材料外，还应当提交以下材料：

（一）《道路危险货物运输申请表》，包括申请人基本信息、申请运输的物品范围（类别、项别或品名，如果为剧毒化学品应当标注“剧毒”）等内容。

（二）下列形式之一的单位基本情况证明：

1. 省级以上应急管理部门颁发的危险化学品生产、使用等证明。

2. 能证明科研、军工等企事业单位性质或者业务范围的有关材料。

（三）特殊运输需求的说明材料。

（四）经办人的身份证明及其复印件以及书面委托书。

第十二条 设区的市级交通运输主管部门应当按照《中华人民共和国道路运输条例》和《交通行政许可实施程序规定》，以及本规定所明确的程序和时限实施道路危险货物运输行政许可，并进行实地核查。

决定准予许可的，应当向被许可人出具《道路危险货物运输行政许可决定书》，注明许可事项，具体内容应当包括运输危险货物的范围（类别、项别或品名，如果为剧毒化学品应当标注“剧毒”），专用车辆数量、要求以及运输性质，并在10日内向道路危险货物运输经营申请人发放《道路运输经营许可证》，向非经营性道路危险货物运输申请人发放《道路危险货物运输许可证》。

市级交通运输主管部门应当将准予许可的企业或单位的许可事项等，及时以书面形式告知县级交通运输主管部门。

决定不予许可的，应当向申请人出具《不予交通行政许可决定书》。

第十三条　被许可人已获得其他道路运输经营许可的，设区的市级交通运输主管部门应当为其换发《道路运输经营许可证》，并在经营范围中加注新许可的事项。如果原《道路运输经营许可证》是由省级交通运输主管部门发放的，由原许可机关按照上述要求予以换发。

第十四条　被许可人应当按照承诺期限落实拟投入的专用车辆、设备。

原许可机关应当对被许可人落实的专用车辆、设备予以核实，对符合许可条件的专用车辆配发《道路运输证》，并在《道路运输证》经营范围栏内注明允许运输的危险货物类别、项别或者品名，如果为剧毒化学品应标注“剧毒”；对从事非经营性道路危险货物运输的车辆，还应当加盖“非经营性危险货物运输专用章”。

被许可人未在承诺期限内落实专用车辆、设备的，原许可机关应当撤销许可决定，并收回已核发的许可证明文件。

第十五条　被许可人应当按照承诺期限落实拟聘用的专职安全管理人员、驾驶人员、装卸管理人员和押运人员。

被许可人未在承诺期限内按照承诺聘用专职安全管理人员、驾驶人员、装卸管理人员和押运人员的，原许可机关应当撤销许可决定，并收回已核发的许可证明文件。

第十六条　交通运输主管部门不得许可一次性、临时性的道路危险货物运输。

第十七条　道路危险货物运输企业设立子公司从事道路危险货物运输的，应当向子公司注册地设区的市级交通运输主管部门申请运输许可。设立分公司的，应当向分公司注册地设区的市级交通运输主管部门备案。

第十八条　道路危险货物运输企业或者单位需要变更许可事项的，应当向原许可机关提出申请，按照本章有关许可的规定办理。

道路危险货物运输企业或者单位变更法定代表人、名称、地址等工商登记事项的，应当在30日内向原许可机关备案。

第十九条　道路危险货物运输企业或者单位终止危险货物运输业务的，应当在终止之日的30日前告知原许可机关，并在停业后10日内将《道路运输经营许可证》或者《道路危险货物运输许可证》以及《道路运输证》交回原许可机关。

第三章　专用车辆、设备管理

第二十条　道路危险货物运输企业或者单位应当按照《道路运输车辆技术管理规定》中有关车辆管理的规定，维护、检测、使用和管理专用车辆，确保专用车辆技术状况良好。

第二十一条　设区的市级交通运输主管部门应当定期对专用车辆进行审验，每年审验一次。审验按照《道路运输车辆技术管理规定》进行，并增加以下审验项目：

（一）专用车辆投保危险货物承运人责任险情况；

（二）必需的应急处理器材、安全防护设施设备和专用车辆标志的配备情况；

（三）具有行驶记录功能的卫星定位装置的配备情况。

第二十二条　禁止使用报废的、擅自改装的、检测不合格的、车辆技术等级达不到一级的和其他不符合国家规定的车辆从事道路危险货物运输。

除铰接列车、具有特殊装置的大型物件运输专用车辆外，严禁使用货车列车从事危险货物运输；倾卸式车辆只能运输散装硫磺、萘饼、粗蒽、煤焦沥青等危险货物。

禁止使用移动罐体（罐式集装箱除外）从事危险货物运输。

第二十三条　罐式专用车辆的常压罐体应当符合国家标准《道路运输液体危险货物罐式车辆第1部分：金属常压罐体技术要求》（GB 18564.1）、《道路运输液体危险货物罐式车辆第2部分：非金属常压罐体技术要求》（GB 18564.2）等有关技术要求。

使用压力容器运输危险货物的，应当符合国家特种设备安全监督管理部门制订并公布的《移动式压力容器安全技术监察规程》（TSG R0005）等有关技术要求。

压力容器和罐式专用车辆应当在压力容器或者罐体检验合格的有效期内承运危险货物。

第二十四条　道路危险货物运输企业或者单位对重复使用的危险货物包装物、容器，在重复使用前应当进行检查；发现存在安全隐患的，应当维修或者更换。

道路危险货物运输企业或者单位应当对检查情况作出记录，记录的保存期限不得少于2年。

第二十五条　道路危险货物运输企业或者单位应当到具有污染物处理能力

的机构对常压罐体进行清洗（置换）作业，将废气、污水等污染物集中收集，消除污染，不得随意排放，污染环境。

第四章　道路危险货物运输

第二十六条　道路危险货物运输企业或者单位应当严格按照交通运输主管部门决定的许可事项从事道路危险货物运输活动，不得转让、出租道路危险货物运输许可证件。

严禁非经营性道路危险货物运输单位从事道路危险货物运输经营活动。

第二十七条　危险货物托运人应当委托具有道路危险货物运输资质的企业承运。

危险货物托运人应当对托运的危险货物种类、数量和承运人等相关信息予以记录，记录的保存期限不得少于 1 年。

第二十八条　危险货物托运人应当严格按照国家有关规定妥善包装并在外包装设置标志，并向承运人说明危险货物的品名、数量、危害、应急措施等情况。需要添加抑制剂或者稳定剂的，托运人应当按照规定添加，并告知承运人相关注意事项。

危险货物托运人托运危险化学品的，还应当提交与托运的危险化学品完全一致的安全技术说明书和安全标签。

第二十九条　不得使用罐式专用车辆或者运输有毒、感染性、腐蚀性危险货物的专用车辆运输普通货物。

其他专用车辆可以从事食品、生活用品、药品、医疗器具以外的普通货物运输，但应当由运输企业对专用车辆进行消除危害处理，确保不对普通货物造成污染、损害。

不得将危险货物与普通货物混装运输。

第三十条　专用车辆应当按照国家标准《道路运输危险货物车辆标志》（GB 13392）的要求悬挂标志。

第三十一条　运输剧毒化学品、爆炸品的企业或者单位，应当配备专用停车区域，并设立明显的警示标牌。

第三十二条　专用车辆应当配备符合有关国家标准以及与所载运的危险货物相适应的应急处理器材和安全防护设备。

第三十三条　道路危险货物运输企业或者单位不得运输法律、行政法规禁止运输的货物。

法律、行政法规规定的限运、凭证运输货物，道路危险货物运输企业或者单位应当按照有关规定办理相关运输手续。

法律、行政法规规定托运人必须办理有关手续后方可运输的危险货物，道路危险货物运输企业应当查验有关手续齐全有效后方可承运。

第三十四条 道路危险货物运输企业或者单位应当采取必要措施，防止危险货物脱落、扬散、丢失以及燃烧、爆炸、泄漏等。

第三十五条 驾驶人员应当随车携带《道路运输证》。驾驶人员或者押运人员应当按照《危险货物道路运输规则》（JT/T 617）的要求，随车携带《道路运输危险货物安全卡》。

第三十六条 在道路危险货物运输过程中，除驾驶人员外，还应当在专用车辆上配备押运人员，确保危险货物处于押运人员监管之下。

第三十七条 道路危险货物运输途中，驾驶人员不得随意停车。

因住宿或者发生影响正常运输的情况需要较长时间停车的，驾驶人员、押运人员应当设置警戒带，并采取相应的安全防范措施。

运输剧毒化学品或者易制爆危险化学品需要较长时间停车的，驾驶人员或者押运人员应当向当地公安机关报告。

第三十八条 危险货物的装卸作业应当遵守安全作业标准、规程和制度，并在装卸管理人员的现场指挥或者监控下进行。

危险货物运输托运人和承运人应当按照合同约定指派装卸管理人员；若合同未予约定，则由负责装卸作业的一方指派装卸管理人员。

第三十九条 驾驶人员、装卸管理人员和押运人员上岗时应当随身携带从业资格证。

第四十条 严禁专用车辆违反国家有关规定超载、超限运输。

道路危险货物运输企业或者单位使用罐式专用车辆运输货物时，罐体载货后的总质量应当和专用车辆核定载质量相匹配；使用牵引车运输货物时，挂车载货后的总质量应当与牵引车的准牵引总质量相匹配。

第四十一条 道路危险货物运输企业或者单位应当要求驾驶人员和押运人员在运输危险货物时，严格遵守有关部门关于危险货物运输线路、时间、速度方面的有关规定，并遵守有关部门关于剧毒、爆炸危险品道路运输车辆在重大节假日通行高速公路的相关规定。

第四十二条 道路危险货物运输企业或者单位应当通过卫星定位监控平台或者监控终端及时纠正和处理超速行驶、疲劳驾驶、不按规定线路行驶等违法违规驾驶行为。

监控数据应当至少保存 6 个月，违法驾驶信息及处理情况应当至少保存 3 年。

第四十三条 道路危险货物运输从业人员必须熟悉有关安全生产的法规、技术标准和安全生产规章制度、安全操作规程，了解所装运危险货物的性质、危害特性、包装物或者容器的使用要求和发生意外事故时的处置措施，并严格执行《危险货物道路运输规则》（JT/T 617）等标准，不得违章作业。

第四十四条　道路危险货物运输企业或者单位应当通过岗前培训、例会、定期学习等方式，对从业人员进行经常性安全生产、职业道德、业务知识和操作规程的教育培训。

第四十五条　道路危险货物运输企业或者单位应当加强安全生产管理，制定突发事件应急预案，配备应急救援人员和必要的应急救援器材、设备，并定期组织应急救援演练，严格落实各项安全制度。

第四十六条　道路危险货物运输企业或者单位应当委托具备资质条件的机构，对本企业或单位的安全管理情况每3年至少进行一次安全评估，出具安全评估报告。

第四十七条　在危险货物运输过程中发生燃烧、爆炸、污染、中毒或者被盗、丢失、流散、泄漏等事故，驾驶人员、押运人员应当立即根据应急预案和《道路运输危险货物安全卡》的要求采取应急处置措施，并向事故发生地公安部门、交通运输主管部门和本运输企业或者单位报告。运输企业或者单位接到事故报告后，应当按照本单位危险货物应急预案组织救援，并向事故发生地应急管理部门和生态环境、卫生健康主管部门报告。

交通运输主管部门应当公布事故报告电话。

第四十八条　在危险货物装卸过程中，应当根据危险货物的性质，轻装轻卸，堆码整齐，防止混杂、撒漏、破损，不得与普通货物混合堆放。

第四十九条　道路危险货物运输企业或者单位应当为其承运的危险货物投保承运人责任险。

第五十条　道路危险货物运输企业异地经营（运输线路起讫点均不在企业注册地市域内）累计3个月以上的，应当向经营地设区的市级交通运输主管部门备案并接受其监管。

第五章　监督检查

第五十一条　道路危险货物运输监督检查按照《道路货物运输及站场管理规定》执行。

交通运输主管部门工作人员应当定期或者不定期对道路危险货物运输企业或者单位进行现场检查。

第五十二条　交通运输主管部门工作人员对在异地取得从业资格的人员监督检查时，可以向原发证机关申请提供相应的从业资格档案资料，原发证机关应当予以配合。

第五十三条　交通运输主管部门在实施监督检查过程中，经本部门主要负责人批准，可以对没有随车携带《道路运输证》又无法当场提供其他有效证明文件的危险货物运输专用车辆予以扣押。

第五十四条 任何单位和个人对违反本规定的行为，有权向交通运输主管部门举报。

交通运输主管部门应当公布举报电话，并在接到举报后及时依法处理；对不属于本部门职责的，应当及时移送有关部门处理。

第六章 法律责任

第五十五条 违反本规定，有下列情形之一的，由交通运输主管部门责令停止运输经营，违法所得超过 2 万元的，没收违法所得，处违法所得 2 倍以上 10 倍以下的罚款；没有违法所得或者违法所得不足 2 万元的，处 3 万元以上 10 万元以下的罚款；构成犯罪的，依法追究刑事责任：

（一）未取得道路危险货物运输许可，擅自从事道路危险货物运输的；

（二）使用失效、伪造、变造、被注销等无效道路危险货物运输许可证件从事道路危险货物运输的；

（三）超越许可事项，从事道路危险货物运输的；

（四）非经营性道路危险货物运输单位从事道路危险货物运输经营的。

第五十六条 违反本规定，道路危险货物运输企业或者单位非法转让、出租道路危险货物运输许可证件的，由交通运输主管部门责令停止违法行为，收缴有关证件，处 2000 元以上 1 万元以下的罚款；有违法所得的，没收违法所得。

第五十七条 违反本规定，道路危险货物运输企业或者单位有下列行为之一，由交通运输主管部门责令限期投保；拒不投保的，由原许可机关吊销《道路运输经营许可证》或者《道路危险货物运输许可证》，或者吊销相应的经营范围：

（一）未投保危险货物承运人责任险的；

（二）投保的危险货物承运人责任险已过期，未继续投保的。

第五十八条 违反本规定，道路危险货物运输企业或者单位以及托运人有下列情形之一的，由交通运输主管部门责令改正，并处 5 万元以上 10 万元以下的罚款，拒不改正的，责令停产停业整顿；构成犯罪的，依法追究刑事责任：

（一）驾驶人员、装卸管理人员、押运人员未取得从业资格上岗作业的；

（二）托运人不向承运人说明所托运的危险化学品的种类、数量、危险特性以及发生危险情况的应急处置措施，或者未按照国家有关规定对所托运的危险化学品妥善包装并在外包装上设置相应标志的；

（三）未根据危险化学品的危险特性采取相应的安全防护措施，或者未配备必要的防护用品和应急救援器材的；

（四）运输危险化学品需要添加抑制剂或者稳定剂，托运人未添加或者未将有关情况告知承运人的。

第五十九条 违反本规定，道路危险货物运输企业或者单位未配备专职安全管理人员的，由交通运输主管部门依照《中华人民共和国安全生产法》的规定进行处罚。

第六十条 违反本规定，道路危险化学品运输托运人有下列行为之一的，由交通运输主管部门责令改正，处10万元以上20万元以下的罚款，有违法所得的，没收违法所得；拒不改正的，责令停产停业整顿；构成犯罪的，依法追究刑事责任：

（一）委托未依法取得危险货物道路运输许可的企业承运危险化学品的；

（二）在托运的普通货物中夹带危险化学品，或者将危险化学品谎报或者匿报为普通货物托运的。

第六十一条 违反本规定，道路危险货物运输企业擅自改装已取得《道路运输证》的专用车辆及罐式专用车辆罐体的，由交通运输主管部门责令改正，并处5000元以上2万元以下的罚款。

第七章 附则

第六十二条 本规定对道路危险货物运输经营未作规定的，按照《道路货物运输及站场管理规定》执行；对非经营性道路危险货物运输未作规定的，参照《道路货物运输及站场管理规定》执行。

第六十三条 道路危险货物运输许可证件和《道路运输证》工本费的具体收费标准由省、自治区、直辖市人民政府财政、价格主管部门会同同级交通运输主管部门核定。

第六十四条 交通运输部可以根据相关行业协会的申请，经组织专家论证后，统一公布可以按照普通货物实施道路运输管理的危险货物。

第六十五条 本规定自2013年7月1日起施行。交通部2005年发布的《道路危险货物运输管理规定》（交通部令2005年第9号）及交通运输部2010年发布的《关于修改〈道路危险货物运输管理规定〉的决定》（交通运输部令2010年第5号）同时废止。

参考文献

[1] 全国人大常委会．中华人民共和国安全生产法．中华人民共和国应急管理部．

[2] 全国人大常委会．生产安全事故罚款处罚规定．中华人民共和国应急管理部．

[3] 全国人大常委会．中华人民共和国职业病防治法．中华人民共和国中央人民政府．

[4] 最高人民法院，最高人民检察院．最高人民法院、最高人民检察院关于办理危害生产安全刑事案件适用法律若干问题的解释（二）．中华人民共和国最高人民检察院．

[5] 全国人大常委会. 生产安全事故报告和调查处理条例. 中华人民共和国中央人民政府.
[6] 全国人大常委会. 生产安全事故应急条例. 中华人民共和国应急管理部.
[7] 全国人大常委会. 中华人民共和国突发事件应对法. 中华人民共和国中央人民政府.
[8] 最高人民法院. 中华人民共和国刑法. 中华人民共和国最高人民法院.
[9] 工信部. 危险货物道路运输安全管理办法. 中华人民共和国交通运输部.
[10] 国务院. 易制毒化学品管理条例. 中华人民共和国应急管理部.
[11] 公安部. 易制爆危险化学品治安管理办法. 中华人民共和国中央人民政府.
[12] 国务院. 危险化学品安全管理条例. 中华人民共和国中央人民政府.
[13] 交通运输部. 道路危险货物运输管理规定. 中华人民共和国交通运输部.